고성능 유리에 대한 통합 품질보증 설계론

(원제 : Low-E Glazing Design Guide)

Timothy E. Johnson 저, 이경수 역

光文閣

www.kwangmoonkag.co.kr

Contents

책을 시작하며

건축학적으로 수용 가능한 무채색의 로이코팅은 1979년부터 사용되기 시작하였다. 1984년 이래, 세계적으로 전 종류의 로이유리 생산은 이미 연간 천만 제곱미터를 돌파하였다. 이는 더딘 혁신 속도로 잘 알려진 건설산업은 차치하고서라도 전체 산업에 있어서 새로운 기술의 가장 빠른 수용물 중 하나임을 보여준다. 이 책은 건물 설계 방법, 예시 그리고 현재와 미래의 건축 생산물에서 로이유리를 지식적으로 유용하게 선택할 수 있도록 도와주는 실마리를 제안할 것이다.

이러한 설계 방법에 관한 내용은 책 전반부에 배치되어 있다. 제1장에서는 어떻게 로이코팅이 작동하는지, 그리고 이 기술이 기존의 유리를 대체할 수 있는 이유가 제시된다. 제2장에서는 제2차 세계대전 중 시작된 로이코팅의 발단에서부터 1980년대 후반 눈부신 발전을 이룩해낸 로이유리의 역사에 대해 기술한다. 제3장에서는 유럽과 미국의 건축 예시를 평가 분석하며 태양열 시스템을 사용하는 태양열 주택과 태양열 취득을 적게 하는 종류의 상업 건축물 둘 다 제시될 것이다.

제4장에서는 로이코팅의 네 가지 종류 간의 기능적 차이를 밝힌다. 또한, 이중, 삼중 유리에 있어서 다양한 가스 주입과 유리 간격의 변화에 따른 열효율도 정량화한다.

제5장부터 제10장까지는 이 책의 실제 적용 사례를 제시한다. 제5장은 레트로핏(retrofit) 적용을 위한 얇은 필름 코팅 제품을 포함하여 대표적인 성능에 따라 각각의 로이 형태를 분류한다. 이에 각 코팅의 장단점을 나열하고 제조사의 목록에서 다양한 유리를 평가하고 선택할 수 있는 새로운 지침을 제공한다.

제6장에서는 건물의 특성에 부합하는 최소 창문 단열성을 결정하고 결로 현상을 피하기 위한 기본적인 설계 방식 몇 가지를 소개한다. 덧붙여 이 장에서는 모든 창문 설계에 영향을 미치는 태양 기하학의 기본 구조에 대해서도 논의한다.

제7장에서는 사무실 창의 크기를 결정하는 두 가지 방법을 소개할 것이다. 이 방법들은 가장 최근의 로이 기술을 활용하여 주광을 최대화하는 동시에 에어컨의 부하를 최소화한다. 이렇듯 대표적인 로이 기술을 활용한 제품들을 도표화할 것이다.

제8장에서는 열적 쾌적성을 유지하는 직접 주광 취득형 공간을 어떻게 설계하는지에 관해 다룬다. 태양열 응용을 위한 몇몇의 로이 제품들이 열거될 것이다.

제9장은 주거용 공간과 상업용 공간의 설계에 있어서의 주광 조명과 눈부심 방지에 관하여 다룬다. 측면과 윗면에서 빛이 들어오는 공간에서의 주광 조명의 정도를 예측하기 위하여 종합적인 일련의 도표가 제시된다. 마지막으로, 설치된 창문에서 거의 보이지 않는 로이코팅 표면을 신속하게 찾기 위한 몇 가지 방법이 소개될 것이다.

제10장은 책을 안내 설명서의 형태로 요약한다. 이 안내는 특정한 로이 기획의 설명을 돕기 위함이다.

제11장은 미래의 기대치에 중점을 둔다. 로이코팅은 이론적인 성능의 한계에 빠른 속도로 접근하고 있다. 이 새로운 기술과 함께라면 이전보다 발전된 성능의 전체적인 창문의 재설계가 이루어질 것이다. 진공 유리는 차세대 창문의 가능성으로 검토되고 있다. 열교 현상을 막기 위한 일부 가장자리 밀봉제와 창틀 기술이 제시되고 있다. 전기 스위치 버튼으로 투과량을 감소시키는 다양한 투과 유리의 성능이 해마다 최고의 로이유리와 비교되고 있다.

이 책은 다년간의 연구와 실험의 산물이다. 이 작업은 최초의 건축학적으로 수용 가능한 완전한 규모의 로이코팅유리공법을 논증하기 위하여 나의 학생들과 내가 MIT 태양광 건축물 No.5을 미국 산업과 발맞춰 완공한 1976년부터 시작했다.

나는 이 책을 준비하는 과정에서 도움과 조언을 아낌없이 제공한 사람들의 노고에 감사를 표한다. Buterworths의 편집장이자 수많은 유용한 제안과 지침 설명서 장에 기여해 준 Richard Rush에게 감사드린다. Southwall의 Todd Sitrin, Rolscreen의 Glen Chafee, Pilkington의 D.A. Button, Lohn und Lohn의 Alex Lohn 모두의 유익한 조언에 감사를 표한다. 또한, 나의 옛 제자였던 Cris Benton, Steve Hale, Ken Gardestad 그리고 William Bartovicksd의 인상 깊었던 논문이 이 책의 응용 사례 장에서 활용되었음에 찬사를 표하고 싶다.

역자의 말

역자가 유리산업계에 몸담은 것은 숙명적이라고 할 수 있다. 이왕 하는 일이라면 유리업계를 선도하는 사람이 되고 싶다는 열망으로 공부와 연구에 매진했다. 선진 공법을 알기 위해 외국 서적과 논문 등을 탐독했고, 그렇게 얻은 지식을 실무에 적용하면서 내공을 쌓았다.

2009년 봄 《친환경 기능성 유리, 원제: Residential Wondows》를 번역하여 출간한 후 8년이라는 시간이 흘렀다. 참으로 세월은 빠르고, 산업계의 기술력도 나날이 진보하고 있다. 세상이 발전하는 것은 보이지 않는 곳에서 간절히 염원하고 노력하는 사람들이 있기 때문이다.

그동안 유리의 설계에 있어서 우리가 놓치고 있는 중요성을 자각하고 기술적인 설계요소 및 사항들을 조금이나마 전달하기 위해서 많은 노력과 그 결실을 일부 확인할 수 있었던 장고의 시간으로 기억한다.

"아는 것이 힘이다."라는 프랜시스 베이컨의 명언을 떠올릴 때가 많다. 세상의 모든 것은 보는 만큼 알고 아는 만큼 보인다. 수많은 유리 관련 외국 서적을 읽다가 "아, 이 책은 우리나라 유리업계에 도움이 되겠다."라는 생각을 하게 되었다.

그래서 번역을 착수했고, 온전하게 풀어내려고 열과 성을 다했다. 이 책을 번역하면서 다시 한번 우리나라 유리산업계의 환경과 수준을 돌아보게 되었고, 업계 발전을 위해 내가 할 수 있는 일이 무엇인가를 깊이 사유할 수 있는 시간을 마련해 주었다.

이번 번역을 통해서 역자는 여러 가지 측면에서 다시 한번 유리업계 및 건축설계자의 유리에 대한 기초 설계 이해 부족과 외국과 국내의 유리 설계 기술력 차이에 대해서 놀라지 않을 수 없었다. 최초 원문이 1991년 미국 MIT 공과대 건축학과에서 출간

할 당시, 이미 많은 기초과학에 대해서 연구가 이루어졌고, 미래 기술로 언급되었던 부분이 2017년이 된 현재 시점으로 이미 모두 현실이 되었다. 이렇게 기술적으로 선진화된 유리 제품 자체에 대한 성능은 현실화되고 실제 적용되고 있지만, 이에 대한 국내의 건축설계 환경은 유리에 대한 설계 방법과 설계 기준에 대한 연구가 이루어지질 못했고 아직은 걸음마 단계에 있는 것이 현실이다. 이런 이유에서 이 책을 독서함에 있어서 제품의 성능에 대한 절대적인 값과 기술보다는 설계 방법론의 기초에 대해서 이해를 득하는 것이 제일 중요하다고 생각된다.

책에서 소개 될 기초적인 유리의 설계 원리를 적용한다면, 이미 건축에서 궁극의 이상적인 로이유리(Ideal Low-e) 기술로 소원하던 제품은 2005년 트리플실버로이(Triple Silver Low-e) 기술과 쿼드로이(Quad Silver Low-e) 기술로서 이미 상용화되었으며, 이를 (주)자산유리가 국내에 최초 소개함으로써 국내 다수의 프로젝트에서 그 건축적인 효과와 혜택을 입증하고 있다.

㈜자산유리는 '보오미거울'로 시작해 창사 60년을 바라보고 있다. 적잖은 고난과 역경을 겪었지만 좌절하지 않고 의지와 신념으로 시련을 극복해 왔다.

최근 KS L 2406거울의 한국산업표준을 개정하면서 통감했듯이 아직 건축유리 업계는 가격 경쟁의 깊은 늪에서 헤어나오지 못하고 있고 국제 수준에 매우 뒤처진 품질 기준을 갖고 있어 유리산업에 있어서 한국은 아직도 세계의 불모지와 같다. 이는 역사적으로 과거 수십 년간 원판 생산 업체의 독과점 체제로 흘러오면서 연구개발을 게을리했을 뿐만 아니라 유리 업체 스스로 발전하기 위한 노력도 없었기 때문이라고 통렬한 반성을 한다. 하지만 적어도 자산유리만큼은 창업 3세대로 넘어가면서 독보적인 기술력을 추구하고 앞으로도 겸손하고 진취적인 자세로 묵묵히 우리의 길을 개척해 나아가기 위해 더욱 매진할 것이다. 정말 마음이 함께 할 수 있는 건축가가 있다면 역자가 할 수 있는 모든 지원을 아끼지 않을 것이며, 함께 "사람을 위한 유리 설계"에 대해서 고민하고 싶다.

마지막으로, 이 책의 번역을 위하여 물심양면으로 지원해 주신 존경하는 회장님과 임직원 여러분들, 특히 항상 유리 설계 기술에 대한 꾸준한 학습과 보다 합리적인 기술 지원을 위해서 분투하는 건축유리사업부 직원분들과 출간을 위해 노력해 주신 경영지원팀 김성택 과장님께 감사의 말씀을 드린다. 그리고 광문각출판사 박정태 회장님과 임직원 여러분께도 깊은 감사의 말씀을 드린다.

1

개요

건축의 기준이 된 로이유리

"··· the cloth is as light and delicate as a spider's web. One might almost think one had nothing on, but that is the very beauty of it"

《벌거벗은 임금님》
안데르센

오늘날의 로이유리(저방사 유리, low emissivity) 코팅은 꽤 투명도가 높다. 그러나 비유하자면 안데르센 동화의 《벌거벗은 임금님》의 보이지 않는 옷과는 달리 이 유리창은 열 쾌적성을 증가시키고 태양열의 영향을 조절하는데 놀랄 만큼 적합하다. 어떤 이는 물론 투명도 처리 공법에 기인한 어떠한 주장에도 의구심이 들 수 있다. 그러나 로이코팅은 정교하게 건축에 적용된 정통 물리학의 결과라고 볼 수 있다. 이 소재는 아주 얇지만 내구성이 강하며 투명하게 제작된 열(적외선) 반사 은코팅인데 이는 더 많은 빛을 받아들이기 위해 카메라 렌즈에 사용되는 반사 방지 코팅과 같다. 낮은 방사율*은 열반사를 증가시키는데 이는 단열 효과를 2배가량 높여준다. 0.20 미만의 방사율을 가진 표면은 로이 표면이라고 간주된다.

기존의 창문이 지닌 엄청난 기능들을 생각해 보라. 통제 가능한 빛과 열의 양을 받아들이고, 신선한 공기와 전망을 제공하며, 외부와 내부를 연결하는 물리적, 시각적 고리를 제공하며, 실내 환경을 날씨로부터 단열하며, 사생활이 존중될 수 있도록 하며, 세상을 비춰 보여주기도 한다. 유리창은 반박의 여지가 없는 엄청난 건축 요소이다. 이렇게 많은 장점에도 불구하고, 유리창은 형편없는 단열재로 악명이 높고 태양광을 너무 많거나 적게 받아들여 문제가 되어 왔다. 이러한 결점을 보완하기 위

* 방사율은 0부터 1까지의 값으로 나타내며 물체의 코팅 재질에 따른 반사도에 따라 달라진다.

한 이전의 모든 시도들(예를 들면 커튼, 틴팅, 덧문과 같은)은 로이코팅공법이 등장하기 전까지는 창문의 본질적인 가치를 빼앗아 왔다. 이 투명 계열 코팅은 유리창의 투명도나 시각적으로 보이는 실제 반영을 훼손하지 않고 유리의 단열성을 높여 준다. 간단히 말하자면 이것은 위대한 건축적 산물이라는 것이다.

비록 오늘날 로이 유리가 에너지 절약만큼이나 열적, 시각적 편의를 증가시키기 위해 널리 사용될지라도 본디 로이유리는 1970년대 에너지 위기의 결과물이다. 투명 계열 로이코팅은 초반에는 주거용 복층유리창을 위해 고안되었다. 이 코팅은 보통의 다른 복층유리와 비교했을 때 무게나 규모의 증가, 또한 주광이나 일사 투과량의 급격한 감소 없이 창문의 단열성을 두 배가량 높여 주었다. 이러한 개발은 매우 성공적이어서 북미의 삼중유리창 시장은 하룻밤 사이에 파산에 이르렀다. 로이코팅 유리의 가격과 성능이 무거운 삼중유리창보다 훨씬 나았기 때문이다.

비슷한 상품들은 더운 지역의 사무실과 주거지에 빠르게 전파되었다. 그 코팅은 주변의 복사열뿐만 아니라 태양광에 포함된 대부분의 근적외선 열도 반사시키도록 적절히 조율된다. 기본적으로, 태양에서 나오는 주광의 양만 이 창문에 투과되기 때문에 에어컨을 가동하지 않고도 내부를 적절히 밝고 시원하게 만들 수 있다. 오늘날 주택과 사무실에 이용되는 일부의 로이코팅은 반사유리만큼이나 많은 열을 차단한다. 하지만 그 로이 창문은 평범하며 착색 처리를 하지 않은 투명유리처럼 보인다.

로이코팅은 현재 단판 유리에서부터 열처리된 색유리까지 어떤 종류의 유리에도 적용 가능하다. 로이코팅은 심지어 기존 창문의 열과 태양열 차단 성능을 높이기 위한 폴리머 필름에도 적용할 수 있다.

이러한 고성능 유리는 코팅 가격이 저렴한 미국 등지에서 빠른 속도로 선택의 일반적인 기준이 되어가고 있다. 그림 1-1에서는 1986년부터 1989년까지의 미국에서의 로이 생산량과 일반적인 복층유리 생산량을 비교하는데 로이유리가 이미 1980년대 말미에는 미국 복층유리 시장의 1/4 이상을 차지한 것을 알 수 있다. 전 세계적으로 설비된 은 기반의 로이 제품 생산량은 1989년도에는 거의 6,000만 제곱피트에 달한다.

이 로이코팅은 아마 제조 공정 과정에서 다양한 기후와 응용의 수요에 부합하여 형성되었을 것이다. 이렇듯 기본적으로 값이 저렴하며 유연성 있는 로이 제품은 세계 에너지 소비에도 주요한 영향을 미칠 것이다.

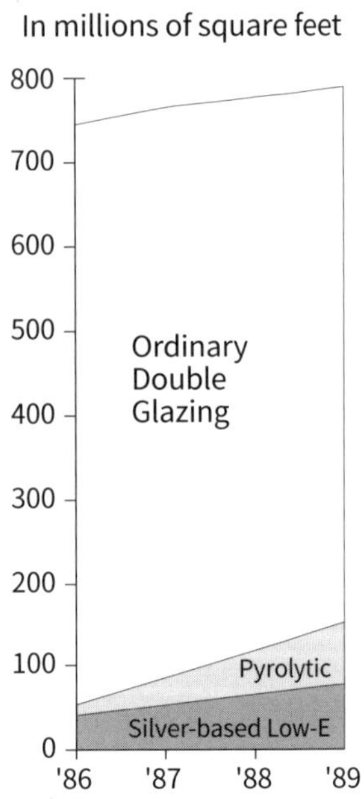

그림 1-1. 시간의 흐름에 따른 미국의 로이유리 생산량과 일반 유리 생산량 (Glass Industry, 1988. 5).

같은 양의 에너지를 획득하기 위하여 제시되는 두 가지 선택 사항을 고려해 보라.

대안 1: *로이 창문*. 미국의 비영리기관인 에너지경제효율위원회(ACEEE: American Council for an Energy-Efficient Economy)에 따르면 연간 800만 달러 규모의 로이코팅 설비가 코팅의 명목상 수명인 10년 동안 적이도 연간 주택 유리창의 4,000만 제곱피트를 산출할 수 있다고 하였다. 일반적인 이중유리창이 설치된 초반 10년 동안 발생된 주거 난방 절약 비용은 석유 3,600만 배럴만큼의 비용과 같다.

대안 2: *해저 석유*. 해저 석유 플랫폼에 3억 달러를 투자하면 유전의 명목상 수명인 10년 동안 동일한 양의 석유를 생산해 낼 수 있다.

이 책을 활용하는 방법

건축가들은 주체가 안 되는 수의 유리 제품들에 둘러싸인 사면초가의 상황이다. 현재는, 대부분의 현존하는 유리와 폴리머 유리에 코팅될 수 있는 다양한 로이코팅 수요가 자연스레 따라오는 실정이다. 이 선택 가능성은 셀 수 없는 조합으로 매우 증가해 왔는데, 이 복잡한 미로를 뚫고 만족할만한 선택을 하려면 어떻게 해야 할까? 이 책은 그 설계 방식, 예시 그리고 현재와 미래의 제품들을 분석하여 적절한 로이 창문을 구체적으로 설명하고 유용성에 기반을 두어 최적의 선택을 할 수 있는 지침을 제공해 줄 것이다.

이 책에서 제시하는 설계 방식의 맥락은 제1장~제4장의 역사와 건축 예시에 서술되어 있고, 나머지 부분은 그 원리와 적용에 대한 내용을 다룬다. 제5장은 각각의 로이코팅 종류를 대표적인 성능에 따라 분류한다. 이후 3개의 장에서는 로이 제품을 상업적, 주거적인 적용에 따라 분류한다. 제9장은 주광의 요소에 대하여 다루며 제10장은 안내 설명서의 형태로 책을 요약한다. 마지막으로 미래의 창문 기술에 대한 내용을 다루며 책을 마친다.

시각적인 도식은 다양한 형태의 정보를 찾을 수 있도록 도와줄 것이다. 설계, 선택, 사양, 계산을 위한 여러 가지 방식들은 이 페이지처럼 관련 페이지의 바깥쪽 가장자리에 색인표로서 명확히 제시되어 있다. *설*

설계 | 선택 | 사양 | 계산

*계*라고 쓰인 색인표는 설계사에게 흥미로울 만한 모든 자료를 제공할 것이다. *선택*이라고 쓰인 색인표는 로이 창문 선택 과정을 도울 수 있는 페이지들을 포함한다. 예를 들어 창문의 단열 수준과 주광의 투과율을 조합한 제품의 선택에 관심이 있는 독자들은 선택 색인표를 사용하여 조건에 맞는 적절한 로이 제품을 찾을 수 있을 것이다. *사양* 색인표는 저자가 필요한 사양을 다룬 페이지를 포함한다. *계산* 색인표는 다양한 설계 방식과 로이 창문의 특성을 산출하기 위한 자료를 제시한다. 예를 들어 새로운 제품의 예상 금액을 검증하고 싶은 독자들이 이러한 방식을 이용할 수 있다. 각각의 색인표는 페이지 가장자리에 특정한 위치를 차지하고 있기 때문에 독자들은 책을 펼치지 않고 쉽게 구분할 수 있다. 아무 표시가 없는 페이지들은 어떻게 로이 창문이 작동되는지에 대해 관심이 있는 독자들을 위한 일반적인 자료를 담고 있다. 이 책의 전체적인 컴퓨터 기반의 지표는 구체적인 정보를 찾는 데에 사용된다.

왜 로이인가?

유리 가공에 있어서 로이공법은 그 가격이 여전히 비싼 지역에서는 명쾌한 답을 주긴 어렵다. 그렇다면 무엇이 대안이고, 언제 그것이 정말로 필요할까?

단열이 잘되는 로이 창문은 결로 현상이 발생하는 주거지와 진보적인 건축 법규에 가장 유용하다. 삼중유리는 더 이상 차선책이 될 수 없는데 그 이유는 로이코팅 유리와 비교했을 때 대부분 더 높은 비용이 들 뿐만 아니라 성능도 그만큼 좋지 않기 때문이다. 열대 기후에서는 태양열을 차단하는 형태의 로이 창문이 단 하나의 대안이 되는데 대부분의 주택 소유자들이 반사유리나 색유리를 용인하지 않고 많은 경우에 차양막을 치는 것도 어렵기 때문이다.

상업적인 작업에서는 상황이 썩 명쾌하지만은 않다. 높은 수준의 단열과 차양이 항상 요구되는 것은 아니지만 만약 그럴 경우에, 로이 창문은 건축 법규를 준수하는 동시에 창문의 적절한 전망을 유지할 수 있는 좋은 대안이다. 이중유리, 착색유리, 반사유리 작업은 여전히 태양열 투과를 낮추기 위한 대안으로 사용되지만 로이 창문은 우수한 주광 조명을 유지하며 태양열 투과는 최소화할 수 있는 최적의 방안이다. 로이코팅유리는 오늘날 아트리움과 같은 천장 중앙이 유리로 되어 있어 항상 과도한 태양열을 조절해야하는 공간에 있어서는 가장 적합하며 저렴하다.

이 책에 나열된 로이 유리는 실제 북미와 유럽에서 사용되는 제품이지만, 회사 이름으로 분류되어 있지는 않다. 덧붙여 공간이 부족한 관계로 모든 제품을 열거하지는 않았으며, 최적의 로이유리 네 종류를 제시하였다. 부록에는 더 많은 유리 목록을 알고 싶은 독자들을 위하여 일본, 북미 그리고 유럽의 모든 유리 제조사의 목록을 포함시켰다.

NAVER Green Factory, (주)자산유리 제공, Solaron P60-1 제품

2

역사

파이롤리틱(pyrolytics) – 1940년대

영국의 Pilkington사가 1950년대에 플로트 유리를 발명한 이래로 건축산업에 있어서 1980년대 저렴하고 투명한 로이코팅 창문 도입은 새로운 기술의 가장 신속한 수용을 보여 주는 것이었다. 그러나 로이 유리는 사실 플로트 유리보다 10년 정도 앞선 기술이었다.

그 코팅은 제2차 세계대전 당시 PPG(Pittsburgh Plate Glass)사와 Mellon 연구소에 의해 발명되었는데 레이더 화면의 유리면 판의 정전기를 효율적으로 제거하기 위해서였다. 이와 같은 코팅 방식이 창문의 단열 효과를 높인다는 것이 인식되기까지는 수년이 걸렸다.

이 투명한 재료로 코팅된 최초의 유리 중 하나는 전기 전도체로써의 기능을 잘 수행하였다. 그것은 그들의 실험과 이 코팅을 차별화하려는 발명가들에 의해 비정전성 해결책 A(nonelectrostatic solution A) 라는 설명에서 따온 NESA 유리라는 별칭이 붙여졌다. (PPG사는 여전히 같은 명칭으로 이와 관련된 코팅을 판매하고 있었다.) 내구성이 강한 코팅을 위한 추가적인 응용 방식은 빠르게 도입되었다. 그 전기 전도체의 개념은 1946년에 뒤바뀌었는데 단지 전하를 빼내는 것에서부터 항공기 조종석 창문에 제빙 장치를 할 열을 발생시키기 위해 전류를 공급하는 것까지 광범위한 개념을 포괄하였다. 그 직후에는 이 코팅은 넓은 전기장을 만들어 패널 조명 설비나 무선 네온 조명에 동력을 공급하는 등의 제한적인 범위에서만 사용되었다. (지금은 디지털시계나 계산기 화면 등에 비슷한 목적으로 예전보다 더 흔하게 사용되고 있다.)

이 코팅은 개방된 환경에서 빠르게 산화되는 염화주석을 높은 온도의 유리에 분사시킴으로써 만들어진다. 이 과정은 현재는 파이롤리틱 공법으로 알려져 있다. 공법이 화학적으로 느린 연소와 비슷하기 때문이다. 이 공법은 안정적이고 단단하며 중간 정도의 방사율을 가진 유리 표면을 만들 수 있는데 높은 온도의 공정 과정에서 산화가 일어나기 때문에 산화 및 변질의 위험성이 거의 없다고 할 수 있다.

1950년대 초까지는 기술자들이 0.40의 중간 정도 방사율을 가진 재료의 이점을 활용한 응용 설비를 제안하지 않았다. 당시 NESA 유리는 건축적으로 쓰이기엔 여전히 너무 가격이 높았기 때문에 초기에는 제조 공장의 투명 열 차폐막으로써 비전기적으로 사용되었다. 합리적인 가격의 로이 창문은 25년간 나타나지 않았다.

초반에는 코팅 분사 기계가 장비의 기하학적 구조가 가진 한계 때문에 50×76cm의 유리 면적만 코팅할 수 있었다. 하지만 더 큰 면적을 코팅할 수 있게 된 이후에도 단가는 여전히 높았다. 왜냐하면, 이 유리는 처음에 열분해를 시작하기 위해 재가열이 필요하고 그러고 나서 건축적인 견고성을 얻기 위해 유리의 내부 응력이나 템퍼링을 제거하기 위한 재처리 과정 또한 필요하기 때문이었다. 추가적으로, 이 재료는 코팅의 두께에 따른 경미한 변화에서 발생한 선택적 반사나 간섭 효과로 인해 반사광의 각도에 따라 이색 현상이 발생하였다.

가격은 분사 과정이 플로트 공정에서 여전히 유리의 온도가 높은 편평한 플로트 유리 생산라인으로 옮겨간(그림 2-1) 1970년대가 될 때까지 여전히 높은 편이었다. 색상의 안정성은 개선되었지만 여전히 1989년까지 완벽히 해결되지는 않았다.

열 증착 모놀리식 금속 코팅 – 1970년대

1960년대에, 시각적으로 편평한 플로트 유리 표면에서 형성된 거의 실물과 같은 반사는 태양열과 태양광을 유리로부터 멀리 반사시킴으로써 유리를 저렴한 가격의 금속으로 코팅하는 것을 가능하게 만들었다. 노후한 압연 판유리를 코팅하는 것은 압연 과정에서 생긴 고르지 못한 표면만을 드러낼 뿐이었다.

이 금속은 진공 상태에서 가스의 이온 빔으로 금속 타깃을 폭발시키며 말 그대로 증발해 버린다. 이 금속 원자는 타깃으로부터 매우 빠른

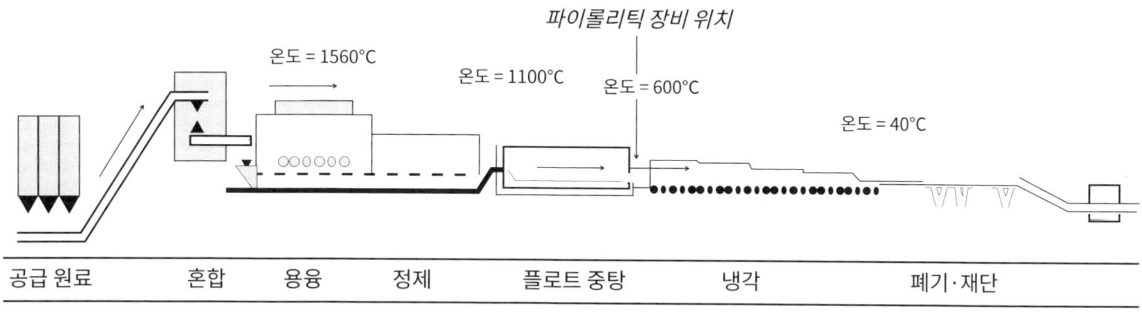

그림 2-1. 플로트 유리 생산 공정에서 로이코팅에 쓰이는 파이롤리틱(열분해) 장비의 위치(출처: Glaser, H.J., "Coated Heat-Insulating Glasses," International Journal of Glass Technology, 1989, vol. 62, pp. 93-99).

속도로 멀어져 결국 유리 표면에 증착된다. 이런 진공 증착 방식은 용착 금속의 두께를 정교하게 조절할 수 있었고, 다시 말해 역색성도 더 이상 문제가 되지 않았다.

불행히도, 금속 피막 유리의 도입은 건물 소유주와 사용자들에게 그다지 환영받지 못했다. 제품이 철저한 테스트를 거치지도 않았고 설치 이후에 금방 변색되어 버렸기 때문이다. 이 모든 문제들을 수정하는데 수년이 걸렸지만 마침내 그 유리는 국제 양식이라고 불리는 이전의 건축학적 움직임과 함께 유명해졌다. 이 양식은 유리 건물이나 유리 건축과 비슷한 의미로 알려진 양식이다.

다른 모든 금속들처럼, 일반적으로 반사유리에 쓰이는 알루미늄은 매우 낮은 방사율을 가지고 있으며, 이는 기존의 파이롤리틱 코팅으로 만든 단열재보다 더 우수한 효과를 낼 수 있었다. 안타깝게도 알루미늄은 금속의 부식을 막기 위해 코팅된 열 반사 거울로는 쓸모가 없다고 판단되었다. 유럽인들은 에너지 위기가 가장 심하게 유럽을 강타했던 1973년도에 쉽게 부식되지 않고, 어느 정도의 투명성도 있는 합리적인 가격의 금속 코팅을 찾으려 하였다. 1970년대 중반에는 꽤 투명하고 적당한 가격으로 금을 얇은 판에 코팅할 수 있게 되었다. 이는 유럽 전역에서 어떤 정해진 색에서 빛을 반사할 수 있는 최초의 로이 제품으로 판매되었다. 그러나 그 색이 금색이었고, 이는 상업적으로 제품에 사용하기엔 어려움이 뒤따랐다. 색이 한정적 인데다가 비용도 높았기 때문이었다.

증착을 위한 완벽한 진공 상태가 철저하게 준비되었을 때, 일괄 처리 작업(A batch process)은 유리를 코팅하기 위해 필수적으로 사용되었다. 유리에 따라 금속을 바꿀 필요가 없었기 때문에 비용도 합리적이었다. 반사 방지막으로 이루어진 다층 스택, 초박은층, 그리고 유리에 용착된 반사 방지 코팅은 방사율도 매우 낮았으며 투명도도 높은 것으로 알려졌다. 하지만 일괄 처리 과정 자체는 확실히 비효율적이었다.

연속적인 다층 스택 코팅 – 1980년대

1970년대 중반, 복잡하고 투명한 로이유리 스택을 지속적이고 효율적인 기반에서 생산하기 위한 두 가지 방식이 개발 중에 있었다. 첫 번째는 롤 코팅 방식이었다.

증착은 플라스틱을 코팅할 때 가장 전도유망한 방식이었다. 파이롤리틱 공법처럼 아주 높은 온도가 필요하지 않았기 때문이다. 미국의 3M사는 1961년 폴리에스테르 필름에 알루미늄을 정착시킬 때 이 방식을 처음 사용했다. 필름 코팅은 특히 더욱 경제적이었는데 모든 롤이 진공 상태로 밀봉되어 있었고 증발하는 금속을 지나서 감겼기 때문이었다.

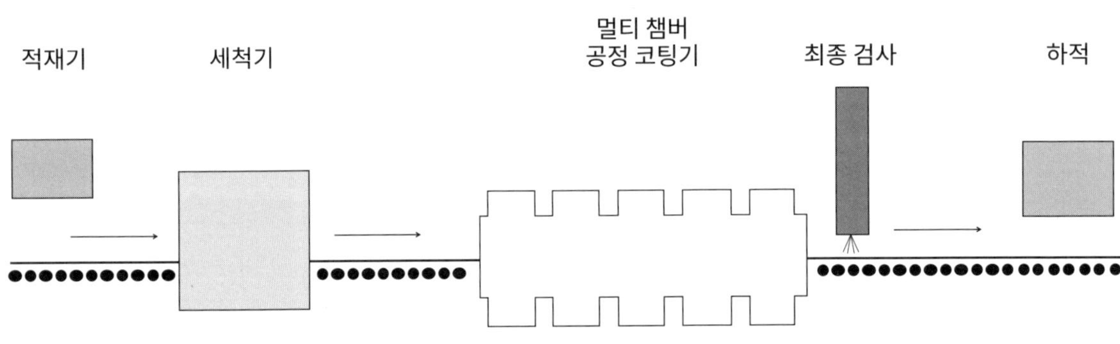

그림 2-2. 로이코팅 제작에 쓰이는 내부 공정 조직도

1975년부터 유럽과 미국의 롤 코팅 업자들은 진공실의 이온 빔을 지나는 폴리에스테르 필름을 펼쳐서 복합 은스택을 한 번에 만들 수 있는 방법을 배우는 중이었다. 이 코팅은 습기에 노출되었을 경우에 쉽게 부식되기 때문에 이중유리 내부에 코팅된 플라스틱이 잘 밀봉되어 있었다. 삼중유리를 구성하기 위해 두 개의 빛 보호용 유리 내부에 필름을 끼우는 것은 어렵고 많은 노동력을 요한다는 것이 입증되었다. 그러나 1978년부터 미국의 Southwall Technologies사와 스위스의 Geilinger AG사는 현실적으로 가격이 책정된 창문을 등장시키기 시작하였다. 두

회사가 등록상표 체계를 합의하기까지는 몇 년이 더 걸렸다. Geilinger 사는 두 개의 내부 플라스틱 필름을 이용해 가장 높은 단열 효과를 낼 수 있는 사중유리를 생산하는 쪽으로 넘어갔다.

그동안에 미국의 Airco Coating Technology사, 영국의 Pilkington사, 독일의 Leybold-Heraeus A.G사는 어떻게 연속적으로 유리에 다중로이코팅을 입힐 것인지에 관한 계획을 세우고 있었다. 가장 큰 문제는 판유리를 진공실 내부의 밀봉을 통과시켜서 끊임없는 생산성을 유지할만큼 충분히 빠른 속도로 진공실로부터 공기를 빼내는 것이었다. 답은 일련의 진공실을 거쳐 유리를 이동시키는 것에서 찾을 수 있었다. 한 공정 라인의 각 진공실은 마그네트론 코팅실 안의 완벽한 진공에 도달할 때까지 앞선 공정의 유리 주위의 압력을 조금 더 감소시켰다. 그리고 나서 다른 진공실들은 반대편의 공기에서 유리가 멀리 떨어지기 수월하게 하기 위해 사용되었다. 실제로는 유리판이 빠르게 에어로크를 통해 코팅실 쪽으로 끌려간 것인데 어떤 하나의 공정 공간이 많은 양의 공기를 제거할 필요는 없기 때문이다. 따라서 각각의 일렬의 진공 상태에서의 압력의 차이는 극히 미미하다. 코팅 구간은 다층 스택을 생산하기 위하여 숫자의 제한 없이 설치될 수 있었다. 폴리머 필름에 사용된 로이코팅처럼 이 코팅도 코팅된 유리가 복층유리 내부에 봉인되어 있지 않으면 쉽게 부식되었다. 이 회사들은 1950년대의 변색으로 인한 실패를 반복하지 않기 위해 수없이 새로운 코팅을 실험하였고, 마침내 1978년 그 코팅 기술을 출하하기 시작했다.

3M사는 이미 1960년대에 개량된 창문의 금속 코팅 필름을 판매할 시장을 개척해 놓았다. 1981년에 그들은 폴리에스테르 필름에 코팅된 로이 실버 스택의 부식을 막는 공법에 재빨리 특허 신청을 했다. 자외선 안정 폴리프로필렌은 로이 재료를 덧코팅하기 위해 사용되었다. 왜냐하면, 이 중합제가 적외선 영역의 복사선을 효과적으로 차단하며 투명도가 높기 때문이었다. 로이 스택 안의 은은 폴리프로펠린을 통하여 도달한 적외선을 반사시키는 기능을 계속 수행할 수 있었다. 온열 성능에 있어서는 이중유리에 사용된 코팅이 없는 스택만큼 좋지는 않았지만 난유리에 부착된 로이코팅은 훌륭한 성능을 가지고 있었다.

이러한 제품들의 도입은 시기적으로 완벽했다. 1970년대 중반부터 1980년대 초반까지, 유럽과 북미의 연방 정부가 에너지 절약의 미덕과 원리를 시민들에게 홍보하려 했기 때문이었다.(그림 2-3) 그래서 에너지 절약이 하루하루 지속되며 난방유나 휘발유는 귀중하게 여겨졌다. 대중들이 기존의 유리창을 통해 얼마나 많은 에너지가 소비되는지 인식했을

그림 2-3. 1983년경 미국과 캐나다 정부의 소비자 지향 광고 모음

뿐만 아니라 정부 홍보 활동 말미에는 공식 간행물에서도 소비자들에게 로이 창문의 신비로움에 대해 알리기 시작했다.

로이유리와 창문 회사들은 무료 광고와 다양한 정부의 수요로 인한 혜택을 받기 시작했다. 삼중유리 산업을 제외하고, 건축 법규는 하룻밤 사이에 이 새로운 기술을 받아들였는데 그 이유는 차원의 한계가 없고 무게도 없는 이 투명 코팅이 창문 산업에 관련된 그 어떤 것도 변화시키지 않았기 때문이다.

창문은 여전히 똑같은 방식으로 조립하고 설치되었으며, 이윤을 남길 수 있었고, 이 기술은 어느 건축 법규에도 발을 들이지 않았다. 1990년대 말미에 창문의 단가는 판매량이 증가함에 따라 불가피하게 하락할 수밖에 없었는데, 몇몇 미국의 주거용 창문 제조사들은 소비자에게 추가 요금을 받지 않고 로이코팅을 표준화함으로써 선택의 폭을 제거해 나갔다.

이후에 그 기술은 다른 산업에도 번져 나갔다. 1988년에 무색의 은 기반 로이코팅은 자동차에 적용되기도 했다. 일본은 앞 유리에 로이공법이 사용된 고급 자동차 시리즈를 출시했고, 여기서 로이유리는 성에 방지와 제빙을 위한 투명 전기전도체의 역할을 수행했다. 이 기술은 1946년 처음 등장한 이래로 여러 가지 변화를 거쳐 다시 원점으로 되돌아왔다.

차세대의 코팅 — 1990년대

복층유리창에 로이 표면을 더한다는 것은 야간에 대기 간의 복사전열이 90%가 넘게 감소한다는 의미이다. 그러나 두 개의 유리판 사이의 밀봉된 공기 안에서 열은 여전히 움직인다. 이 남아 있는 움직임은 대류* 와 전도†에 의해 일어나는데, 일반적으로 코팅이 되지 않은 복층유리보다 열 손실이 거의 반 정도로 줄어든다고 볼 수 있다. 이 갇혀 있는 공기를 점성이 있고 단열 성능이 우수한 가스로 대체시킴으로써 이러한 움직임을 줄일 수 있다. (열전도 효과 줄임)

독일은 아르곤 가스가 주입된 복층유리창을 생산하기 시작했는데 이 아르곤 가스 충진은 그들이 로이유리를 소개한 1970년대 직후에 공기가 주입된 유리창보다 창문의 단열 성능을 약 25% 증가시켰다. 아르곤 가스는 비활성 점성 기체이기 때문에 공기보다 열전도성이 낮다. 더 중요한 것은 용접 산업에서 나오는 부산물이기 때문에 값도 저렴했다는 것이다. 육플루오르화황도 충진 가스로 사용되었는데 소음을 방지하는 기능과 낮은 가격이 특징이었다. 유리창에 가스를 주입하는 것은 창문의 단열 성능을 30%나 더 증가시켰다. 그러나 시간이 지남에 따라 충진된 아르곤 가스가 창틀 가장자리로 새어 나가며 단열 가치를 감소시킨다는 우려가 있었다. 내부 밀봉을 추가해 문제점을 개선시킨 이후에도 크게 문제점이 개선되지 않았다. 이유는 부적절한 충진 방식 때문이었다. 아르곤 가스 충진 이후에도 창문에 공기가 너무 많이 남아 있기 때문이었다. 아직 창 가장자리의 가스 누출 문제가 남아 있긴 하지만 오늘날 사용되는 품질 좋은 이중 밀봉은 적어도 20년 넘게 위에 열거한 가

* 대류는 움직이는 공기 분자(혹은 다른 유동체)가 표면 내 · 외부로 열을 전달할 때 발생한다.
† 전도는 이웃 분자의 충돌로 인해 고체나 대기(혹은 유동체)를 통해 열이 전달될 때 발생한다.

스들을 함유한 채로 적절한 역할을 잘 수행하고 있다.

크립톤은 심지어 더 좋은 단열 가스이지만 가격이 비싼 탓에 시류를 뚫기엔 역부족이었다. 그럼에도 불구하고 핀란드의 Lasituku사는 1980년대 초반에 처음으로 높은 성능의 가스를 단열 유리에 주입시켰다. 크립톤 가스는 가격이 너무 비쌌기 때문에 사람들의 관심에서 멀어져 갔다. 현재는 다시 크립톤 가스가 주목을 받고 있는데 더 높은 품질의 단열 창문을 원하는 수요가 증가하고 있기 때문이다.

1989년 말미에는 차세대의 로이코팅과 로이유리 시스템을 보여주는 세 가지의 엄청난 발전이 나타났다. 그 발표는 유리 제조사들의 경쟁을 부추겼고 로이코팅의 인기는 날로 상승했다.

첫째로, 미국의 Pilkington사와 Libby Owens사는 은 기반의 증착 코팅의 열적·시각적 기능과 대등한 성능을 가진 파이롤리틱 코팅을 발표했다. 방사율은 0.40에서 거의 은코팅과 비슷하게 낮은 0.10까지 감소하였다. 이는 두 가지 코팅 기법 모두 창문에 적용했을 때 높은 단열 성능을 보여 준다는 의미였다. 이 기술은 적시에 영국 시장에 도달했다고 할 수 있다. 1989년에 영국의 개정된 건축 법규가 건축 시 0.20 미만의 방사율을 권고했는데 이때 로이코팅을 그 해답으로 제시했기 때문이다. 이 시기에는 분사식 대신 화학적 수증기 증착 시스템에 의해 산화 주석이 형성되었다. 하지만 아마도 더욱 중요한 것은, 화학적 수증기 증착에서 형성된 추가적인 층에 의해 모든 무지갯빛 광택이 사라진다는 사실일 것이다. 새로운 공정 방식이 생산 속도를 증가시키자 이에 따라 경제 상황도 개선되었다. 물론 새로운 파이롤리틱 공법은 부식하지 않기 때문에 단판 유리 적용에는 이 공법이 꽤 실용적으로 쓰였다.

그리고 나서 Airco Coating Technology사는 증착식 은코팅을 발표하며 새로운 경쟁 구도를 열었다. 이 공법은 주광 조명은 유지하며 방사율과 일사 취득량 모두를 눈에 띄게 감소시켰다. 이 같은 방사율 감소는 복층유리창에 적용했을 때 최신 파이롤리틱 공법에 비해서 단열 성능을 30% 증가*시켰고, 일반적인 증착 코팅에 비해서는 단열 성능을 10% 증가시켰다. 일사 취득량 감소는 반사유리만큼 방열 성능을 높였지만 반사유리의 약점인 주광 조명의 손실은 없었다. 내구성 또한 생산 공정에서 특별한 처리가 필요 없을 정도로 향상되었다.

코팅 성능은 개선된 품질의 반사 방지층에 의해 분리된 은의 열 차단층

---

* 대부분의 단열 가치는 유리 중앙의 방열률이며 이는 열전도성이 있는 엣지 스페이서와 창틀의 주변 효과에 의해 나타난다.

을 한 번 더 추가함으로써 향상되었다. 이는 PPG사와 Pilkington사가 독자적으로 연구한 결과였다. 그 추가된 층들은 더 복잡한 방식으로 만들어졌기 때문에 비용이 더 많이 들었다. 모순적으로, 층이 추가되면서 무색투명이었던 유리의 색이 시야각이 높은 밝은 녹색으로 변하였다. 그러나 진공 기반의 코팅 기술은 이러한 결점을 보완하기엔 충분히 조절 가능했다.

1989년 말, Southwall Technology사가 마지막으로 기술 발표를 했다. 그들은 최초로 크립톤 가스가 주입된 제품을 대량 생산한 북미의 롤코팅회사가 되었다. 그들은 지금까지의 유리공법에서 가장 낮은 U-값*, 0.68W/°K m^2(0.12Btuh/°F ft^2)을 산출할 수 있는 세 개의 크립톤 가스 충진 공간을 형성하기 위해 최신 단열 유리판에 0.10의 방사율을 가진 폴리에스테르 필름 두 장을 장착하였다. 일반적으로, 코팅이 안 된 유리는 2.72W/°K m^2(0.48Btuh/°F ft^2) 정도의 U값이 산출된다. 채광 투과율은 차폐 계수†가 0.52일 때 적절하게 62%를 유지하였다. 크립톤 가스가 사용된 이유는 6mm 정도의 협개선 치수에서 단열 성능이 가장 높기 때문이다. 이는 전반적인 창문의 두께가 평범한 복층유리 판과 거의 비슷하게 유지된다는 의미였다. (Southwall사는 8-3-8mm의 일정하지 않은 간격으로 제작한다.) 그들은 스위스의 Geilinger AG사처럼 그들은 상당한 열 차단 기능이 있는 판을 설계했는데 이는 유리 주변에 금속으로 된 가장자리에 생기는 결로 현상을 방지하기 위한 것이었다. 이 틀에 끼워진 유리판은 일반적인 이중 로이유리와 창틀을 더한 비용보다 50%에서 70%가량 비쌌다. (또는 틀이 없는 단열유리 판이 공기가 주입된 로이유리 판보다 네 배가량 비쌌다.) 대부분 이는 아르곤 가스 가격의 10배 정도 되는 크립톤 가스의 높은 가격 때문이었다. 혹독한 겨울에 미국과 스위스의 창문은 북광에서 오는 계절적인 순열을 얻었다. (그림 8-1)

Airco의 진보는 현재 태양열 차단 성능과 방사율 조절이 이론적 한계까지 발전되었음을 뜻한다. 대부분의 창문에서는 대류와 전도를 통해서 발생하는 열 손실이 전부이다. 그러나 이 손실도 크립톤 가스로의 전환으로 거의 최소화되었다. 가장자리 봉합 부분의 열교 현상도 통제 가능한 단계로 접어들기 시작했는데 대부분의 경우에는 많은 손실이 창문의 가장자리와 틀에서 발생한다. 가장 눈에 띄는 진전은 유리가 아니라 전반적인 창문 설계의 발전이었다.

* U값은 단열 효과를 측정하는 척도이며 내열성을 R이라고 할 때 U=1/R이다.

† 차폐계수(SC)란 동일한 조건에서 3mm 두께의 유리를 통해 들어오는 일사광을 기준으로 차폐물(유리창)에 의해 차폐된 후 실내에 침입하는 일사열의 비율을 말한다.

부산은행, (주)자산유리 제공, Solaron P100-6 제품

3 예시

건축물 분류

로이 창문 건축물은 아주 많다. 미국만 해도 로이 생산량은 한 달에 수천만 제곱미터에 달한다. 적용 범위도 아트리움에서부터 보도의 통로에까지 아주 다양하다. 이 장에 제시된 건축설계 예시들이 로이 창문의 적용 가능성을 전부 대변하진 못할 것이다. 대신에 여기 제시된 설계예시들은 일사량 관리에 있어서 두 가지로 유형화되어 선정되었다.

로이 창문은 그 높은 단열 가치가 열적 쾌적성을 증가시키고 채광에 큰 영향을 주지 않으면서 에너지를 절약시키는 특징을 가지고 있다고 설명된다. 그러나 코팅은 별개의 차원이다. 그것은 (태양열 난방을 위해) 일사량을 최대한 많이 획득하거나, (냉방 부하를 낮추기 위해) 일사량을 최소한으로 획득할 수 있도록 공정에서 조절된다. 만약에 두 번째의 적용 방식이 시원한 채광(cool daylighting) 방식이라면 첫 번째 방식은 그 반대인 따뜻한 채광(warm daylighting) 방식이다.

따뜻한 채광 – 태양열 난방 예시

직접 일사 취늑, 간단히 말해 큰 창문을 통해 주거 공간에 일사 에너지를 축적하는 방식을 사용할 경우에는 밤에는 열효율성을 위해 남향 창에 셔터나 커튼이 필요하곤 했다. 가스가 주입된 로이 창문은 남향창의 기능을 할 뿐만 아니라 비슷한 방향에 위치된 2.5cm 두께의 투명 복층유리창보다 단열 성능이 더 높았다.

그뿐만 아니라 제8장의 첫 부분에 설명했듯이 이 코팅은 복층유리창이 북측의 여러 방향에서 오는 계절별 열효율을 높이기에는 충분히 투명했다. 앞으로 제시될 예시들은 주거 공간에 상당한 양의 태양열이 제공될 때 로이유리가 어떤 역할을 하는지 보여 줄 것이다.

새로운 영국의 주택 (그림 3-1)

이 두 개의 층으로 이루어진 주거 공간은 별채이다. 나무들은 겨울엔 탁 트인 유리창을 통해 들어오는 태양광을 쉽게 얻을 수 있게 해주고, 여름에는 태양을 적절히 가려 온도 상승을 막아 준다. 일반적으로, 이렇게 큰 남향 로이유리창은 맑은 날씨의 겨울날에는 잘 단열된 공간을 과열시킬 수도 있다. 이러한 문제는 창문 내부의 위쪽 부분을 알루미늄 지붕창을 거꾸로 달아 가림으로써 해결할 수 있다. 이는 태양광을 흰색 천장 쪽으로 반사시켜 반사된 태양광이 공간에 고르게 퍼질 수 있게 해준다. 이 방식은 내부를 균일하게 비추어 본질적으로 모든 공간을 겨울에 과열을 막을 수 있는 열 저장소로서 기능하게 한다. 또한, 그 지붕창은 태양광의 가장 밝은 부분을 막아 주어 눈부심과 과열을 방지해준다.

그림 3-1. 주택, 웨스트보로, 메사추세츠, 1983. 내부, 남향. 로이: 유리에 은 코팅(건축가: Timothy E. Johnson).

독일 북부의 주택 (그림 3-2)

북부 유럽에서는 맑은 겨울날 발생하는 주택 과열이 미국에 비해서는 큰 문제가 아니었다. 왜냐하면, 그렇게 해가 쨍한 날씨가 드물기 때문이었다. 이 주택은 남쪽을 대부분 개방하여 구름을 거쳐 확산된 태양광을 받아들이는 구조로 설계되었다. 맑은 날에는 각 층의 테라스 문을 개방해 일광욕실과 주거 공간 모두 난방이 가능하도록 충분히 태양열을 저장해 놓는 것이다.

이 집의 아르곤 가스가 주입된 로이창문은 심지어 외부 온도가 영하가 아닌 한 일광욕실에서 순열을 발생시킬 수도 있다. 하지만 12월과 1월에는 이 지역의 위도에서는 태양의 위치가 너무 낮아서 태양열 이용을 목적으로는 충분한 확산광을 얻기는 어렵다. 이 몇 달을 제외하고 일광욕실은 내부의 테라스 문을 닫아서 집과 분리시켜 놓는다. 따라서 이 커다란 유리 공간은 열 완충 공간의 역할을 한다.

그림 3-2. 주택, 쾰른, 독일. 서부, 1987, 외부, 남측면도. 로이: 유리에 은 코팅(건축가: Gabi Willbold-Lohr, Alex Lohr, Cologne, West Germany).

연못은 맑은 겨울날에 낮게 위치한 태양의 귀중한 열을 수면에 반사시켜 열이 집에 들어오도록 해준다. 여름에는 높은 위치의 태양광 입사각 때문에 연못의 감소된 반사율에 따라 태양열이 반사된다. 일광욕실의 큰 지붕과 테라스는 춘분점과 추분점에 내부 유리 대부분을 가리는

데 꼭 필요하다. 이 시기의 온화한 날씨와 태양은 합쳐져서 과도하게 남향 창이 큰 주택들을 과열시킨다. 일광욕실은 외부와 통풍이 잘되는 가장 높은 3층에 위치해 있어 과도한 열을 무해하게 방출시킨다.

독일 중부의 주택 (그림 3-3)

이 주택은 이전의 예보다 6년 앞서 건축되었다. 이 주택은 이전의 예와 비슷하게 유리 기반의 완충 공간 개념인데, 다른 점은 집 전체의 박공벽 아래에 일광욕실을 설계했다는 점이다. 세 개의 층이 아니라 두 개의 층만 관련이 있어서, 집 내부에 태양열을 공급하는 자연 대류순환이 그만큼 강하진 않았다. 이 주택이 지어질 당시에는 로이유리에 아르곤 가스를 주입하는 것이 불가능했다.

그림 3-3. Dolmus 주택, 독일 서부, 1981, 내부, 남동향. 로이: 유리에 은 코팅(건축가: Gerhard W.P. Berndt).

그래서 한겨울에 그 일광욕실은 이전의 예시보다 더 추웠다. 하지만 야간의 온도가 식물을 위협할 만큼 낮아지지는 않았다. 3월 말 이후에는 발코니와 큰 지붕이 내부 공간의 창을 가려주어 한여름의 과열 문제는 심각하지 않았다. 일광 욕실이 아주 더울 때 가끔 약간 과열되는 경우는 있었다.

겨울의 맑은 날, 일광욕실에서 수집되는 대부분의 태양열은 그 일광욕실의 콘크리트 벽 안의 작은 공간을 통하는 배관을 따라가는데, 이렇게 바닥에 저장된 상대적으로 낮은 온도의 열은 밤 시간대에 복사로 인해 효과적으로 공간에 열을 공급할 수 있다. 맑은 날에 잔열은 집 내부로 들어오는데 대부분 일광욕실 공기의 최고 온도는 우리가 시원하다고 느낄 만큼 적당히 낮다.

시원한 채광 – 상업용 건물

아래 사진에 보이는 상업용 건물은 특이한 유리창 때문에 선정되었다. 사무용 건물처럼 이런 건물들은 과도한 태양열에 취약하다. 로이유리는 채광의 손실 없이 조절하면서 태양열을 획득하기 때문에 이 모든 예시에 사용되었다.

West Coast Museum (그림 3-4)

이렇게 자연스러운 채광의 4,645 제곱미터의 박물관에는 로이코팅된 폴리에스테르 필름이 두 개의 판유리에 끼워져 사용되었다. 이는 에너

그림 3-4. 항공박물관, 워싱턴, 1986, 내부, 서향. 로이: 폴리에스테르 필름이 끼워신 는 코팅(건축가: Ibsen Nelsen and Associates, Seattle, Washington). Photograph printed with permission of Southwall Technologies, Inc.

지 부하를 35% 감소시키고 그 나라의 엄격한 에너지 규제도 충족시키기 위함이었다. 벽의 네 면 중 세 면과 경사진 지붕은 다양한 로이 필름을 활용한 100% 유리이다. 이 투명유리는 13%의 엷은 회색조의 투명

그림 3-5. 프린스턴대학 도서관, 프린스턴, 뉴저지, 1988, 내부, 동향. 로이: 유리에 은 코팅(건축가: Koetter and Kim, Boston, Massachusetts). 사진: © Jeff Goldberg/Esto, Mamaroneck, New York

지붕을 통해 들어오는 빛의 균형을 맞추기 위해 53%의 일광 투과율을 가지고 있다. 처마 근처의 벽 윗부분은 건축학적 정의로 말하자면 약간의 색조가 있다. 태양열은 불균형적으로 낮은 41%의 차폐계수를 가진 벽과 18%의 차폐계수를 가진 지붕에 의해 통제된다. 머리 위의 눈부심은 지붕의 선팅으로 조절하는데 다른 유리 벽면에서 발생하는 더 밝은 눈부심은 건물 외부 가장자리에 각각 세 개의 다른 높이로 매달린 장치와 같은 금속제 차양 장치로 완화시켰다. 촘촘히 배열된 수평의 흰색 튜브가 햇빛을 막아 준다. 따라서 머리 위에 위치하지 않은 고르게 분포된 빛은 그림자가 져서 실루엣으로 나타난다.

아이비리그 대학 아트리움의 내부 공간 (그림 3-5)

뉴저지에 위치한 프린스턴대학 도서관은 원래 건물의 튼튼한 돌벽을 마주하고 있다. 이 두 건물 사이의 20피트 정도의 독서 공간의 천장은 북향의 은막 코팅된 로이유리로 이루어져 있는데 이는 겨울에 지붕을 통한 열손실을 줄일 수 있다. 열관류율이 일반적인 수치인 1.8보다 낮으면 평범한 복층유리창보다 그 공간의 난방비를 16%가량 절약할 수 있다. 유리를 받치고 있는 우아한 아치 모양의 철근은 야간에 아치 테두리에 숨겨진 조명을 받아 빛난다. 남향으로 설계된 높은 층의 도서관이기 때문에 겨울의 태양열 난방은 불가능하다. 유리가 투과시키는 64%의 일사량은 엷은 녹색판을 사용하더라도 공간의 채광에는 문제가 없다. 여름에 태양의 눈부심은 유리 공간 바로 아래에 동서쪽으로만 작동하는 일렬로 된 흰색 금속관에 의해 최소화된다. 그 금속관들은 투과된 태양광의 50% 정도를 가려주는 동시에 구름 낀 날 천장으로 들어오는 빛의 75%는 투과되도록 유지시킨다. 이 관들은 밤에는 구조물에 의해 빛나면서 울타리 역할을 해준다.

영국의 새로운 아트리움 개조 (그림 3-6)

미국 코네티컷의 주도 하트포트의 Aetna 민영 보험사 건물은 원래 건물의 중심부에만 빛이 들어오도록 설계된 개방형 공간이었다. 건축가는 이 건물 각 층의 긴 가장자리를 개방하여 냉방이 잘되는 아트리움 공간으로 개조함으로써 이 6층 건물의 유난히 높은 16피트 높이의 천정을 돋보이게 하였다. 미국의 화재 법규는 일반적으로 가장 낮은 세 개의 층만 높은 아트리움으로 개방하는 것을 허용하지만 건물 천장의 환풍기가 작동할 때 천장의 높이가 거주자의 머리 위에 있는 연기를 모으기에 충분하도록 한다. 이 경사면의 복층유리는 0.47의 차폐계수와 64% 일사 투과량을 얻기 위해 엷은 녹색판에 은 기반의 로이코팅을 한 결과물이다. 전통적인 복층유리를 사용했다면 최고 냉방 부하가 46%가량 증가했을 것이다. 로이유리는 심지어 2월의 흐린 날에도 아트리움 층의 중앙 3분의 2 정도 면적에 있는 식물이 자라기에 충분한 빛을 받아들인다. 무거운 트러스(지붕·교량 따위를 버티기 위해 떠받치는 구조물) 는 이 높은 아트리움에서 빛을 너무 많이 차단시키기 때문에 유리를 받칠 때는 통풍이

그림 3-6. Aetna 영리 보험 본사, 하트포드, 코네티컷, 1989, 내부, 동향, 로이: 유리에 은 코팅(건축가: Jung Brannen Associates, Inc., Hartford, connecticut). 사진: © 1990 Richard Mandelkorn, Newton, Massachusetts.

잘되는 입체 뼈대가 사용된다. 색유리는 식물이 자라기에 충분한 빛을 받아들이지 못하고 기존의 유리보다 최고 냉방 부하가 25% 증가한다.

눈부심은 기존 복층유리판 사이에 2인치 정도의 공간에 위치한 고정된 연직 루버에 의해 최소화된다. 이 루버는 동서로 뻗은 아트리움의 긴 축에 평행하게 자리 잡고 있다. 루버의 주요한 역할은 태양이 남향 건물에 도달하기 이전에 빛을 차단하는 것이지만 적어도 봄과 여름에는 아트리움 층에 햇빛이 들어온다. 난간과 공복(인접한 아치가 천장·기둥과 이루

는 세모꼴 면)은 무광택 처리를 해 태양광이 아트리움 층으로 반사되어 과열되는 공간이 생기는 것을 막는다. 서쪽을 향하는 사무실은 4월과 8월 사이 오후 4시 이후에는 직사광을 받는데 태양이 서쪽에 있을 때 동서로 뻗어 있는 루버를 통해 빛이 들어온다.

스위스의 사무용 건물 (그림 3-7)

총면적 7,513m^{2}인 개방형 Tour Balexer 건축물의 1,200m^2 면적의 창문은 두 개의 유리판 사이에 끼워진 로이코팅된 폴리에스테르 필름으로 이루어져 있다. 이 창문은 0.6W/m$^{2\circ}$K(0.106Btu/hr ft$^{2\circ}$F)의 열관류율값을 가진다. 이 100mm 두께의 창문의 차폐계수는 0.46이고 일광 투과율은

그림 3-7. Tour Balexert, 제네바, 스위스, 1988. 로이: 다층 폴리에스테르 필름 기반의 은 코팅(건축가: Favre Guth et Architectes Associes SA). 사진: H. Germond Industrie, Lausanne. Photgraph printed with permission of Geilinger Ltd.

56%이다. 이 값은 주변 공간의 채광에 아주 적절하다고 볼 수 있다. 이 설계 방식은 모든 층에 동일한 크기의 균일한 창문들이 어떻게 나타날 수 있는지를 보여 주는 전형적인 예시이다. 이 북향 건물은 과도한 열 손실이나 불규칙한 태양의 영향을 걱정할 필요가 없다.

거의 모든 예시의 공통적인 관심사는 눈부심은 최소화하고 효과적인 채광은 유지하는 것이었다. 로이유리공법은 난방이나 냉방 비용의 증가 없이 다른 일반 유리보다 더 크게 만들 수도 있다. 그러나 창문이 커졌을 때 그에 따른 눈부심이 감소하게 하는 기술은 아직 완벽하지 않다. 눈부심 없이 채광을 유지하는 기술은 여전히 건축적 처리나 빛에 대한 이해도에 따라 달라진다. 제9장에서는 이렇게 일광을 주제로 한 내용을 다룰 것이며, 이는 설계자들이 로이 기술을 충분히 활용할 수 있도록 해줄 것이다.

근현대사기념관, (주)자산유리 제공, Solaron P70-1 제품

4

로이는 어떻게 작동하는가?

얇은 필름의 원리

창문에 쓰이는 로이공법은 실제로 네 가지 유형이 있다. 그러나 오직 한 유형만이 아주 얇은 비방사성* 은막 거울을 기반으로 한다. 이 안이 비치는 은거울은 일광이나 태양열† 유입 시에는 투명하지만 동시에 열적외선은 반사함으로써 적외선을 가두는 역할을 한다. 이외의 세 가지 유형은 이와는 다르게 작동하는데 이후에 이 장에서 관련된 원리를 설명할 것이다.

온실 효과에 대한 근거 없는 믿음

우리는 이런 복사열을 가두는 첨단 기술이 왜 필요한 것일까? 보통의 유리는 이런 기능을 못 하는 걸까? 단파장의 태양 에너지는 유입시키고 장파장의 적외선 형태로 재방사되는 태양열은 가두는 온실 효과로 인해서 온실의 온도가 올라가는 것 아닌가? 일반 유리가 복사열을 가두지 못해서 로이코팅이 필요한 것이 아니다. 일반 유리는 대류를 막는 역할밖에 하지 못하기 때문이다. 비록 온실 효과가 지구 온난화에 책임이 있

---

* 우리가 느끼기에 적외 방사는 온도가 높은 물질로부터의 열 방사이다. (실제로) 장파장 적외선 혹은 원적외선은 어둠에서 적색으로 빛나지 않는, 상대적으로 낮은 온도의 물질에서 방사된다.

† 대부분의 태양열은 단파장 적외선이다. 태양열은 빛처럼 대부분의 물체에서 반사된다. 단파장 적외선은 어둠에서 적색으로 빛나는 높은 온도의 물질에서 방사된다.

긴 하지만 이것이 실제 온실 내부처럼 작동하는 것은 아니다. 온실 효과가 건축물에 작동하는 방식을 이해하는 것은 적외선 열이 전달되는 방식을 아는 것이다. 적외선 열은 빛과 같다고 볼 수 있다. 직선으로 움직이고, 반질반질한 표면에서는 반사되지만 그 밖의 대부분의 표면에서는 흡수된다. 촛불이 사방으로 빛을 퍼뜨리는 것처럼 주위보다 온도가 높은 물질은 어떤 것이라도 복사열을 방출시킨다. 그러나 물질에서 방출된 적외선 복사열은 빛보다 훨씬 더 긴 파장을 가지고 있다. 그래서 만약 원적외선 빛을 볼 수 있다면 아주 흐릿한 그림자의 초점이 부정확한 장면일 것이다.

일반적인 유리는 원적외선 열을 가둔다는 특징을 가진 것으로 잘못 알려져 왔다. 왜냐하면, 일반 유리는 온도가 높은 건물 자재에서 나온 적외선 복사열에는 불투명하기 때문이다. 유리는 태양 스펙트럼 내에 포함된 파장보다 긴 파장에 대해서는 투명도를 잃는다. (그림 4-1)

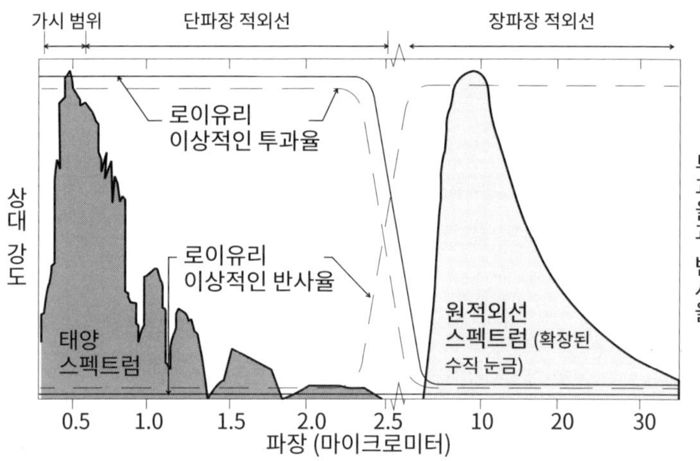

그림 4-1. 일반 유리와 비교했을 때 이상적인 주거용 로이의 특성

그러나 여기서 불투명하다는 말은 검은색을 의미한다. 사실 모든 물질은(광택이 있는 금속이나 로이코팅을 제외하고) 원적외선 체계에서는 그들의 본래 색이 무엇이든지 간에 모두 흡수성이 높은 검은색이다. 이 유리는 재방사된 원적외선이 있을 때에는 복사열 스펀지로서 작동하는데 그 방사 에너지가 순조롭게 유리를 데워 그 열이 고밀도 유리를 통해 전도된 후에 외부 표면에서 흡수된 복사열을 재방출하고 대류로 내보내기 위함이다. 투과된 태양 복사열이 불투명한 표면에 닿았을 때 이런 장파장 적외선이 온실에 형성된다.(그림 4-2) 표면은 단파장 에너지가 흡수되고 유입되는 태양 에너지가 방출되는 에너지와 동등해질 때까지 가열된다. 이 방출되는 열의 반 이상은 원적외선 방사열이고, 남은 에너지는 대류

를 통해 공기 중에 퍼진다. 따뜻한 온실 공기는 대류를 통해 에너지가 되어 유리를 통해 외부로 전도된다.

따라서 원적외선 방사열은 이를 흡수하고, 전도하고, 재방사할 수 있는 유리를 통해 쉽게 온실을 빠져나갈 수 있다. 반면에 일사 취득량 유리의 완벽하지 않은 투과성으로 인해 줄어들었다. 외부의 추운 환경에 있는 땅과 비교했을 때 내부에 있는 땅에서의 순효율은(유입 태양 방사열에서 적외 방사열을 뺀 값) 순방사를 일으키는 열의 양이 더 적다. 온실이 따뜻한 이유는 내부의 태양광을 받는 표면의 공기가 데워지고 그 윗부분으로 공기가 퍼지며 온실에 축적되기 때문이다. 온실 바깥에는 아무리 따뜻한 공기가 있어도 금방 날아가 버리고 더 차가운 공기로 대체될 것이다.

높은 일사 투과량을 가진 로이유리는 최초로 진정한 의미에서 방사열을 가둘 수 있었다. 이는 우리가 일반적인 유리에 기대하는 기능이었다. 장파장 적외선의 높은 반사율은 그 공간에서 비롯되어 다시 그곳으로 돌아가는 열복사를 일으킨다. 복사열이 적게 빠져나가기 때문에 로이코팅된 유리의 감소된 일사 투과량을 고려하더라도 순복사는 증가해 심지어 온실은 더 따뜻해진다.

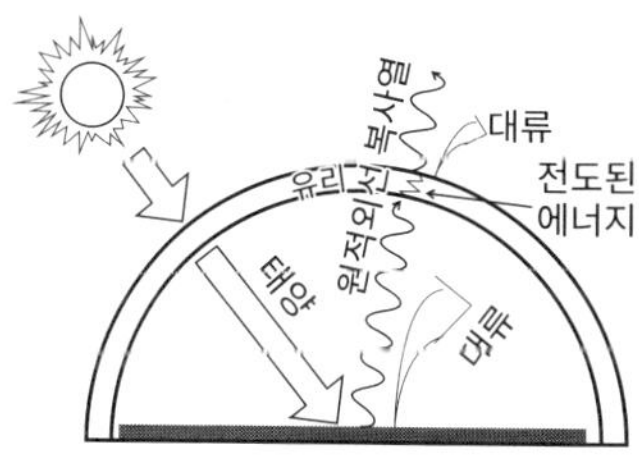

그림 4-2. 일반 유리 온실에서의 장파장 적외선의 형성과 방출. 적외선은 유리 외피에서의 흡수와 재방사를 통해 외부로 방출된다.

그림 4-1은 전체 과정을 보여 준다. 높이 솟아 있는 어두운 부분은 유입되는 태양 에너지인데 에너지의 반은 가시 영역권 내에 있다. 회색 돌출부는 재방사된 원적외선 복사열이다. 가장 위쪽의 검은색 커브는 얼마나 일반적인 유리가 다양한 파장의 태양 에너지를 잘 투과시키는지 보여 준다. 그리고 아래쪽의 커브는 모든 파장에서 얼마나 유리의 반사성이 낮은지를 보여 준다. 회색의 점선 커브는 완벽한 로이 코팅 제품의 기능을 보여 준다. 태양 투과량은 여전히 높지만 반사율은 낮다. 그리고 반사율은 원적외선 파장에서 증가하는데 이때 투과율은 0으로 수렴한다. 낮은 투과율일 때의 낮은 방사율은 높은 반사율을 의미한다. 저방사율은 또한 코팅된 유리에 붙잡힌 어떤 에너지라도 복사열로써 빠져나가기 어렵다는 것을 의미하기도 한다. 에너지는 표면으로부터는 방사될 수 없기 때문에 이에 저방사 유리라는 이름이 붙여졌다.

거울과 같은 광학 특성

모든 물질의 반사, 투과 그리고 흡수의 상호 작용은 다음과 같은 방식으로 성립된다.

100% = 투과 + 반사 + 흡수

이때 임의의 파장에서 흡수량은 방사율과 동일하다. 투과량은 원적외선 영역에서는 거의 모든 물질에서 0으로 수렴한다. 따라서 0.10가량의 저방사(저흡수) 표면은 이와 같은 표면이 높은 IR* 반사율을 가진다는 뜻이다. (낮은 방사율은 투과량이 0보다 훨씬 더 큰 값일 때 항상 높은 반사율을 의미하지는 않는다.) 일반적인 코팅이 안 된 유리는 장파장의 방사율(흡수)이 0.84 정도이기 때문에 IR 반사율이 16%까지 감소한다. 태양 파장에서 로이코팅과 그 유리는 높은 투과율을 가지고 있기 때문에 나머지 두 가지는 낮아야 함이 틀림없다.

일반적인 유리에 나타나는 열 손실의 60%는 장파장 적외선을 통해서이며, 다른 창문의 열 이동 메커니즘(전도와 대류)을 따라가는 것보다 적외선 이동에 주의를 기울이는 것이 더 의미가 있었다. 로이 창문은 본질적으로 기존 창문보다 2배 높은 단열성을 가지게 된다. 왜냐하면, 로이코팅이 적외선을 거의 차단시키기 때문이다.

적외선이 기능하는 방식에 대한 지식이 있으면 유리 제조 회사들은 분석하고 평가하는 데 유용하다. 어떤 회사들은 로이 창문이 그저 겨울엔 열을 보관하고 여름에는 열을 밖으로 내보낸다고 설명한다. 이는 장파장 적외선 열의 관점에서만 보면 맞는 말이다. 이는 방열기, 사람들, 그리고 애완동물에서 나오는 복사열이 겨울에는 반사에 의해 저장되고 주차장이나 도로, 근처 건물 등과 같은 온도가 높은 곳에서 재방사된 복사열이 여름에는 반사에 의해 밖으로 방출된다는 뜻이다. 그러나 이보다 더 활발한 단파장의 태양 복사열은 1년 내내 통과된다. 만약 로이 창문이 여름에 태양열을 막도록 만들어진다면, 겨울에도 태양 복사열 통과를 막을 것이다.

열대 기후 사무용 건물에 로이코팅 적용

일반적으로 사무실에는 사람들, 조명 그리고 장비에서 나온 열로 겨울에 24시간 동안 난방을 할 수 있을 만큼 아주 많은 양이 방출된다. 따라서 특히 여름에는, 태양 에너지에서 발생한 열을 보관하는 것이 거

* Infrared.

의 불필요하다. 아열대 기후의 주택에서는 이와 같은 문제를 잘 해결해야 한다. 몇몇 사무용 건물과 주택 설계자들은 일사 취득량을 최소화시키기 위해 무엇이든지 한다. 외부의 창문 가리개는 항상 효과적인 방법이었다. 색유리는 한때 사무용 건물에 일사 취득량을 감소시키기 위해 흔히 사용하는 방법이었다. (때때로는 일광 투과를 줄여 눈부심을 감소시키기 위해 사용하기도 하였다.) 그러나 그림 4-3이 보여 주다시피 단판 색유리는 투명유리에 비교했을 때 일사 취득 감소량이 미미했다. 이는 맑은 여름날에는 색유리가 54℃에 달하는 열을 충분히 흡수한다는 사실을 깨달으면 충분히 이해할만한 수치이다. 여름에는 이런 유리가 거의 오븐 속에 있는 그릴과 같은 역할을 한다고 보면 된다. 이 엄청난 양의 적외선 투과를 막을 방법이 없다는 의미이다. 블라인드를 내리는 것 또한 블라인드를 거의 같은 양의 적외선을 방출할 만큼 뜨겁게 만드는 것이다. 복층유리에 색상을 입히는 것은 그보다 조금 더 낫긴 하지만 (차폐 계수가 20%에서 15%로 더욱 감소함) 흡수된 열이 절연 공기 틈새 사이로 대류해서 얻어지기보다 바람에 의해서 더 쉽게 빠져나간다. 이를 해결할 수 있는 방식은 채광을 유지하는 동시에 태양열은 반사시키는 것이다. 그리고 몇몇 로이코팅은 이 방식에 안성맞춤이다.

그림 4-1의 사무용 건물 버전이 그림 4-4이다. 두 그림은 4-1에서 나타난 로이 반사도 변곡점이 태양 스펙트럼의 중간으로 이동했다는 것을 제외하고는 비슷한데 따라서 여기서 태양열은 반사에 의해 차단된다고 볼 수 있다. (일반적인 유리의 기능을 보여주는 곡선은 생략됨) 원적외선 영역에서 반사도가 높다는 것에 중점을 두기보다는, 이 코팅이 근적외선 영역에서도 반사성을 가진다는 것이 주요한 특징이다. 주거용과 사무용 건물 모

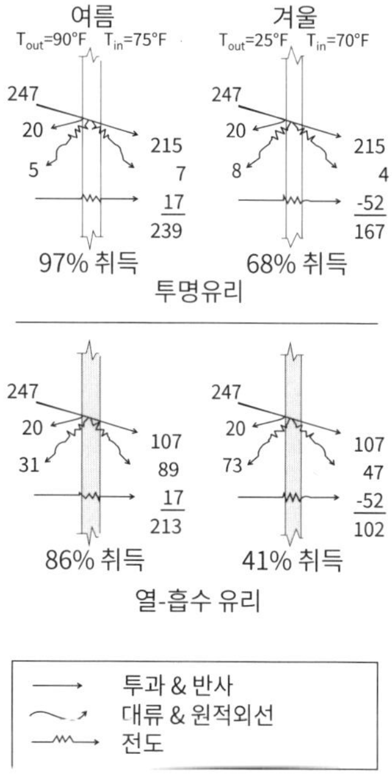

그림 4-3. 일반 유리 온실에서의 장파장 적외선의 형성과 방출. 적외선은 유리 외피에서의 흡수와 재방사를 통해 외부로 방출된다.(Anderson, B., Riordan, M., The Solar Home Book, Brick House Press, Andover, Massachusetts, 1980).

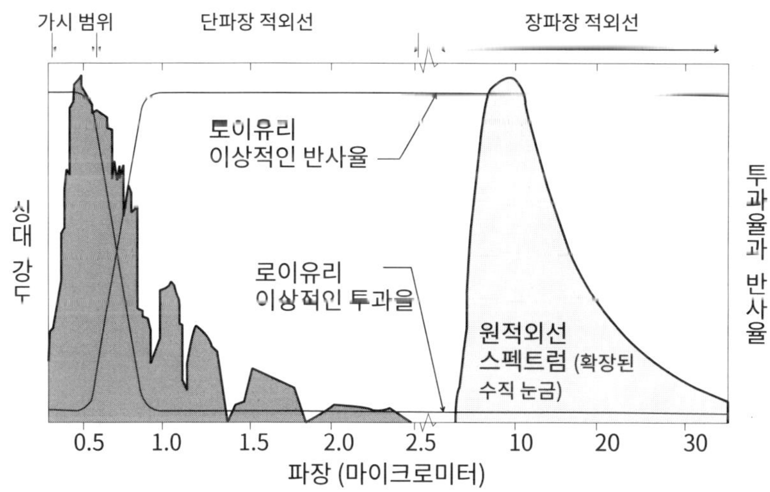

그림 4-4 일반 유리와 비교했을 때 이상적인 상업용 유리의 특성

두에 사용된 로이코팅은 비슷한 일사 투과량을 보여 준다. 하지만 사무용 건물의 로이코팅 유리는 근적외선 열을 유입하지 않고 대부분 밖으로 반사시킨다. 그림 4-4는 낮은 반사성에서 높은 반사성을 가진 코팅으로의 전환을 이상적으로 보여 준다. 이 전환은 겹쳐진 로이유리 사이의 은 코팅을 두껍게 하는 방식을 동반한다. 일부의 일사 투과량은 희생되기도 하지만 채광은 삼중유리만큼 좋은 반면 열 방출량은 알루미늄 코팅된 유리만큼 높다.

두꺼운 필름의 원리

세 유형의 로이유리 중 두 가지 유형은 반도체로부터 만들어진다. 위에 소개한 필름이 아주 얇은 층이 여러 개 필요하다면, 투명한 반도체 필름은 상대적으로 두꺼운 단일 레이어(몇백만 분의 1미터 두께) 하나로 이루어진다. 이 필름은 얇은 필름이 가지고 있었던 품질관리 문제에 있어서는 자유롭다. 전자의 제한된 결집으로 인해 이 중 몇몇 필름은 높은 IR 반사율을 보여 준다. (전하가 흐르지 않으면, 즉 전기가 전도하지 않으면 물질에서 반사가 일어나지 않는다.) 이 투명한 반도체 중 일부는 산화주석, 산화인듐, 카드뮴 산화주석, 인듐 산화주석이다.

두꺼운 필름의 첫 형태는 진공 상태에서 높은 온도의 유리에 증착하는 방식이었다. 두 번째 형태는 대기 상태에서 뜨거운 유리에 분사를 하거나 화학적으로 증착하는 방식이었다.

미세격자(Microgrid)의 원리

선택적 반사체의 마지막 유형은 기계적으로 생산되었다. 금속 시트를 부식시켜 대략 2.5μm를 개방하여 태양 복사열은 통과하게 하고 동시에 장파장의 적외선은 통과하지 못하게 하는데 개방된 넓이는 IR 반사를 방지하기에 너무 좁지 않도록 한다. (0.2μm 정도) 이 기술은 인듐 산화주석과 같은 두꺼운 필름의 성능을 개선하기 위해 사용된다. 그러나 그 기술은 비용 문제로 인해서 실험실의 호기심으로만 남게 되었다.

얇은 필름의 장단점

네 가지 유형의 로이 처리 공법은 각각 장점과 단점을 가지고 있다. 얇은 필름에 주로 쓰이는 스퍼터링 공법은 필름의 두께를 0.02μm 정도로

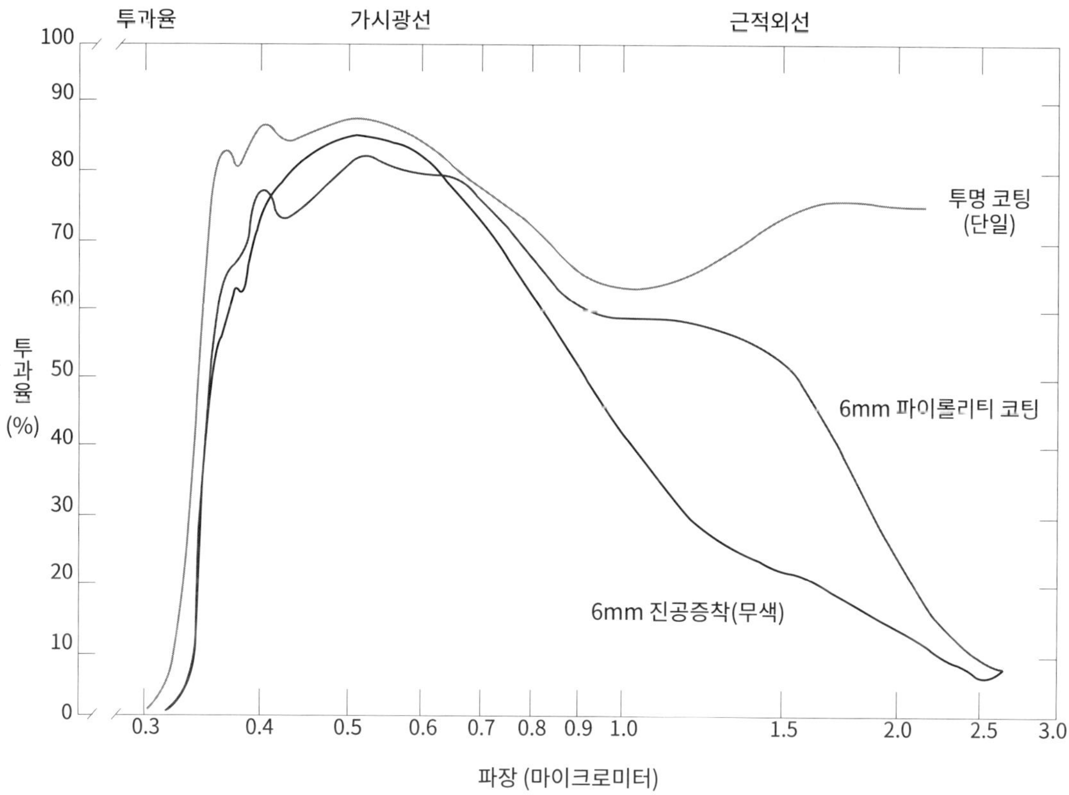

그림 4-5. 투명 단일 유리와 비교했을 때 두 가지 유형의 로이 복층유리 창문이 분광 투과율 곡선(Pilkington Glass Limited, Low-Emissivity Glasses Catalog, October 1989).

유지하기 위해 다양한 금속의 용착률을 높은 수준으로 통제할 수 있어야 한다. 한편으로 이 정도의 통제 능력은 조작자가 필름의 구성 요소를 바꾸기 쉽도록 한다. 이러한 유연성 덕분에 다양한 기후와 적용 상황에 따른 차폐계수의 전체 스펙트럼을 볼 수 있게 되었다. 금속과 두 가지의 반사 방지막 증착에 쓰이는 진공전자관 스퍼터링 기계는 층의 일정한 두께를 보증하기에 충분한 가치가 있으며 또한 단일한 색 코팅(혹은 무색 코팅)도 보증한다.

은이 기본 재료로 쓰이는 이유는 일사 투과량이 완벽하기 때문이다. 반사 방지 코팅에는 과거에는 티타늄이나 산화 인듐을 사용했지만 현재는 아연 산화주석이 떠오르고 있다. 왜냐하면, 자외선에 강하고 내구성이 있어 공정 중에 잘 마모되지 않기 때문이다.

이 스택은 일반적으로 원적외선의 90%를 반사시키는데 이는 복층유리의 공정에서의 단열 성능을 2배가량 증가시킨다. 그림 4-5에서는 가시영역 파장과 근적외선 파장에서 두 가지의 유형의 로이 복층유리와 코팅되지 않은 단판 유리의 대표적 성능을 비교하여 보여 준다. 파이롤리틱 코팅 곡선은 차폐계수 0.79의 전형적인 주택용 유리를 대표한다. (6mm 투명 복층유리의 차폐계수는 0.82이다.) 진공 증착 초박 코팅 곡선은 증가된 근적외선 차단율로 인해 차폐계수가 0.67로 더 낮아졌다. 그래서 이 코팅은 사무용 건물에 적용했을 때 유용하다. 두 번째 은 코팅이 내부의 반사방지 레이어로 인해 첫 번째로 코팅되었을 때는 원적외선 반사율은 97% 정도로 올라갈 수 있다. (방사율이 0.03이라는 말과 같은 뜻이다.) 다른 로이코팅이나 심지어 두꺼운 금속 거울도 이보다 좋은 성능은 없다.

반사방지층은 부식이나 오래된 마모로부터 부드러운 은을 보호 할 만큼 강하진 않다. (이 얇은 필름은 연성금속 기반이라서 소프트 코팅이라고 불리기도 한다.) 하지만 미래의 기술 발달은 이러한 문제를 해결할 것이라고 기대된다. 이 코팅을 보호하는 방법은 세 가지가 있는데 각각의 장단점이 존재한다.

코팅 유리와 유리에 밀봉

복층유리는 일반적인 단판 유리보다 빛을 더 효율적으로 이용할 수 있다. 두 개의 유리판의 마주보는 면을 둘 다 코팅하는 것은 창문의 단열성을 눈에 띄게 향상시키지는 않는다. 왜냐하면, 기체 공간에 대하여 하나의 로이 표면이 거의 모든 적외선의 움직임을 막기 때문이다. 그러나 하나의 밀봉된 유리면이 코팅된 상태(#2면 코팅)에서 복층유리의 안쪽면(#4면 코팅)을 부식 방지 파이롤리틱 층으로 코팅하면 전반적인 온열성능은 약간이나마 개선된다. (10%에서 15% 정도) 두 개의 유리판을 접착시킬 때 사용되는 동공의 흡습 구멍이 있는 금속 엣지 스페이서는 건조제로 채워져 있다. 이는 공정 중에 유리판에 갇힌 부식의 가능성이 있는 수증기를 제거하는 역할을 한다.

두 개의 유리판을 엣지 스페이서에 붙이는데 사용되는 유기 밀봉은 신뢰할만한 미국의 제조사들이 이것이 20년 이상 충분히 지속 가능하다고 보증해 주었다. 이 긴 수명을 가진 봉인은 사실은 이중 봉인이다. 대부분의 단일 유기 밀봉은 주입된 가스가 새어나갈 위험이 있다. 폴리이소부틸렌 (그림 4-6)은 유리를 금속 스페이서에 접착시키고 주입된 가스를 밀봉시키고 동시에 수증기의 투입을 억제시키는 역할을 하였다. 두

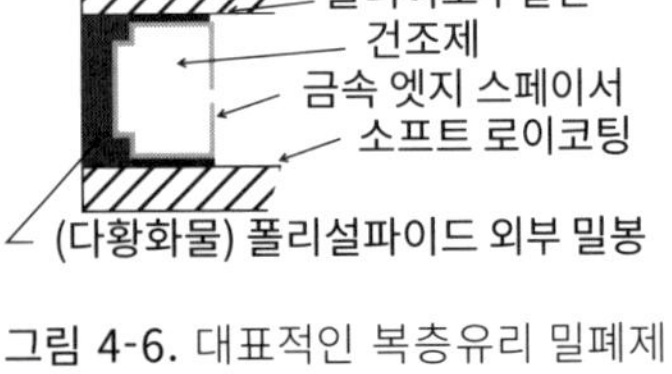

그림 4-6. 대표적인 복층유리 밀폐제와 금속 엣지 스페이서

표 4-1. 20년 후 다양한 밀봉제를 통해 빠져나간 가스 누기율

	아르곤/ 육불화황	아르곤*	아르곤*	아르곤*	육불화황*
	[21]	[22]	[23]	[24]	[24]
단일밀봉					
(다황화물)폴리설파이드	8 to 10	13 to 15		6 to 13	0 to 1
폴리우레탄	8 to 10	13 to 15	15 to 20	33 to 45	3 to 5
실리콘			>45		
부틸			5 to 7		
폴리이소부틸렌			4 to 5		
퍼마폴 P-2			5 to 10		
퍼마폴 LPM			1 to 4		
티콜 LP			3 to 9		
이중밀봉					
폴리설 파이드	5 to 6				
폴리우레탄	2 to 5				
실리콘	12 to 15				

* 추정값

번째 밀봉제인 폴리설파이드, 폴리우레탄, 핫멜트 부틸이나 실리콘 같은 물질들은 유리의 구조적 통합성을 위하여 스페이서의 바깥쪽 가장자리에 적용된다. 표 4-1은 몇몇 연구에 기반하여 20년이 지났을 때 여러 가지 밀봉제에 따른 가스 누기율을 보여 준다. 밀봉제는 서부 독일 기준 단위 DIN 52993에 따라 시험 되었는데 당시 미국은 가스 주입 단위의 내구성에 관한 기준이 없었기 때문이었다. 이 자료는 전통적인 이중 밀봉제 사용이 꽤 만족스럽다는 것을 보여 준다. 육불화황(SF_6)과 아르곤/육불화황이 혼합된 밀봉제가 아르곤 단독 사용보다 가스 누설량이 적은데 그 이유는 전자의 분자가 더 크기 때문이다. 크립톤에 있어서는 비교 할만한 자료가 없지만 그것의 투과성은 분자의 크기를 기반으로 했을 때 아르곤보다 투과성이 더 낮다고 예상할 수 있겠다.

스퍼터링 로이코팅은 노출된 엣지에서 점차적으로 진행될 수 있는 엣지부의 부식을 피하기 위해서 반드시 엣지 부위를 벗겨 내야 한다. 그래서 유리 가장자리 아랫부분은 방에 축적된 물과의 접촉을 피하기 위해 세팅 블록 된 창문틀보다 살짝 위에 위치해야 한다. 덧붙여서 몇몇의 밀봉제는 남은 부분이 덮이지 않았을 때 자외선을 침범하는 경향이 있다. 외부의 동일 평면 유리나 맞댐 이음 적용(butt-joint)을 고려 중이라면 유리 제조사의 밀봉제의 자외선 차단성을 꼭 확인하여야 한다.

금속 엣지 스페이서는 전체 유리의 열 저항값이 0.88m²°K/W에 도달할 때 중요한 열 단락회로의 역할을 한다. 제6장에서는 어떻게 이 효과가 나타는지에 관해 다룰 것이다. 이 열교 현상은 상대적으로 두껍게 용접된 유리 가장자리에서 더 악화된다. 그러나 유리 가장자리가 사용되지 않는 진짜 이유는 유리 가장자리에 틈이 생길 만큼 추운 겨울에 높은 열 저항값을 가진 창문의 외부와 내부의 판 사이에 형성된 큰 온도 차이 때문이다. (옛날 방식의 복층유리창문은 단열 성능이 낮아서 온도 차이를 크게 만들지도 않았다.) 결국에 창문의 열 저항값이 점차 증가할수록, 금속 엣지 스페이서와 유기 밀봉제도 유리를 구조적으로 잘 지탱하는 새로운 기술이 나오며 제한적으로 사용되었다.

그 코팅은 현재는 내구성이 충분히 좋아서 1년 이상 포장되지 않은 채로 보관 가능하다. 특수용지 포장은 제품 수명을 거의 2배 증가시킬 수 있다.

폴리에스터로 코팅되고 유리에 밀봉

얇은 필름 증착 과정의 여러 가지 이점 중 하나는 증착 온도가 플라스틱을 코팅할 만큼 충분히 낮다는 것이다. 폴리에스터 필름은 주로 치수 안정성(dimensional stability) 때문에 사용된다. 플라스틱을 코팅하는 것은 유리를 코팅하는 것보다 싼데, 이는 막대한 필름 통들이 하나의 진공 증착실에서의 이온 빔을 지나서 쉽게 풀리기 때문이다. 유감스럽게도, 적절하게 폴리에스터 필름을 장착(mount)하고 밀봉 처리하는 비용은 제조 절감 비용을 뛰어넘게 된다.

코팅된 플라스틱은 삼중유리의 가운데 유리처럼 복층유리의 가운데 위치한다. 추가적인 공기 간격은 열 저항값을 증가시켰다. 그리고 이 증가된 열 저항값은 대개 높아진 쾌적성에 정당성을 부여하기도 하지만, 때때로 에너지 절약 기능으로 인해 높아진 비용에 정당성을 부여하기도 한다. 폴리에스터 필름은 장착에 문제가 있는데, 이는 연속적인 플라스틱 변형인 크립(creep)을 겪기 때문이다. 이 문제는 보기 안 좋고, 왜곡된 반사를 만들어 내는 골형 표면(corrugated surface)을 만들어 낸다. 미국 사람들과 스위스 사람들은 이 크립 문제를 다르게 해결한다.

미국은 특수 양면 접착 테이프(그림 4-7)를 사용하여, 필름의 주변부에 금속 엣지 스페이서를 부착한다. 유리의 표면은 관례적으로 금속 엣지 스페이서가 부착되고, 전체 조립부의 엣지는 폴리우레탄(polyurethane)에 담기게 되어서 실제 플라스틱 억제(plastic restraint) 기능을 하게 된다. 마

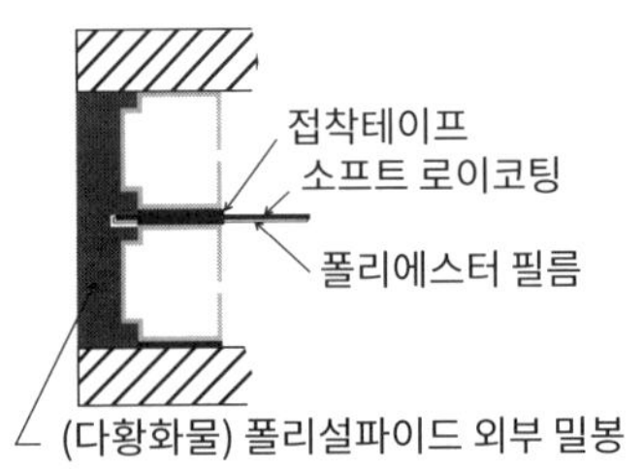

그림 4-7. 코팅된 폴리에스터 필름을 끼우는 방법

지막으로, 그 제품이 플라스틱에 열 수축(heat-shrink)하도록 약간 열처리를 받는다(은으로 된 코팅은 균열 없이 필름 수축을 견뎌낼 수 있다). 열 수축 처리는 장력 상태(tension)의 플라스틱에 미리 설치해서, 이 불가피한 크립은 장력을 없애지 않고 낮춘다. 그 제품은 모든 유리 제품처럼 엣지 스페이서에서의 같은 열교 현상 문제를 겪는다. 이 제품에 현재 사용되고 있는 엣지 밀봉제(sealant)는 표준 외부 플러시 유리(flush glazing)나 맞대이음(butt-joint) 유리 활용에는 자외선 노출에 대한 밀봉제의 민감성 때문에 호환되지 않는다.

스위스에서는 캔버스에 그림을 그리는 것처럼, 플라스틱에 금속 스트레처 프레임(metal stretcher frame)을 장착함으로써 장력 상태(tension)의 플라스틱을 미리 설치한다. 이 메탈 프레임은 영구적인 스프링처럼 기능하는데, 크립이 발생하는 것에 따라 연속적으로 플라스틱을 단단히 당기게 된다. 이 프레임은 1개의 필름 층 이상으로 늘어날 수 있어서 추가적인 간격(gap)을 만들어 낸다. 이 프레임은 두껍고, 초저 투과성(ultralow permeability)인 강 합성 고무 슬리브(strong synthetic rubber sleeve)에 발라지는데, 이는 유리의 바깥쪽의 창에 부착된다. 이 설계는 위의 접근 방식과 함께 열교 현상 문제를 크게 낮춘다.

그림 4-8은 미국에서 크립톤 주입 제품을 이용해 열교 현상 문제에 어떻게 대처했는지를 보여 준다. 금속 엣지 스페이서는 이전처럼 필름에 부착되었지만, 추가적인 필름 층이 있기 때문에 두 필름의 다른 부분은 열 차단(thermal break)의 기능을 하는, 고농도 폴리염화비닐 폼 스페이서(dense polyvinylchloride foam spacer)에 부착되었다. 전체 조립품의 엣지는 폴리우레탄에 담겨져서 구조적으로 모든 부분을 묶게 만들었다. 폴리우레탄은 폴리에스터에 잘 부착되는 경제적인 유기 밀봉제이다. 일반적으로 크립톤은 우레탄 밀봉을 통해 침투할 수 있지만, 이런 어려움은 단열 유리 장치(insulated glass unit, IGU)의 주변부를 다층 폴리머(multilayer polymer)와 금속 박 테이프(metal foil tape)로 덮음으로써 최소화할 수 있다. 이 경계 포장을 온전하게 유지하기 위하여 프레임 작업을 하는 동안 아주 세심한 주의가 필요하다. 열 차단(thermal break) 성능이 장문 주변부의 응결을 방지할 만큼 충분히 좋더라도, 작은 규격과 중간 규격의 제품에 대한 창문의 특히 높은 열 저항값을 유지하기는 어려움이 있다. 예를 들어 1.4 m² 제품에 대한 복합 엣지 스페이서에서의 열교 현상은 창문의 이상적 열저항값인 1.4 m²°K/W (8.0 ft²°F/Btuh)을 평균 열 저항값인 1.0 m²°K/W (5.9 ft²°F/Btuh)으로 낮춘다.

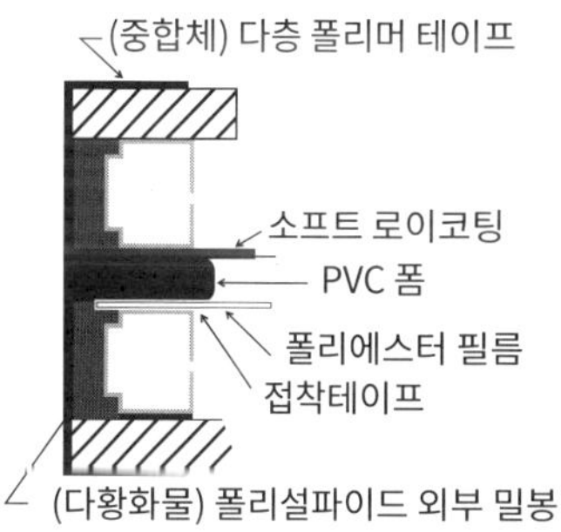

그림 4-8. 열 차단과 침투 방벽 기능의 엣지 마운트 조립

세상의 모든 선행 하중 작업(preloading)은 만약 플라스틱 필름이 66°K (150°F) 이상에 있다면, 크립을 방지하지 않을 것이다. 더운 기후에 국한된 명백하게 드문 경우다. 선행 하중 작업은 이 기온에서 플라스틱이 부드러워지고 길게 늘어지기 시작하면 급속히 소멸한다.

2개의 죽은 공기 공간(dead air space) 사이에 압력을 동일하게 하기 위해 폴리에스터 필름의 중심부 근처에 작은 구멍이 나서, 필름이 구부러지지 않고 왜곡된 반사를 일으키지도 않는다. 미국과 스위스 양쪽 모두 더 많은 필름 층을 용이하게 받아들여서, 중량의 실질적인 증가 없이 추가적인 죽은 공기 공간을 만들어 낸다. 그러나 3개 이상의 죽은 공기 공간을 만들어 내는 것은 권장할 만하지 않은데, 이는 추가적인 공기량이 상승된 기온 상황에 따라 제품에 파열을 일으킬 만큼 충분히 확장될 수 있기 때문이다. 게다가 주광 조명 투과율은 추가적인 층이 있을 때 급속히 떨어진다.

폴리에스터 필름은 자외선 노출에 손쉽게 해를 입는다. UV 지연제(inhibitor)는 이 노출의 속도를 낮출 수 있지만, 노출을 잡아낼 수는 없다. 다행스럽게도 로이코팅이 실외를 바라보는 쪽의 필름 면에 위치한다고 가정하고 유리(UV 투과율을 감소시키는)와 자체의 로이코팅(반사 작용으로 잔류하는 UV의 70%까지 감소시키는)으로 된 유리로 밀폐되었을 때 필름이 잘 보호된다.

로이코팅 기술은 부식 방지 코팅을 기대할 만큼 충분히 빠르게 개선되고 있다. 이 점은 노후 개선과 농업 온실 활용을 위한 고성능 코팅 플라스틱을 만들어 낼 것이다. 그동안에 중간 성능 레트로피트 필름은 현재 사용 가능하다.

플라스틱에 코팅되고 덧코팅(overcoat)으로 밀폐

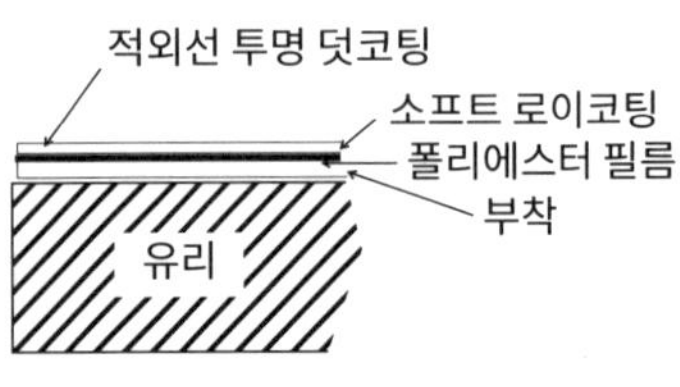

그림 4-9. 로이 개선 필름의 샌드위치 구조

투명 플라스틱 필름은 부식 방지를 위해 로이 코팅된 폴리에스터 필름 면에 관례대로 접착된다. 일반적인 전체적 두께는 38μm(0.0015 인치)이다. 캐리어 필름(carrier film)의 적층되지 않은 면은 창문의 로이 특징을 전하기 위해 설치된 유리에 부착된다. 폴리에스터는 일시적 점착 제거 오버코트(temporary detackifying overcoat)와 함께 수용성 접착제(그림 4-9)나 압감 접착제로 저렴하게 유리에 부착된다. 이 방식은 보호 판유리 사이의 필름에 접착하는 고비용 문제를 극복하지만 낮은 단열 수치가 수반된다.

오버코트는 반드시 IR에 투명해야 해서, 로이코팅이 장파 에너지를 반사할 수 있다. 유감스럽게도, 저렴한 높은 IR 투명 재료는 아직 확인되지 않고 있다. 폴리프로필렌 플라스틱이 보호 필름으로 종종 사용되는데, 이는 IR 투과율이 상당히 높기 때문이다. 그래서 결과로 초래된 그 샌드위치형의 실질 방사율은 비보호 로이 표면과 코팅되지 않은 플라스틱이나 유리 사이의 방식에 비해 거의 1/3 수준에 놓이는 값으로 낮아지는데, 이는 U값이 상응하는 중간값에 위치한다는 점 또한 의미한다.

다른 결점들도 존재한다. 폴리프로필렌이 UV 저항을 위해 높은 IR 투과율을 교환해서, 오버코트는 유리의 방 면에 설치되고 7~13년 후에 UV 노출로 인해 노란색으로 변하고 갈라지기 시작한다. 계절에 노출된 면에 설치되면 사용 기간은 5년이나 그 이하로 떨어지게 된다. 다행스럽게도 이 방식은 저렴해서 필연적인 교체를 위한 비용보다 단열과 에어컨 운용에 대한 비용의 절약 효과가 있다.

노후 개선용 로이 필름은 모든 환경에서 효과가 있는 것은 아니다. 합성 필름은 손쉽게 유리의 계절 노출 면에 살아남기가 힘든데 대부분 기후에서 바람에 불린 잔해들이 필름에 흠을 내기 때문이다. 추운 날씨에서는, 필름은 내부 표면에 부착된 경우(겉보기에 모순적으로 보일 수 있는 이 진술에 대한 설명을 8장에서 볼 수 있음)와 내부 습도가 충분히 높은 경우에 결로를 일으킬 수 있다. 이러한 상황에서 필름은 덧창(storm window)의 내부 표면에 접착되어야 한다. 레트로피트 밀폐식 이중창을 이런 상황에서 사용 시도해서는 안 된다. 만약 확신이 안 서면, 임시로 시험용 조각을 매우 추운 실외 환경에서 창문의 방 면에 씌워서 응결에 대한 시험을 하는 것이 확인 가능하다.

두꺼운 필름의 장단점

두꺼운 코팅은 마그네트론 음극 진공 스퍼터링 공정(magnetron cathode vacuum sputtering process)이나 뜨거운 유리 위에 있는 산화주석(tin oxide)을 증착하는 증기에 의해서, 또는 직접적으로 스프레이함으로써 증착된다. 코팅은 0.5~0.1 μm으로 비교적 두껍다. 코팅은 때로는 마모 방지와 부식 방지 기능 때문에 하드 코팅(hard coat)이라고 불린다. 엣지 제거는 소프트 코트의 경우와 같이 필요하지 않다.

유리 위 두꺼운 필름

인듐 주석 산화물이나 카드뮴 주석 산화물로 섞인 반도체는 그 물질의 뛰어난 견고함과 주광 조명에 대한 투명성 때문에 유리에 스퍼터링(sputtering)하는데 쓰이는 일상적인 재료이다. 방사율은 0.15~0.13의 범위를 갖는다. 이러한 코팅은 단일창 활용에 최적의 선택인데, 이 코팅은 창문 청소와 같은 모든 일반적인 마모 원인으로부터 저항력을 갖고, 이미 산화물이기 때문에 재료가 부식되지 않기 때문이다.

인듐 주석 산화물은 최고로 까다로운 특징을 갖는데, 유감스럽게도 인듐이 가장 비싸다. 게다가 이런 재료는 스퍼터링 공정 동안에 높은 기판 온도(400°K)를 필요로 하기 때문에 폴리머 필름에 활용할 수 없다.

파이롤리틱

더 제어 가능한 화학 증기 증착 공정은 스프레이 방식을 유리판이 제조 라인을 통과할 때 뜨거운 유리 위에 주석 산화물을 대기 같이 코팅하는데 가장 선호되는 방식으로 바꾸고 있다. 방사율은 적은 양의 불소(fluorine)를 가지고 코팅을 입힘으로써 0.20 아래로 낮아진다. 유리가 용해된 주석 욕조 위에서 떠다니는 동안에 코팅이 적용된다.

주석 욕조 위의 구멍 난 팔은 수증기가 이동하는 유리 표면에 고르게 적용되도록 하는데 사용된다. 지나친 증기는 흡입 기구를 통해 즉각적으로 회복되어서, 증착은 공기가 개방된 곳에서 일어난다. 다수의 팔은 연색성을 조절하기 위해 다른 층을 만들어 내는 데 종종 사용된다.

증기 증착 방식이 더 낮은 방사율(0.17~0.20, 주석 산화물을 스프레이한 경우의 0.40과 아주 다름)을 만들어 낼 뿐만 아니라, 스프레이 공정에 수반되는 모든 훈색(color iridescence)의 흔적을 본질적으로 제거한다. 다층 코팅은 유리 위에 약간의 흐릿함을 남기는데, 이로 인해 유리가 밝은 일광에 비춰졌을 때 더러운 물로 닦인 것처럼 보이게 된다. 일부 알려지고 있는 코팅은 청소하기 힘들게 만드는 증가한 표면 거칠기를 갖는다.

스퍼터링된 두꺼운 코팅처럼 이 부식 방지, 마모 저항 코팅은 단일창이나 덧창 노후 개선 활용에 매우 적합하다. 이 재료들은 증착 과정 동안 높은 기판 온도를 필요로 하기 때문에 폴리머 필름에 활용 가능하지 않다. 액 수조(float tank)에서 떠 올리고 난 뒤, 뜨거운 유리를 선상에서 코팅하는 것은 유리가 진공 증착 과정의 경우에서처럼 다루기 위해서 식혀야 할 필요가 없기에, 어쩌면 로이유리를 생산하는 가장 경제적인 방법일 수도 있다.

미세 격자(Mircrogrid) 장단점

메탈 시트에 미세 격자를 새기는 비용은 아마 이 로이 제조 방식을 연구소로 이관할 것이다. 게다가 미세 격자 방사율은 두꺼운 코팅의 방사율을 낮추는데 방법이 사용되지 않는 한 0.15보다 크다. 실용성도 제한이 있는데, 윤활유와 기름은 식각(etched)된 유리를 손쉽게 더럽힐 것이다.

기체 주입으로 인한 R값(열 저항값) 변동

창문의 방사율을 낮추는 것은 적외선 복사 트래픽을 감소시키지만 중간 공기층을 통한 대류와 전도 경로를 고스란히 그대로 남겨두게 된다. 로이 복층유리창의 갇힌 공기층으로 인한 열 손실을 줄일 수 있는 세련된 방식은 더 전도가 있고, 단열성이 있는 가스로 공기를 교체하는 것이다. 이러한 전략은 코딩되지 않은 복층유리에는 효과가 없는데, 높은 적외선 손실이 대류, 전도 손실의 감소를 무색하게 만들 것이기 때문이다.

그림 4-10은 공기와 비교하여 일부 후보 가스 충전의 특징을 보여 준다. 수평 축은 가스 전도율을 보여 주고, 여기서 낮을수록 좋다. 수직 축은 점도를 보여 주고, 여기서 높을수록 좋다. 낮은 전도율은 복층유리[12mm(1/2인치) 이하]에 있는 좁은 틈(gap)에 대한 두 가지 변수 중 더 중요하다. 게다가 점도는 최솟값보다 반드시 커야 하고, 그렇지 않다면 대류가 성능을 낮추게 만들 것이다. 일반적인 9mm의 틈에 대해서, 점도는 0.7 e-5m^2/s 보다 커야 한다 [9]. 공기가 최고 점도를 가지긴 하지만, 그래프의 우측에 전면적으로 놓여 있고, 최대 점도를 갖는다는 것을 의미한다는 점에 주목할 필요가 있다. 그래서 예상되는 것처럼, 열 흐름을 최소화하기 위해 오히려 이상적이지 않다. 다음의 후보는 아르곤(Ar)인데, 불활성(inertness)과 특히 싼 가격 때문에 가장 일반적으로 사용되는 가스 충전재다. 아르곤 주입은 일반적으로 로이 복층유리의 R값을 33%만큼 상승시킬 것이다. 이산화탄소(CO_2)는 아르곤과 같은 전도율을 갖지만, 점도는 경계선상 아래에 있다. 육플루오르화황(SF_6)은 낮은 점성에도 불구하고, 때로는 개량 방음벽을 위해 유럽에서 사용된다. 크립톤은 특히 낮은 전도율을 갖지만, 점성도 역시 낮다. 점성은 약간의 아르곤을 혼합하면 쉽게 오른다. 제논(Xe)은 주된 활용에 대해서 너무 낮은 점성을 갖는다. 아르곤은 낮은 비용 때문에 적어도 더 좋은 합성 가스가 나타나

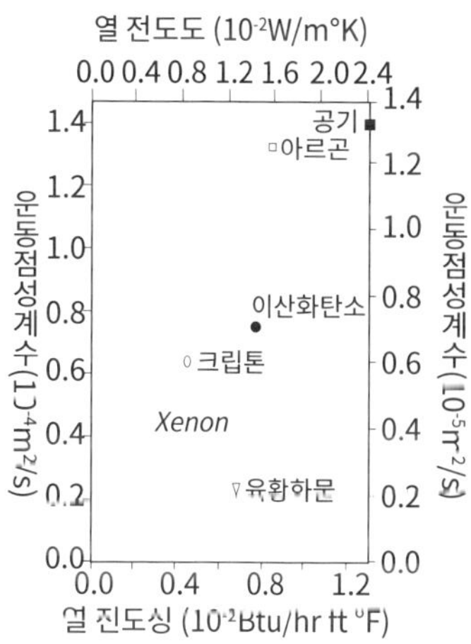

그림 4-10. 가스 주입 창문에 적합한 가스의 운동 점성계수와 열차단을 (Arasteh, D., Selkowitz, S., Wolfe, J.R., "The Design and Testing of a Highly Insulating Glazing System for Use With Conventional Window Systems, M Journal of Solar Engineering, Transactions of the ASME, 1989, vol. 111).

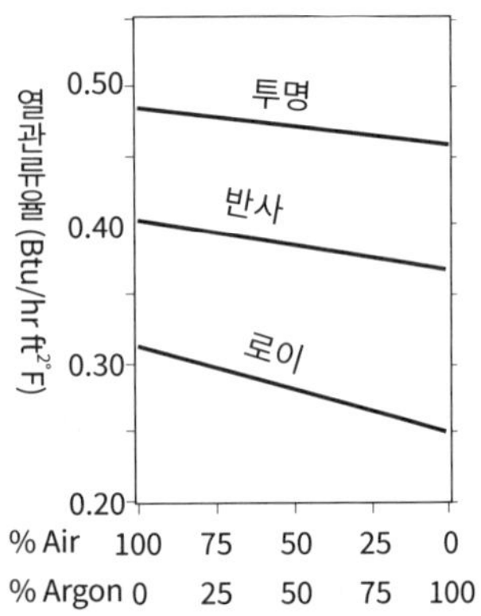

그림 4-11. 주어진 방사율로 가정할 때: 투명 유리=0.84, 반사 유리=0.40, 로이=0.08 다양한 유리의 U값과 공기가 1일 때 아르곤 가스의 비율(Cardinal IG 1990 Architectural Glass Products Catalog, Minneapolis, Minnesota).

지 않는 한 가장 인기 있는 주입 기체로 계속될 것이다.

그림 4-11은 아르곤으로 기체 주입할 시에 공기를 제거하는 것이 얼마나 중요한지 보여 준다. 가장 아래 줄은 절반의 공기와 절반의 아르곤으로 주입된 로이 창문이 전체 아르곤으로만 주입된 창문에 비해 14% 더 높은 열관류율을 갖는다는 것을 보여 준다. 가장 위의 줄은 아르곤 주입이 실질적으로 코팅되지 않은 창문에 대해서는 효과가 없다는 것을 보여 준다.

복층유리에 주입하는 것은 까다로운데, 희석 공기(diluting air)를 제거하기 어렵기 때문이다. 최소한으로 권장되는 기체 주입 방법은 메탈 엣지 스페이서에 하나는 위에, 하나는 아래에 드릴로 낸 2개의 임시적인 구멍을 사용하는 것이다. 유입되는 가스는 가벼운 공기를 위로 보낸다. 만약 이 공정이 혼합을 일으킬 만큼 서두르게 되면, 너무 많은 공기가 창문에 남게 된다.

더 좋은 주입 공정은 엣지 스페이서의 구멍을 통해 들어오는 모든 공기를 분명하고 빠르게 제거하는 진공 공간(vacuum chamber)을 사용하는 것이다. 진공 공간과 복층유리 모두 진공 처리된다. 그러고 나서 가스는 복층유리에 주입되고, 동시에 공기는 진공 공간으로 번져 들어가서, 유리에 대한 압력은 균등하게 남는다. 일부 유럽 제조사들은 아르곤 대기에서 창문을 조립하는 로봇을 사용하기까지에 이르렀다. 이 마지막 2가지 충전 방법이 처음에 설명한 것보다 훨씬 탁월하다.

신중하게 추가적인 유리 사용하기

2겹 이상의 유리를 사용하는 것은 창문의 열관류율을 증가시키는데, 특히 만약 각 창이 로이코팅을 지니고 있는 경우에 그렇다. 그러나 세계는 모종의 이유로 로이 복층유리의 효과로 인한 삼중유리의 소멸을 반기고 있다. 세 번째 창의 무게는 과도해서 창문이 너무 두꺼워져 쉽게 열기 힘들다. 내부 창을 위해서 유리 대신 폴리머 필름을 사용하는 것은 무게 문제를 해결하지만, 너무 많은 층은 주광 조명 투과율을 낮추게 된다. 로이코팅된 유리를 사용하는 동안에, 주광 조명 투과율은 삼중유리 앞을 지날 칠 때 열 저항값이 오르는 것보다 빠르게 떨어진다(5장 참고). 이 점은 적당하게 규격이 있는 주광 조명을 받는 것이 주된 기능인 창문에 대해 값이 너무 많이 드는 문제가 있다. 그러나 그 효과는 주광 조명이 이미 많이 들어오는 곳의 너무 큰 창문이나 천창에는 심각한 문제는 아니다.

최적 간극 간격(Optimal Gap Spacing)

만약 창문의 두께가 걱정거리가 아니라면, 누군가는 공기(또는 아르곤)가 단열재이기 때문에 더 많은 공기가 단열을 더 잘할 것이라고 추론할 수 있을 것이다. 유감스럽게도 이는 사실이 아니다. 9mm 이하의 얇은 간격에서, 마찰이 곳곳에서 가스를 보유하고 있고, 이 가스의 단열 수치는 오로지 열 흐름을 저지하는 데만 원인이 된다. 간격이 두꺼워질수록 단열은 더 좋아지는데, 대류가 일어나서 간격을 굴뚝처럼 바꿔 버리기

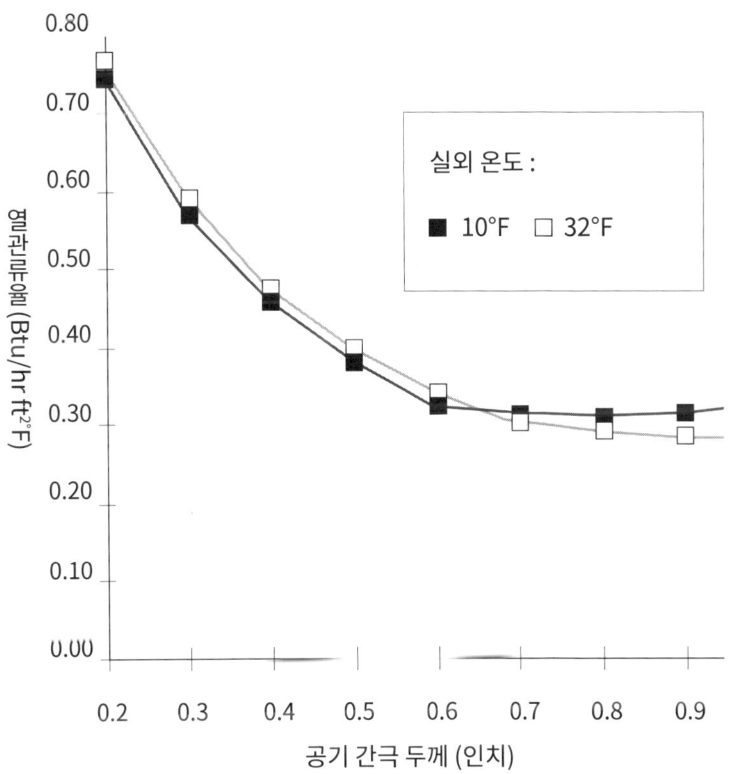

그림 4-12. 복층유리창에서 실내 온도에 노출되는 면과 반대 면의 열관류율과 공기 간극 차(Derived from Grashof vs. Reynolds number curves given in: Kreith, F., Principles of Heat Transfer, International Textbook Co., Scranton, Pennsylvania).

전까지 유효하다. 따뜻한 면에서의 가스는 자유롭게 위로 상승하는데, 이는 부력이 있는 가스가 반대쪽 빛에 의해 시원해진 곳의 끝에 도달하기 전까지, 반대쪽의 빛이 너무 멀리 있어서 마찰에 의해 가스를 포함하기 힘들기 때문이다.

그림 4-13. 주어진 방사율로 가정할 때: 투명유리=0.84, 반사유리=0.40, 로이=0.0 U값과 R값에 있어서 아르곤 가스의 영향 (Cardinal IG 1990 Architectural Glass Products Catalog, Minneapolis, Minnesota)

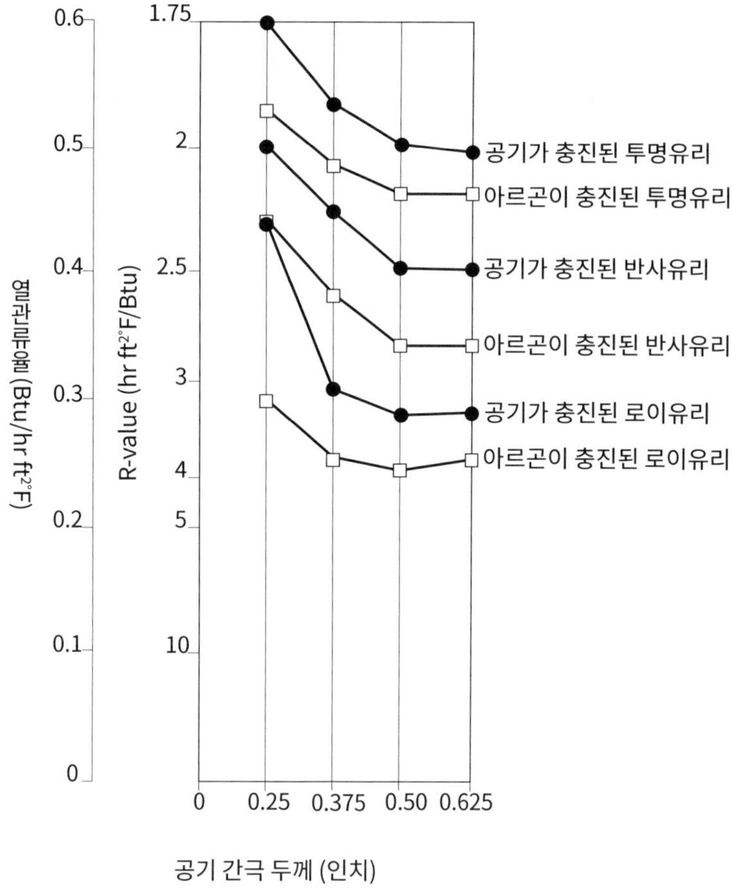

큰 펌핑 경로가 준비되는데, 이는 열을 따뜻한 유리로부터 추운 유리로 쉽게 옮기게 한다. 그림 4-12는 대류가 일어나기 전에 주어진 평균 가스 주입 온도에 대한 최적의 구분이 있음을 보여 준다. 유리의 평균 온도는 한 해 동안 바뀌어서, 예측되는 온도 동향에 대해 효과가 있는 간격 크기를 선택해야 한다. 그러나 대부분의 창문은 쉽게 열고 닫기 위해서 12mm 정도로 간격이 있고, 이는 약간 공기에 적정 수준 이하다.

그림 4-13은 아르곤이 공기 대신에 사용되었을 때, 다양한 복층유리 유형에 대한 유리 중심부 열관류율과 열 저항값에 어떤 일이 발생하는지를 보여 준다. 12mm의 최적 간격 두께가 공기를 위한 간격에 다소 모자라다는 점을 주목하자. 크립톤의 적정 간격은 6mm 정도로 더 낮다. 크립톤은 다중 간격 유리에 대해서 최적의 가스인데, 일반적인 크기의 간격은 너무 많은 양의 가스를 붙잡아 두어서, 온도가 상승하는 상황에서 가스 팽창에 의한 파열을 일으킬 수 있기 때문이다.

녹색 유리를 이용한 냉방 주광 조명

파이롤리틱 로이코팅은 일사열 응용에 사용되는데, 일사 투과율이 거의 투명한 유리만큼 높기 때문이다. 그러나 많은 경우에서 일사 투과율을 최소화하는 것이 바람직한데, 특히 심지어 겨울이라도 사람들과 조명과 기기로 인한 열이 과도한 사무실에 응용하는 경우에 그렇다. 일사 획득은 2가시 방법으로 감소된다: 더 많은 일사열을 더 두꺼운 은으로 된 코팅(그림 4-4 참고)으로 외부로 반사시키는 것과 바람이 에너지를 날려 버리는 복층유리의 외부 유리에 많은 일사열을 흡수시키는 것인데, 모두 주광 조명 투과율의 뚜렷한 감소는 없다. 평범한 색 유리는 〈사무실을 위한 로이유리 Low-e Glazings for offices〉라는 제목의 장에서 논의된 과열 문제처럼 효과가 없다. 색은 또한 주광 조명 투과율을 일사 획득만큼 빠르게 떨어뜨리기 때문에 효과가 없다(50%의 색은 대개 50%의 주광 조명 투과율을 의미한다.)

색유리에서의 일사 획득과 주광 조명 투과율을 정확히 같은 방식으로 묶어 내는 것은 깜짝 재료를 통해 극복되는 것이 선호된다. 철분의 함량이 높은 유리나 녹색 유리, 일반적인 색과 다르게 녹색 유리는 선택적 흡수체인데, 이 유리는 주광 조명 에너지보다 더 많은 일사 에너지를 흡수한다. 투명한 복층유리에서 코팅되지 않은 외부의 초록빛의 유리는 삼중유리만큼이나 많은 빛을 투과하지만, 갈색 유리만큼 많은 일사열을 감소시킨다. 같은 유리를 복층유리의 실버 로이 샌드위치로 코팅을 하게 되면, 복층유리 일사 획득은 반사시키는 것만큼이나 내려가는 반면에, 채광 투과율은 여전히 60% 수준으로 높다(투명유리의 4겹 층만큼 같음). 이 물질을 통해 걸러지는 주광 조명은 냉방 주광 조명으로 불리는데, 같은 밝기의 형광 조명이나 메탄 할로겐 등에서 나온 같은 조명보다 60% 이하만큼의 열을 포함하고 있기 때문이다. 냉방 주광 조명은 수간 냉난방 장치 요금과 조명 요금을 낮추는데, 이는 조명 기기가 필요하지 않고, 주광 조명으로부터의 열이 대부분 효율적인 조명이 만들어 내는 것만큼 낮기 때문이다.

로이유리 아래서 식물 키우기

식물은 가장 밝은 주광 조명에서 빠르게 자라나서, 유리 아래서 식물 성장은 유리의 채광 투과율에 따라서 늦추어진다. 광질(lighting quality)은 또한 식물의 성장에 영향을 준다. 광합성과 특히 엽록소 형성은 각각 0.455μm의 파란색 파장과 0.650μm의 빨간색 파장에 크게 영향을 받는다. 파란색 빛은 강한 빛에서 엽록소 생성을 가속화하는 반면에, 빨간색 광선(그리고 적외선에 가까운 광선)은 약한 빛에서 중요한 채광 요소이다. 빨간빛은 씨앗 발아에서도 매우 중요하다. 자외선은 비록 몇 연구 결과가 특히 긴 자외선 파장이 만약 가시광선이 올바른 비율로 존재한다면 광합성에 약간 자극을 줄 수 있다는 연구 결과가 있음에도 불구하고, 일반적으로 식물에 해롭다. 몇몇의 색유리는 성장을 불균형적으로 늦추거나 심지어 식물에 해가 되기도 하는데, 이는 태양 스펙트럼의 중요한 빨간 부분과 파란 부분을 걸러 버리기 때문이다.

로이유리가 식물 성장과 건강에 어떻게 영향을 줄까? 매사추세츠 공대(MIT) [10]에서 일사 획득을 최대로 하기 위해 설계된 투명 계열 진공 증착된 얇은 로이코팅 유리에서의 식물 성장에 대한 연구가 진행되었다. 식물 수확량은 다양한 다른 코팅된 유리와 코팅되지 않은 유리에서의 식물 수확량과 비교되었다. 다양한 시험 유리를 통해 빛을 들어오게 하도록 사용된 개구(aperture)는 모든 주광 조명 수준이 같도록 조정되었다. 이 실험은 투명한 회색으로 라미네이트된 경사창의 로이코팅을 통해 걸러진 주광 조명이 코팅되지 않은 투명한 유리와 폴리에틸렌에서의 식물과 비교했을 때, 개화가 없는 식물의 중간 정도의 수확량을 만들어 냈다는 점을 밝혀냈다. 수확량은 로이코팅된 갈색 판유리와 녹색 판유리에서 낮았고 건강하지 않았다.

진공 증착된 로이코팅은 주로 반사를 통해, 해로운 자외선의 2/3가량을 감소시킴으로써, 다소 감소된 주광 투과율을 상쇄시킨다. MIT의 실험은 만약에 식물이 실내 온도에 가깝게 유지되면, 투명 계열 로이 제품이 수확량, 식물 건강, 성장 속도에 영향을 주지 않는다는 것을 보여 주었다.

식물은 이상적으로 18℃~24℃의 기온에서 잘 자라고, 이는 밤의 기온이 5℃ 낮다고 가정한다. 로이코팅된 유리는 확실히 겨울에 식물을 따뜻하게 하지만, 과하게 유리가 설치된 재배 공간은 로이유리의 부가적인 단열 효과로 인해 여름에 일반적인 성장 기온보다 더 높은 온도를 제공할 수도 있다. 일사 획득이 여름 기간에 제어되지 않거나 기타 환기 장치가 사용되지 않는 경우, 과도한 일사 획득을 자연스럽게 제어하는 가장 좋은 방법은 유리를 가을에 나뭇잎이 떨어져서 동계 태양 방사가 재배 지역을 난방할 수 있도록 나무 캐노피(tree canopy)로 외부에서 유리에 그늘지게 하는 것이다.

과도한 차양이나 불충분한 창문이나 채광창 개방은 건강한 식물 성장을 위한 너무 적은 빛이 들어오는 정반대의 문제를 일으킬 수도 있다. 식물 성장은 빛의 강도와 색에만 달려 있는 것이 아니라, 빛의 지속 기간에도 달려 있다. 짧은 기간의 매우 강한 빛은 장기간에 걸친 적당한 빛과 같은 효과가 있다. 11~12시간의 자연 채광을 위해서는, 대부분의 평범한 가정 식물과 나무에 온 종일에 평균 800~1,000 lux(80~100 footcandles)의 조명이 필요하다는 것을 경험적으로 알 수 있다. 이국적이고 꽃이 피는 식물은 적어도 이 수준의 두 배 정도의 수준이 필요하다.

에쓰오일 본사사옥, (주)자산유리 제공, Solaron PVC-6 제품

5

제품 성능

공통적 장점

로이코팅의 주된 이점은 기후 적응성과 증가한 열 저항성이다. 코팅의 차폐계수와 주광 조명 투과율(daylight transmission)은 다른 기후 조건에 맞추어 증착 과정 동안 쉽게 조정된다. 이러한 유연성은 불가피하게 각각의 환경에 맞는 코팅과 유리 배치 방식을 정하는 것이 벅찰 만큼 많은 수의 제품과 다양성을 수반한다. 이 장에서는 다양한 로이유리와 전통적인 창문을 비교하고, 로이유리를 유형과 전통적인 성능 범위에 따라 분류함으로써 이 책의 활용 부분을 다루기 시작한다. 성능 정보는 유럽 제조사와 북미 제조사에 의해 고시된 자료에 기초를 둔다.

모든 종류의 로이코팅은 이 기술의 가장 강력한 이점을 공유하고 있다. 이 필름은 과거의 금속성 코팅보다 시각적으로 우수하다. 연색성도 훌륭하다 – 기술적인 관점에서 보면, 투과된 빛은 반사된 빛의 반대 색을 가짐에도 불구하고, 대부분의 코팅은 투과된 빛에 중립적인 색을 보이고, 몇몇 로이 제품은 제품 표면에 약간의 빛을 반사시킨다. 이 반사된 빛은 제품과 코팅의 두께에 따라 편안한 파스텔 톤의 노랑, 파랑, 또는 보랏빛으로 보이지만, 색은 전적으로 동일하다. 무지갯빛의 얼룩덜룩한 색을 가지는 코팅에 대한 초기의 우려들은 이제 과거의 일이 되었다. 하지만 다른 제조사의 착색 로이코팅된 제품에 대해서는 다른 색을 갖게 되기 때문에 동일한 프로젝트에 혼용되어서는 안 된다.

모든 로이 제품은 코팅이 되지 않은 유사한 제품과 비교해 보았을 때 에너지를 절약하는데, 이는 코팅에 의한 높은 단열 성능 때문이다. 로이

코팅된 복층유리는 유리 중심부의 결로 현상을 최소화하고 이 성능이 일반 삼중유리보다 더 뛰어났기 때문에 초기에는 매력적인 선택지였다. 초기의 코팅은 겨울 야간의 12밀리미터의 공기층이 있는 복층유리의 열관류율을 1.76 W/°Km² (0.31 Btuh/°Fft²)로 낮췄는데, 이는 같은 공기층 규모를 가진 채 제작된 삼중유리에 비해 26% 더 뛰어난 수치다. 오늘날 로이유리 열 성능은 이를 훨씬 뛰어넘어서, 큰 유리가 있는 공간에서도 거주자의 열적 쾌적성을 크게 증가시킬 만큼 충분히 낮은 열 전도율을 가지고 있다.

채광 성능과 단열 성능 표준

성능은 절대 기준에 따라 최적으로 평가 가능하다. 로이 제품이 물리적 한계 법칙에 도달하기 시작했기 때문에, 제품들의 궁극적인 성능 한계에 관하여 다양한 제품을 측정하는 것은 매우 흥미로울 것이다.

그림 5-1은 이중창에서 존재할 수 있는 일사 차폐계수와 주광 조명 투과율의 조합을 보여 준다. 상응하는 총 일사 투과율과 직접적인 투과와 내류하는 흡수된 에너지에 의해 유리를 통과해 전달되는 수직 입사에서의 태양 일사열 분수는 서로 반대의 축으로 주어진다. 차폐계수는 총 일사 투과율을 0.87로 나눈 값으로 주어진다. 모든 단열된 유리 제품은 음영된 범위 안쪽에 놓여야 한다. 이 음영된 범위의 오른쪽 위는 높은 투과율을 가진 3밀리미터의 무색투명한 두 장의 판유리를 보여 준다(무색투명한 유리는 극도로 낮은 철 함유량 때문에 엣지에서도 초록색으로 보이지 않는다.) 모든 적외선 요소가 차단되었다고 가정할 때, 0에서 위로 기우는 음영된 범위의 끝은 주어진 많은 주광 조명을 동반할 수도 있는 내류 일사열의 최소량을 보여 준다. 예를 들어 이 그래프는 50%의 주광 조명 투과율을 지닌 제품의 최저 차폐계수는 0.18이라고 보여 준다.

일사열 취득 때문에 사용되는 제품들은 그림 5-1의 음영된 범위의 오른쪽 위쪽 모서리 근처에 놓여야 한다. 빛 조절과 열 조절을 위해 사용되는 창문은 경사 선의 아래에 놓여야 한다. 오른쪽 위쪽 모서리 근처에 있는 사각형은 일반적인 6밀리미터 복층유리 성능을 보여 준다. 위쪽에 있는 원은 주거 지역에서 일사 취득량과 주광 조명을 최대화하기 위해 설계된 로이 제품을 보여 준다. 가운데 있는 4개의 삼각형은 일반적으로 착색된 유리의 범위를 차지하고 있는데, 이는 음영된 범위의 가장자리로

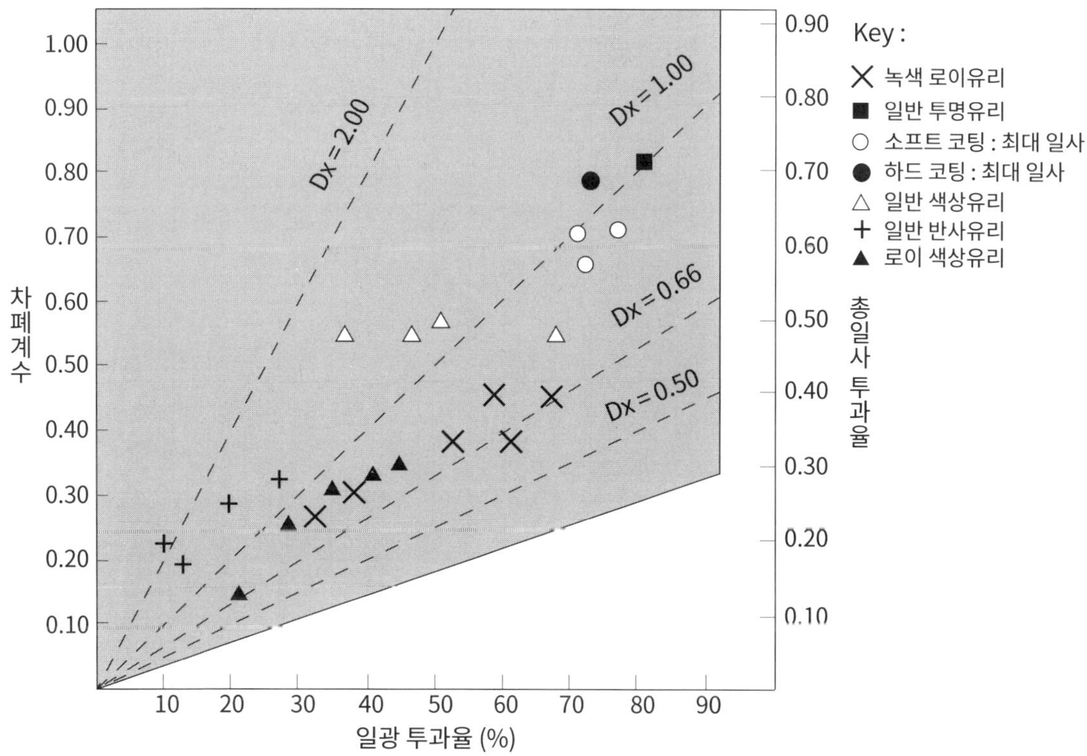

그림 5-1. 복층유리창문에서 차폐계수 비율과 주광 조명 투과율의 가능한 모든 결합 관계. 주광 조명 투과율에 대한 차양 계수 비율인 Dx는 투과된 주광 조명 지수의 냉방 지수(coolness index) – 숫자가 낮을수록 빛은 시원함 – 이다

부터 멀고 제한되어 있다. 사무실용 반사유리는 직각 십자 모양으로 표의 바닥 끝부분 근처에서 넓은 범위를 차지하고 있음을 보여주지만, 일사 취득량이 주어진 주광 조명 투과율에 대해 과하게 높다. 채워진 삼각형과 X자 모양은 다양한 색으로 착색된 로이코팅 제품이 음영된 범위의 아래쪽 끝을 얼마나 잘 덮고 있는지를 보여 준다.

주광 조명 투과율에 대한 차폐계수 비율인 Dx는 투과된 주광 조명 지수의 냉방 지수 – 숫자가 낮을수록 냉방 위주의 조명임 – 이다. 4개의 기준선(Dx = 2.00, 1.00, 0.66, 0.50)은 그림 5-1의 출발점으로부터 뻗어나가는 점선으로 나타난다. 도표 5-1은 반사성의 복층유리가 일반적으로 가장 높은 Dx 수치를 갖는다는 것을 보여 주고, 그 뒤로는 착색된 복층유리 제품, 투명한 제품, 녹색 복층유리 제품이 낮은 수치를 갖고 있다. 외부 유리나 공기층(air space)에 붙어 있는 로이코팅은 Dx값을 급격하게 낮춘다. 가장 낮은 Dx값(0.61)은 연한 녹색 복층유리 제품으로 코팅이 된 신규 더블 로이코팅의 값과 일치한다.

Coolness Index 성능 비교

사무실에 대한 Dx와 유리의 열관류율에 대한 에너지 사용 의존성은 Lawrence Berkeley 연구소의 Windows and Daylighting Group에 의해 더운 기후와 추운 기후 둘 다에서 평가되었다[11]. 이때 지속적으로 조명 시스템이 약한 사무실들만 모델링 되었다.

추운 기후(위스콘신주 메디슨)에서는 냉방 부하가 낮은데, 주로 낮은 창문의 열관류율이 창문 밖으로의 전도를 통해 자연적 냉방을 방해하고, 이는 특히 일조 영향이 높은 남쪽과 서쪽에서 두드러진다. 그러나 로이제품은 코팅 처리되지 않은 상대 제품과 비교했을 때 Dx값이 낮기 때문에, 냉방 부하 감소를 보여 줬다. 북향 노출은 Dx나 열관류율의 영향이 거의 없었다. 이 연구는 또한 증가된 에너지 절약량도 Dx가 낮아짐에 따라 감소한다는 사실을 보여주었다. 즉 갈색 착색된 제품을 로이코팅된 갈색으로 바꾸는 것이 이미 낮은 값의 Dx를 지닌 녹색 착색된 제품을 로이코팅이 된 녹색 착색으로 하는 것보다 더 효과적이다. 난방 활용을 위해서, 높은 Dx는 난방용 주광 조명을 나타내는데, 이는 더 많은 일사열을 의미한다. 놀랍게도 이 연구는 낮은 열관류율이 높은 Dx보다 더 많은 에너지를 절약할 수 있음을 보여 주었다.

추운 기후에서 분명히 보여준 냉방 부하에 대한 같은 일반적인 경향은 더운 기후(루이지애나 레이크 찰스)에서 발견되었다. 냉방 에너지의 가장 큰 절약량은 높은 Dx(2.0)를 가진 유리를 보통 수준의 Dx(1.0)를 가진 창문으로 바꿈으로써 확보되었지만, 큰 개구를 사용할 때 낮은 Dx값으로 더 많은 절약량을 확보하는 것도 가능하다.

열관류율 측정

가장 직접적인 관련이 있는 측정은 창문의 절대 열관류율이다. 0.0의 열관류율은 이론적으로 진공 로이 복층유리 처리함으로써 얻을 수 있다 – 이 코팅의 방사율을 0으로 가정함. 몇몇 현실적인 상황은 열관류율을 증가시키는데 현실적으로 방사율은 0.03 아래로 떨어지지 않고 창문 가장자리는 밀봉 처리가 필수적이어야 하며 복층유리는 내부 압축 받침으로 대기의 엄청난 압력을 견뎌내야만 한다. 밀봉된 가장자리와 받침은 항상 열교 현상을 일으킨다. 받침은 반드시 많아질수록 얇아지거나, 적어질수록 두꺼워져야 한다. 그 결과로 발생하는 열 단락은 일반적인 복층유리의 두께에 비해 제한적인 약 0.19W/°Km²(0.033 Btuh/°Fft²)의 열관류율이 나타나는데, 받침부가 입자성 미세 세포만큼 얇다고 가정한다. 4개의 유리와 2개의 로이코팅과 크립톤 가스 충전이 되어 있는 로이 창문의 최고 성능은 0.68W/°Km² (0.125 Btuh/°Fft²) 만큼이나 낮은 열관류율에 도달한다. 공기 주입된 로이 복층유리에 대한 최고 열관류율은 1.82W/°Km²(0.32 Btuh/°Fft²)이다.

복층유리 설계의 열관류율 변수

창문의 열관류율은 로이 처리보다 더 많이 변화된다. 다음의 그래프는 다양한 처리와 기하학적 구조가 열류에 대한 창문의 저항력을 결정하는 방식을 보여준다. 제4장은 이 현상에 대한 원리를 설명한다.

방사율(Emissivity Effects)

그림 5-2는 방사율이 열관류율을 4mm의 두께와 12mm 간격으로 된 단일창, 이중창, 삼중창에 대해서 어떻게 변화시키는지를 보여 준다. 코팅되지 않은 유리의 방사율은 0.84의 값을 갖기 때문에 곡선들은 우측으로 계속 확장되지 않는다. 로이코팅은 단일창의 열관류율을 가장 많이 변화시키지만, 결로가 문제 되지 않는 추운 기후에서만 그렇다(로이 표면에 붙어 있는 수분은 수분의 높은 방사율로 때문에, 창문의 낮은 방사율을 상쇄시킨다). 단일창에 대한 열관류율이 단일창의 방사율이 0.02일 경우에, 코팅되지 않은 일반 복층유리의 열관류율과 거의 일치한다는 점을 주목해야 한다. 기존의 낮은 방사율인 0.15를 0.02로 감소시키는 것은 복층유리에 대한 열관류율을 약 23% 정도 낮추는 것이다.

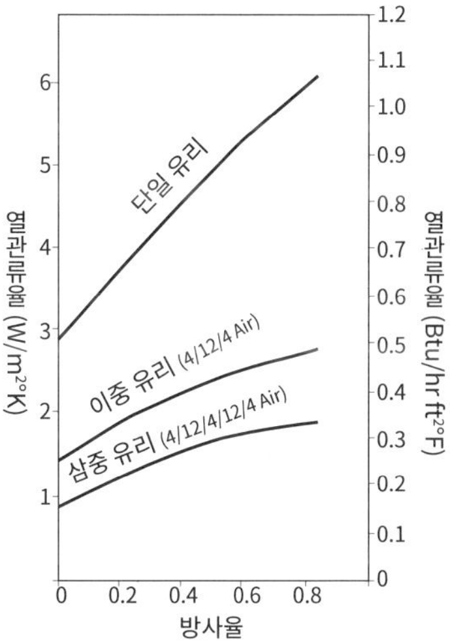

그림 5-2. 12mm 공기 간극이 있는 단일, 복층, 삼중유리에 따른 U값 변화와 방사율(Button, D.A., Dunning, R., Fenestration 2000, July 1989, Pilkington Glass Limited, and 3M Sun Control Tech notes DSI909 Sept 21, 1979).

가스 충진(Gas Fill Effects)

불활성 가스로 복층유리를 채우는 것은 열관류율을 현저히 낮춘다. 그림 5-3은 복층유리와 삼중유리를 통한 열류에 대한 가스 전도성 현상을 보여 준다. 비어 있는 기준점으로 표시된 곡선들은 대류가 없을 경우 이상적인 습성을 보여 준다. 채워진 기준점으로 표시된 파선들은 어떻게 대류 열 손실이 낮은 전도성 가스의 열류를 무색하게 만드는지, 그리고 12mm 간격이 있는 복층유리에서 어떻게 이상적인 열관류율을 증가시키는지에 대해 보여 준다. 참고로, 공기의 전도성은 0.024 W/m°K이고, 아르곤은 0.016, 크립톤은 0.0085이다.

그림 5-3. 복층유리와 삼중유리의 열관류율 변화와 가스 전도도(방사율 = 0.10) (Button, D.A., Dunning, R., Fenestration 2000, July 1989, Pilkington Glass Limited [25]).

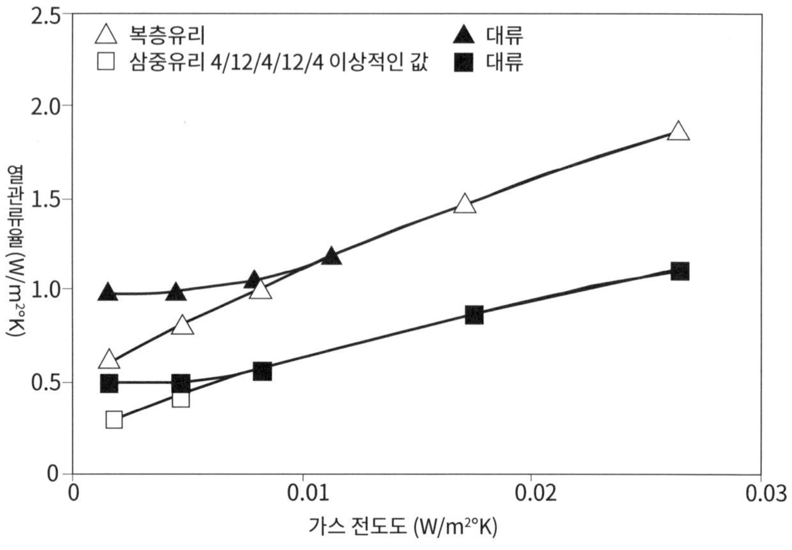

복수 간격(Multiple Gap Effects)

더 많은 판유리를 더하는 것은 추가된 단열 효과에 대해 더 많은 공기 사각 공간을 만들지만, 최대 일광 투과율은 상실된다. 그림 5-4는 공기, 크립톤, 아르곤으로 채워진 제품에 대한 보통의 판유리와 로이 코팅된 판유

그림 5-4. 열관류율. 로이유리와 다양한 가스가 주입된 코팅 안 된 유리판의 개수

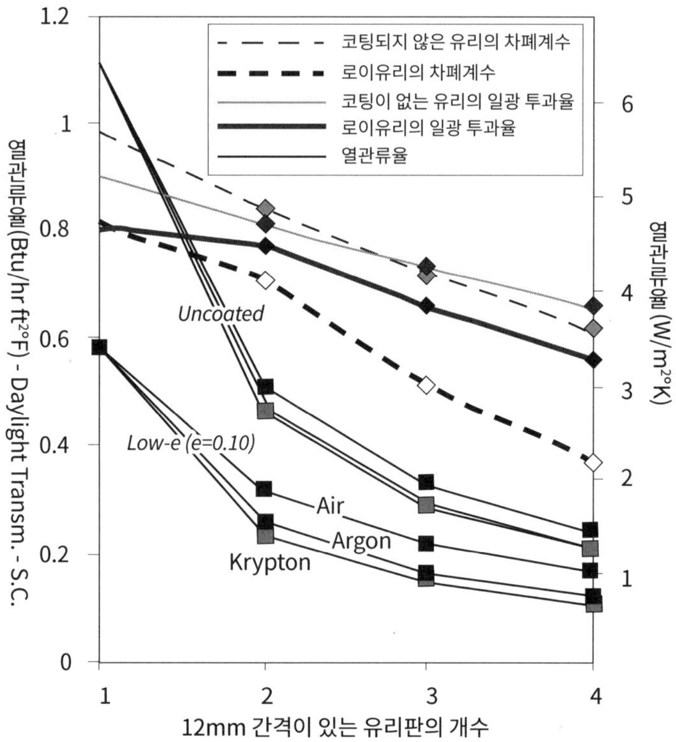

리의 개수와 함께 겨울철 열관류율이 어떻게 감소하는지를 보여준다. 각각의 추가된 판유리는 인접한 유리로부터 12mm 떨어져 있다. 두꺼운 회색 곡선은 로이 주광 조명 투과율이 세 번째 판유리가 더해진 후의 열관류율보다 더 빠른 비율로 떨어지는지 보여 준다(더 얇은 회색 곡선은 코팅되지 않은 판유리의 경우를 보여준다). 차폐계수는 같은 재료에 대해 점선으로 나타난다. 추가적인 판유리는 대개 주입된 가스의 양을 증가시키는데, 이는 가스가 보통 여름의 온기나, 제조사보다 현저히 높은 대기 압력이 있는 지역에서의 낮아진 기압으로 인해 밀봉 처리된 부분을 파열시킬 수 있다.

엣지의 기하학적 구조 현상(Edge Geometry Effects)

마지막으로 창문의 열 성능에 영향을 주는 변수는 엣지의 기하학적 구조이다. 대부분의 복층유리를 밀봉 처리하기 위해 사용되는 금속 엣지 스페이서는 창문의 크기와 명목 열관류율에 따라, 창문의 실제적 전체 열관류율을 크게 증가시킬 수 있다. 높은 전도성을 가진 금속 엣지 스페이서를 통한 열 손실량은 보통의 복층유리의 중심 부분을 통한 열 손실량과 비교했을 때 큰 의미가 있지 않다. 이 상황은 열 저항값이 0.88°Km^2/W (5°Fft^2/Btuh) 근처 지점일 때 역전되는데, 여기서 25% 이상의 열이 복층유리 대부분을 통한 것보다 엣지를 통해 손실된다. 6장은 금속 엣지 스페이서가 있는 창문의 실제 열관류율과 주어진 열관류율의 면적을 예측하는 과정에 대한 개요를 설명한다.

이런 변수들을 고려한 채로 어떻게 적절한 창문을 선택할 수 있을까? 6장에서 9장까지는 활용 방식에 따른 주광 조명, 차폐계수, 열관류율 사이의 균형치(trade-off)를 정하는 설계 방법들을 소개할 것이다.

제품별 비교

유리 성능 비교는 변수가 아닌 대표적인 상품들 사이에서 이루어진다. 그림 5-1에서 5-4에 등장한 잘 알려진 로이코팅 제품을 5개 제조사 유형에 따라 분류한다. 로이 처리가 되지 않은 비슷한 제품들 사이에서도 비교는 가능하다. 코팅되지 않은 제품들은 방사율이 0.84라고 확인된다. 제품은 제조원과 시장 지역을 나타내기 위해, 북미산이나 유럽산으로 명명되었다. 각 제품에 대해 냉방 주광 조명 지수인 Dx는 주어진 주광 조명 투과율에 대해 표로 나타내진 차폐계수의 비율을 수량하기 위해 제공된다. Dx가 낮을수록, 일사 취득량도 낮아지는 차폐계수도 있지만 이와 다르게 낮은 Dx가 높은 주광 조명 투과율을 나타낼 수도 있다.

활용 가능한 제조사의 열관류율은 공기, 크립톤, 아르곤 기체 주입을 위해 주어진다. 열관류율은 창문의 중심부에 대한 값이고, 엣지 효과와 창문 틀 효과는 아르곤이나 크립톤이 주입되었을 때 전체 열관류율에 현저히 영향을 미칠 수 있음에도 불구하고 고려되지 않았다. 대부분의 제조사는 유리 중심부 열관류율만을 고지해왔고, 주어진 창문 규격에 따른 전체 열관류율은 자발적 의사에 따라 점차적으로 고지하기 시작했다. 다음에 나오는 표에 나오는 모든 정보는 방사율 열을 제외하고는 부록 A에 실린 제조사들에 의해 고지된 정보와 동일해서, 독자들은 다양한 출처로부터 목록화된 제품들과 주어진 제품들을 비교할 수 있을 것이다.

유리에 대한 얇은 증착(Thin Deposition on Glass)

장점

유리 코팅 업자는 여러 가지 창문 적용 방식에 따라 다양한 금속 기반 코팅을 손쉽게 만들어 낼 수 있는데, 얇은 코팅의 구성 요소가 진공 증착 과정 동안에 손쉽게 조절될 수 있기 때문이다. 이 장의 끝에 실린 일광 투과율과 열관류율의 일반적인 조합은 많은 중간 위도 지역의 북향 창문에 대해서도 계절적 난방 이익을 충분히 제공한다. 심지어 북광(north light)에서도 항상 난방 효과가 있다. 가스 충전된 개선된 로이 창문은 이 열기를 붙잡아 둘 수 있는데, 이 창문들의 일광 투과율이 여전히 높고, 창문을 통해 생기는 그림자를 방지하기에 열관류율은 충분히 낮기 때문이다. 스펙트럼의 다른 쪽 끝에서는 몇몇 로이코팅이 반사성 유리만큼 많은 열기를 차단할 수 있지만, 주광 조명 투과율에서 많은 손해를 보게 된다. 여기에서 제공되는 모든 조합들은 이런 양 극단의 조건 사이에서 특정한 기후와 위치에 따라 생산적으로 처리할 수 있는 조합들이다.

얇은 로이 증착 코팅의 장점은 다음과 같다:

- 200℃(392°F) 정도로 높은 작동 온도(고온의 제조 지역에서의 창문들처럼 집열이나 산업적 활용을 위함)

- 0.03만큼 낮은 최저 방사율(아르곤 가스 주입이 되었을 때 일반적으로 1.31W/m²°K [0.23 Btu/hr°F ft²] 정도의 최저 복층유리 열관류율을 만들어 냄)
- 높은 UV 반사율 때문에 보통의 복층유리에 비해 2/3 이하까지의 UV 투과율(섬유나 미술 작품의 수명을 늘려 주기 위함)
- 간단한 설치(코팅된 유리는 코팅되지 않은 유리처럼 다뤄지고 끼울 수 있음)
- 낮은 비용(파이롤리틱 제품만이 조금 덜 비쌈)
- 넓은 범위의 차폐계수(코팅 성분 요소에 따라 0.38에서 0.74 범위만큼 다양함)

표 5-1. 얇은(소프트) 코팅과 12mm 공기 간극이 있는 6mm 두께의 복층유리의 전형적인 성능 비교

	방사율 (무코팅 = 0.84)	유리	일광 투과율 %	차폐 계수	냉방 지수 Dx	겨울의 열관류율			
						W/sq m °K		Btuh/sq ft °F	
						air	argon	air	argon
북미	0.84	Clear	80	0.82	1.03	2.72	2.55	0.48	0.45
	0.10	Clear	77	0.71	0.92	1.76	1.42	0.31	0.25
	0.03	Clear	69	0.49	0.71	1.65	1.31	0.29	0.23
	0.10	Clear	43	0.40	0.93	1.76	1.48	0.31	0.26
	0.84	Green	68	0.55	0.81	2.72	2.55	0.48	0.45
	0.10	Green	67	0.49	0.73	1.76	1.42	0.31	0.25
	0.03	Green	60	0.38	0.63	1.65	1.31	0.29	0.23
	0.10	Green	37	0.30	0.81	1.76	1.48	0.31	0.26
	0.84	Gray	37	0.55	1.49	2.72	2.55	0.48	0.45
	0.10	Gray	36	0.45	1.25	1.76	1.42	0.31	0.25
	0.03	Gray	35	0.31	0.89	1.65	1.31	0.29	0.23
	0.10	Gray	21	0.26	1.24	1.76	1.48	0.31	0.26
	0.84	Bronze	47	0.55	1.17	2.72	2.55	0.48	0.45
	0.10	Bronze	46	0.47	1.02	1.76	1.42	0.31	0.25
	0.03	Bronze	41	0.33	0.80	1.65	1.31	0.29	0.23
	0.10	Bronze	26	0.28	1.08	1.76	1.48	0.31	0.26
	0.50	Pewter	20	0.30	1.50	2.44	2.21	0.43	0.39
	0.50	Stainless	13	0.19	1.46	2.33	2.16	0.41	0.38
유럽	0.84	Clear	80	0.82	1.03	2.72	2.55	0.48	0.45
	0.10	Clear	74	0.72	0.97	1.80	1.43	0.32	0.25
	0.04	Clear	69	0.67	0.97	1.68	1.33	0.30	0.23
	0.10	Green	61	0.47	0.77	1.80	1.43	0.32	0.25
	0.04	Green	57	0.45	0.79	1.68	1.33	0.30	0.23
	0.10	Gray	36	0.44	1.22	1.80	1.43	0.32	0.25
	0.04	Gray	33	0.42	1.27	1.68	1.33	0.30	0.23
	0.10	Bronze	43	0.47	1.09	1.80	1.43	0.32	0.25
	0.04	Bronze	40	0.45	1.13	1.68	1.33	0.30	0.23
	0.04	Pewter	20	0.28	1.40	1.65		0.29	
	0.04	Stainless	26	0.29	1.12	1.65		0.29	

단점

소위 소프트 코트(soft coat)라 불리는 제품의 단점은 복층유리의 코팅이 부식하는 것을 막기 위하는 것처럼 포장해야 하는 필요성에서 발생한다. 이 점은 복층유리가 요구되지 않는다면 창문의 비용을 현저하게 상승시킨다. 많은 제조사는 코팅의 내구도에 대한 소비자의 불편함을 없애기 위해, 유리 코팅과 엣지 마감에 대해 20년까지 보상을 제공하고 있다.

다음과 같은 기타 단점도 존재한다:

- 창고의 상황에 따른, 개봉되었을 시의 한정된(6개월에서 1년) 저장 수명(shelf life)
- 더 긴 유리 가공 시간(제대로 된 마감은 유리의 엣지부터 코팅 면의 단면부를 제거)
- 사후 템퍼링(posttempering) 불가 – 유리는 반드시 사전 템퍼링되어야 함*
- 약간의 색 반사가 존재함

성능지수

다양한 색의 덮개판은 다양한 코팅된 제품과 코팅되지 않은 제품에 대한 투명한 덮개판과 함께 이전 페이지 표 5-1에 나열되어 참고할 수 있다. 내부 플레이트는 언제나 투명한 유리이다. 모든 열관류율은 유리 중심부에 대한 값이다.

서스펜디드 폴리에스터 필름에 대한 얇은 증착

장점

롤 코팅 업자들은 여러 가지 창문 적용 방식에 따라 폴리에스터 필름으로 다양한 로이코팅을 손쉽게 만들어 낼 수 있는데, 이는 낮은 기온의 진공 증착 과정이 쉽게 조절되기 때문이다. 장착된 필름으로 인한 여분의 가스 공간은 여느 다른 시도보다도 낮은 열관류율을 만들어 낸다. 크립톤이 가스 충진에 사용된다면, 제품의 전체 두께는 일반적인 복층유리와 거의 같다. 게다가 폴리머 캐리어(polymer carrier)는 감소된 일사 투과율 때문에, 모든 로이 대안 제품 사이에서 두 번째로 낮은 차폐계수를 만들어 낸다.

---

* 현재 대부분의 소프트 코팅유리는 열처리에 충분히 견디며 장기간의 품질보증에 문제가 전혀 없음(역자 주석)

장착식 플라스틱에 대한 얇은 로이코팅의 이점은 다음과 같다:

- 경량 구조(기준 치수에서 가장 낮은 열관류율을 줌)
- 최적의 소음 제어(여분 공기층 때문)
- 크립톤 가스 충전과 2장의 서스펜디드 필름을 사용할 경우 가장 낮은 유리 중심부 열관류율 0.68W/m^{2}°K [0.125 Btu/hr°Fft^{2}]
- 폴리에스터 필름 내에서 다중의 로이코팅과 중간 정도의 UV 흡수력으로 인한 가장 낮은 UV 투과율(0.5% 이하이거나, 일반적인 투명 복층유리의 0.01 투과율)
- 서스펜디드 플라스틱에서 높은 빛 흡수율로 인한 두 번째로 낮은 차폐계수
- 간단한 설치(본 제품은 코팅되지 않은 복층유리처럼 다뤄지고 끼울 수 있음)

표 5-2. 진형적인 일반 복층유리 공정과 두 개의 12mm 공기 간극과 6mm의 유리판을 가진 플라스틱이 끼워진 얇은 코팅의 비교

	방사율 (무코팅 = 0.84)	유리	일광 투과율 %	차폐 계수	냉방 지수 Dx	겨울의 열관류율 W/sa m °K		겨울의 열관류율 Btuh/sq ft °F	
						air	krypton	air	krypton
북미	0.84	Clear	80	0.82	1.03	2.72		0.48	
	0.10	Clear	68	0.61	0.90	1.36		0.24	
	0.10	Clear	61	0.49	0.80	1.25		0.22	
	0.07	Clear	53	0.41	0.77	1.25		0.22	
	0.05	Clear	45	0.35	0.78	1.25		0.22	
	0.05	Clear	28	0.23	0.82	1.25		0.22	
	0.10	Clear	62	0.52	0.84		0.68		0.12
	0.84	Green	68	0.55	0.81	2.72		0.48	
	0.07	Green	51	0.38	0.75	1.25		0.22	
	0.07	Green	45	0.33	0.73	1.25		0.22	
	0.07	Green	38	0.30	0.79	1.25		0.22	
	0.84	Gray	37	0.55	1.49	2.72		0.48	
	0.05	Gray	29	0.33	1.14	1.25		0.22	
	0.05	Gray	25	0.28	1.12	1.25		0.22	
	0.05	Gray	17	0.22	1.29	1.25		0.22	
	0.84	Bronze	47	0.55	1.17	2.72		0.48	
	0.05	Bronze	35	0.34	0.97	1.25		0.22	
	0.05	Bronze	21	0.23	1.10	1.25		0.22	
	0.05	Bronze	16	0.18	1.13	1.19		0.21	
	0.05	Pewter	13	0.18	1.38	1.19		0.21	
유럽	0.84	Clear	80	0.82	1.03	2.72		0.48	
	0.10*	Clear	56	0.46	0.82	0.60		0.11	
	0.10*	Clear	63	0.58	0.92	0.75		0.13	

* 아르곤 가스 충진 간격이 3개인 전체 유리 두께는 100mm(4in)이다.

단점

단점은 복층유리에서 로이코팅이 부식되는 것을 막기 위해, 장착식 필름을 보호해야 하는 필요성으로부터 발생한다. 폴리에스터 필름을 씌우는 것은 창문의 비용을 현저히 높이기 때문에 롤 코팅되는 플라스틱의 제조 비용 이점이 소용없어진다.

다른 단점은 다음의 사항들을 포함한다:

- 낮은 작동 온도 – 66℃ (150℉) 이하
- 크리프(creep)로 인한 매우 더운 기후에서 서스펜디드 플라스틱으로부터 나오는 왜곡된 빛 반사
- 장착식 플라스틱의 빛 흡수율로 인한 감소된 주광 조명 투과율
- 약간의 색 반사 존재
- 외부 표면에서의 일반적인 주광 조명 반사율보다 높은 반사율

성능지수

다양한 색의 덮개판은 다양한 장착식 필름에 대한 투명 덮개판과 함께 표 5-2에 나열되어 참고 가능하다. 동일한 유리 덮개판에 대한 성능지수는 비교를 위해 장착식 필름이 없이 제공되었다. 내부 판은 언제나 투명한 유리이며 모든 열관류율은 유리 중심부에 대한 값이다.

레트로피트 플라스틱 필름(Retrofit Plastic Films)에 대한 얇은 증착

장점

롤 코팅 업자들은 여러 가지 창문 레트로피트 적용 방식에 따라 폴리에스터 필름으로 다양한 로이코팅을 손쉽게 만들어 낼 수 있는데, 이는 낮은 기온의 진공 증착 과정이 쉽게 조절되기 때문이다. 코팅은 대개 폴리프로필렌(polypropylene) 필름의 라미네이션(lamination) 가공에 의해 보호된다. 레트로피트 필름처리 된 샌드위치(sandwich)식 창문에는 필름의 로이 특성을 적용한다. 필름은 단일창에 대해 35%의 열관류율을 시키고, 복층유리에 대해서는 22% 감소시킨다.

얇은 레트로피트 로이코팅의 장점은 다음과 같다:

- 무게나 양의 증가 없이, 증가된 단열 수준
- 밀봉 처리나 특별한 시공이 필요 없음

- 제품 수명에 비해 값싸고 효율적인 비용
- 낮은 UV 투과율(로이코팅의 높은 UV 반사율과 플라스틱 캐리어[plastic carrier]의 높은 UV 흡수율 때문에 일반적인 복층유리에 비해 90%까지의 낮은 UV 투과율, 그 결과로 섬유와 예술 작품에 대한 연장 가능)
- 여분 층의 빛 흡수 플라스틱으로 인한 두 번째로 낮은 차양 계수

단점

단점은 노출된 필름을 정기적으로 교체할 필요성으로부터 발생하는데, 이는 필름이 부식이나 자외선 노출에 불가피하게 공격받기 때문이다. 기타 단점은 다음과 같은 내용을 포함한다:

- 낮은 기온 활용에 제한되어 있음 – 66℃ (150°F) 이하
- 내부에 설치되었을 경우, 9~15년, 외부에 설치된 경우 자외선 노출로 인해 5년 이하의 제한된 수명
- 부착된 폴리에스터 필름으로 인한 주광 조명 투과율의 감소
- 가장 높은 방사율(모든 로이 접근법 중 가장 높은 U값인 0.25만큼 높은 방사율을 줌)

성능지수

레트로피트 처리된 착색, 투명 유리판은 레트로피트 처리된 착색, 투명 복층유리에 대한 성능 지수와 함께 표 5-3에서 제시된다. 비교를 위

표 5-3. 개선 필름의 얇은 코팅과 6mm 유리를 사용한 전형적인 일반 복층유리의 성능 비교

	방사율 (무코팅 = 0.84)	유리	일광 투과율 %	차폐 계수	냉방 지수 Dx	겨울의 열관류율			
						W/sq m °K		Btuh/sq ft °F	
						air	argon	air	argon
북미	0.84	Clear	90	0.98	1.09	6.30		1.11	
	0.25	Clear	50	0.43	0.86	3.92		0.69	
	0.23	Clear	34	0.42	1.24	3.92		0.69	
	0.20	Clear*	20	0.29	1.45	4.37		0.77	
	0.25	Tinted	26	0.35	1.35	3.92		0.69	
	0.23	Tinted	18	0.31	1.72	3.92		0.69	
	0.84	Clear	80	0.82	1.03	2.72		0.48	
	0.25	Clear	45	0.42	0.93	2.21		0.39	
	0.23	Clear	31	0.43	1.39	2.21		0.39	
	0.25	Tinted	26	0.31	1.19	2.21		0.39	
	0.23	Tinted	17	0.31	1.82	2.21		0.39	

(음영) Denotes double glazing.

* 폴리프로펠린 덧코팅은 사용하지 않는다.

해 부착된 필름이 없는 같은 제품에 대한 지수도 제시되며 모든 열관류율은 유리 중심부에 대한 값이다.

파이롤리틱 코팅(열분해 코팅, Pyrolytic Coating)

장점

파이롤리틱 처리는 사실상 무색의 두꺼운 코팅인데, 이는 대개 뜨거운 유리를 무기 증기(inorganic vapor)로 포장함으로써 생산된다. 최신 공정 방식을 이용하면 무지갯빛이 없는 안정적이고 단단한 표면을 만들어 낸다. 파이롤리틱 로이코팅의 기타 장점은 아래와 같다:

- 300℃ (572℉)의 초고도 작동 온도(고온 제조 지역을 관망하는 창문과 같은 집열이나 산업 활용을 위함)
- 얇은 코팅처럼 같은 주광 조명 계수에서, 가장 높은 복층유리 차폐 계수 0.79(일사열 활용을 위함)
- 이론적으로 생산하기에 가장 경제적인 로이 제품
- 부식 방지(단일창과 벤트가 있는 이중창에 필수적임)
- 마모 방지(청소하기에 쉽고 수명이 김)
- 간단한 가공 및 취급(코팅된 유리는 코팅되지 않은 유리처럼 운반하고 설치하는데, 엣지 단부를 제거할 필요가 없기 때문임)
- 차후 템퍼링이 가능함
- 좋은 연색성

단점

소위 하드 코트(hard coat)라고 불리는 제품은 본질적으로 다양성이 낮은데, 이는 얇은 코팅 증착을 하는데 사용되는 진공 스퍼터링 과정(vacuum sputtering process)보다 코팅의 열적 특성과 시각적 특성에 대해서 제어력이 낮기 때문이다.

기타 단점은 다음과 같은 내용을 포함한다:

- 0.17~0.20의 중간 수준의 방사율은 얇은 코팅에 비해 높은 열관류율을 만들어 냄
- 약간의 표면 흐릿함 현상(이 현상은 밝은 일광에서 두드러짐)

표 5-4. 파이롤리틱 코팅과 12mm 공기 간극이 있는 복층유리와 6mm 두께의 단일 유리의 전형적 성능 비교

	방사율 (무코팅 = 0.84)	유리	일광 투과율 %	차폐 계수	냉방 지수 Dx	겨울의 열관류율 W/sq m °C		겨울의 열관류율 Btuh/sq ft °F	
						air	argon	air	argon
북미	0.84	Single	90	0.98	1.09	6.30		1.11	
	0.18	Single	82	0.95	1.13	3.52		0.62	
	0.84	Clear	80	0.82	1.03	2.72		0.48	
	0.18	Clear	74	0.80	1.12	1.87		0.33	
유럽	0.84	Single	90	0.98	1.09	6.30		1.11	
	0.18	Single	84	0.95	1.13	3.52		0.62	
	0.84	Clear	80	0.82	1.03	2.72		0.48	
	0.18	Clear	73	0.79	1.08	1.90		0.33	
	0.84	Green	68	0.55	0.81	2.72		0.48	
	0.18	Green	60	0.52	0.87	1.90		0.33	
	0.84	Gray	37	0.55	1.49	2.72		0.48	
	0.18	Gray	35	0.49	1.40	1.90		0.33	
	0.84	Bronze	47	0.55	1.17	2,72		0.48	
	0.18	Bronze	42	0.52	1.24	1.68	1.33	0.30	0.23

성능지수

다양한 색의 덮개판은 다양한 코팅이 된 제품과 되지 않은 제품에 대한 투명덮개판과 함께 표 5-4에 목록으로 제공되었다. 내부 덮개판은 언제나 투명한 유리이다. 모든 열관류율은 유리 중심부에 대한 값이며 표의 첫 두 줄은 투명 단일 유리에 관한 부분이다.

유리에 대한 두꺼운 코팅

장점

두꺼운 코팅은 대개 인듐 산화물(indium oxide), 카드뮴 주석 산화물(cadmium tin oxide), 인듐 주석 산화물(indium tin oxide)인 투명한 반도체인데, 이는 고온에서 상대적으로 두꺼운 층의 난일유리에 증착된다(100만분의 1m만큼 두꺼움). 두꺼운 층은 얇은 코팅과 파이롤리틱 제품과 함께 품질관리 문제에서 자유롭지만, 실제로는 반도체 물질이 비싸고, 상대적으로 많은 양의 재료가 필요하기 때문에 결국에는 다중으로 처리된 얇은 코팅보다 비용이 많이 든다. 그럼에도 불구하고 이 재료는 다음의 이

점을 포함하고 있기 때문에 기대할 만한 가치가 있다.

- 부식 방지(단일창과 벤트된 복층유리에 대해서)
- 마모 방지(청소하기에 쉽고 긴 수명)
- 초고온의 작동 온도 - 300℃ (572°F) 이상
- 코팅되지 않은 유리처럼 다루고 시공할 수 있음
- 파이롤리틱 코팅보다 낮은 방사율

단점

두꺼운 코팅은 상용화가 힘든데 그 이유는 비용이 높기 때문이다. 일부 코팅은 유리에 약간의 색이 더해지기도 한다.

성능지수

현재 이 코팅은 활용이 불가능하기 때문에 어떠한 지수도 표로 나타나지 않는다. 일반적인 방사율은 0.13~0.15 사이에 있다(이는 1.80W/m²°K (0.32 Btuh/ft²°F)의 열관류율을 만들어 낸다). 복층유리에 대한 차폐계수는 75% 정도로 비교적 높다.

활용별로 모든 제품을 분류한 표는 7장과 8장의 끝에서 볼 수 있다. 주광 조명과 일광 반사율에 대한 정보도 이와 같은 표에서 확인 가능해서 독자는 코팅의 시각적인 외형을 평가할 수 있을 것이다. 또한, 부록 A를 참고하면 일광 흡수율과 투과율에 대한 수치에 대해 독자들이 목록화된 제품과 다양한 곳에서 제공받은 제품을 비교해 볼 때 좀 더 심층적인 도움을 받을 수 있을 것이다.

6

기본 설계(Basic Design) 선택

올바른 유리의 선택

이전 장에서는 열과 시각적 특징에 따른 로이유리창 설치의 여러 방법에 대해 순위를 매겨 보았다. 물론 성능지수 표만을 확인하기보다는 실제 유리 재료를 선택해 보는 것이 더 좋다. 설계 결정은 다음과 같이 신속하게 진행된다:

- 프로젝트를 위한 열 저항값(R-value, 단열 성능치)을 정확하게 결정
- 창문 내기 방식(fenestration)의 규모를 조절
- 정확한 색과 미적 특성을 선택
- 신뢰할 만하고 다양한 공급처 발굴

첫 두 문제는 상대적으로 객관적인 답을 찾을 수 있지만, 마지막 두 문제는 경험에 입각해서 해결해야 한다.

정확한 유리의 열 저항값(R-value, 단열 성능치)을 정하는 것은 근본적으로 상업적인 프로젝트와 주거적인 프로젝트 둘 다에서 중요하다. 로이유리의 단열 효과가 매우 좋기 때문이다. 이 장에서는 활용에 기초하여 최대 열 저항값을 선택하는 여러 설계 방법들을 제시한다. 게다가 모든 창문에 영향을 미치는 태양 기하학적 구조의 기본 원리가 제시된다. 주광 조명, 시야, 시각적 편안함을 유지하며 에너지 절약도 가능하도록 창문의 크기를 결정하는 방법 또한 다룬다. 이 절차의 상업적 주거적 활용은 다음 장의 세부 내용과 충분히 연관되어 있다.

그림 6-1. 창문이 열 쾌적성에 영향을 미치는 방식. 찬 공기는 일반적으로 창 근처에만 머물러 있는 반면 복사열은 실내를 순환한다.

얼마의 열 저항값(R-VALUE)이면 충분한가?

로이 복층유리 조립체는 일반 삼중유리나 5cm의 스티로폼과 상응하는 수준까지의 열 저항값(R-value)에 걸쳐 있다. 열 저항값(R-value)이 더 클수록 더 많은 비용이 든다는 점을 고려했을 때, 최적의 값은 얼마일까? 물론 답은 기후와 장소에 다르고, 대개 이 값을 상업적으로 활용하는지 주거적으로 활용하는지에 따라 다르다.

주거 지역

아무리 에너지 비용이 높다고 할지라도 주택 소유자와 거주자 모두는 에너지 절약보다는 적절한 열적 쾌적성을 더 많이 고려한다. 북유럽처럼 온화하면서 추운 기후에서, 전통적으로 설치된 큰 창문들은 항상 극단적인 기후의 계절에는 열적 쾌적성을 빼앗아가는데, 이는 겨울에는 창문이 복사열 싱크(sink)의 역할을 하거나 여름에는 복사열 발원(source)역할을 하기 때문이다. 겨울에 차가운 유리는 문자 그대로 거주자로부터 적외선 에너지 열을 빼앗아 간다. 그림 6-1은 적외선 열 손실 경로가 방 전역의 모든 방향으로 이동하는 방식을 보여주는데, 창문에서 나온 차가운 공기는 차가운 유리 근처 바닥에 한정된다. 이러한 경우 설계자는 건축 규범이나 결로 회피 곡선이 요구하는 것보다 더 높은 창문 열 저항값을 사용해야 한다. 창문 면적이 그 방의 바닥 면적과 비교하여 보통 10% 미만 정도로 좁을 때나 거주자가 장시간 동안 창문 근처에 앉아 있다고 가정하지 않는다면, 적외선 흡수는 전통적인 유리로 설치된 창문들에 있어서 중요한 요소가 아니다.

로이유리 창문에서 열 저항값을 증가시킬 수 있는 가장 값싼 방법은 가스 충진을 이용하는 것이다. 만약 비용을 감당할 능력이 된다면 로이 코팅 필름으로 유리에 추가적인 공기나 가스 공간을 만드는 것이 좋다. 간극을 세 개 이상의 만드는 것은 추천하지 않는다. 추가된 층이 주광 조명의 투과를 상당히 감소시키기 때문이다.

건축 법규와 결로 회피 곡선에 따른 열 저항값은 대부분의 기후에서 충분히 적용 가능한데, 특히 최신의 법규일수록 에너지 절약에 대한 현재의 고찰을 많이 반영하고 있기 때문이다. 라이프 사이클 비용(Life-cycle costing)은 유리 시공의 대안들을 평가하기 위해 거의 사용되지 않는다.

상업 구역

창문의 높은 열 저항값이 대부분의 사무실에 반드시 좋은 것만은 아니다. 사람, 사무실 컴퓨터와 주변 사물들로 인한 밀도와 불가피하게 수반되는 추가적인 조명은 과도한 열을 발생시킨다. 창문은 이렇게 원치 않는 열의 일부를 오히려 단열하지 않음으로써 열을 감소시킬 수 있다. 습기가 에어컨에 의해 조절된다면 결로 현상은 문제가 되지 않는다. 심지어 겨울 동안에 주변 사무실에서 열적 쾌적성이 상제 공기 순환 난방기로 확보되는데 이 장치는 공기가 창문 위로 흐르도록 유도한다. 따뜻한 공기는 열류가 방을 가열하기 전에 차가운 유리의 표면 온도를 실온으로 바꾼다. 여름에도 에어컨으로부터 찬 공기를 직접적으로 사람에게 보내기보다 창문 위로 보내는 유사한 방식으로 쾌적성을 얻을 수 있다. 그러나 이는 비강화 유리가 사용될 때 권장되지 않는데, 유리 위의 어떤 불균등한 흐름으로 인해 유리가 파괴될 위험이 있는 열 응력을 발생시킬 수 있기 때문이다. 게다가 열이 부족하거나 넘치는 기후에서 창문을 조절된 공기로 씻어 내는 것 또한 에너지를 낭비하는데, 특히 창문이 단일 유리일 경우에 그렇다. 로이 복층유리는 그 문제를 극복하는데, 복층유리가 충분히 단열 성능이 높으면 내부의 판유리는 외부가 영하 18℃만큼 추울지라도 실온의 6℃ 안에서 유지되기 때문이다.

창문 내기 방식은 극단적인 날씨를 보이는 달에 합리적인 양의 에너지를 보존하기 위해 충분히 단열 성능이 높아야 한다. 건축 법규는 최대 창문 열관류율(U-values)을 지정함으로써 간접적으로 합리적인 에너지의 양을 지정한다. 대부분의 경우에는 최악의 로이 열관류율도 최신 법규를 충족하기에는 충분하다. 가스 충진은 만약 벽의 대부분이 유리로 되어 있지 않다면 지나칠 위험이 있는데, 그 경우에는 최대의 전체 벽의 최대 열관류율을 규정하는 규범의 요구 조건들을 충족하기 위해 더 낮은 열관류율이 요구된다. 다음 장은 영국과 미국의 건축 규범을 예시로 하여 이 상충 관계를 계산하는 방법을 제시한다.

예외적인 경우는 실제 사무실과 비슷하기보다는 주거 지역의 에너지 사용 패턴과 닮아 있는 지층에 위치한 밀도가 낮은 사무실의 경우이다. 여기서의 건축 법규는 대형 창문 근처가 사람들이 자주 머무르는 영역이 되었을 때, 열적 쾌적성의 보증을 위해 더 개선되어야 한다.

큰 에어컨을 작동하는 비용은 사무실 창문의 열관류율과 관계있기보다는 창문의 면적, 차폐계수, 주광 조명 투과율과 관계있다. 다음 장에서는 창문을 낼 때 이 세 가지 변수의 올바른 조합을 선택하는 두 가지 설계 방식을 설명할 것이다.

낮은 열관류율의 창문은 또한 특정한 건물 성능 법규(Performance building code)에서 상업적으로 활용된다. 성능 법규는 각 건물 요소에 대해 독립적으로 최소한의 규정적 기준만을 충족시킨다기보다는 다른 건축 요소들 사이에서 전반적인 열적 수치를 충족시키기 위해 기능 상충 효과(performance trade-off)의 개요를 보여 준다. 이는 이 사람에게서 돈을 빌려 저 사람에게 진 빚을 갚는 것과 같다. 예를 들면, 만약 사무실 벽의 불투명한 영역이 규정 규범에 명시된 열관류율의 최대치를 충족시킬 수 없을 때 대안적인 성능 법규가 창문 내기 방식과 벽의 열관류율의 면적 가중 평균(area-weighted average)이 규정된 한계 수치를 충족한다면, 낮은 열관류율의 창문이 어떻게 그 결점을 상쇄할 수 있는지를 보여주는 데 사용된다. 대부분의 나라는 현재 대안적 성능 법규를 제공하고 있다. 다음 장에서는 미국과 영국의 1990년대 초기 건물 성능 법규를 함께 볼 것이다.

열관류율값(U-value) 계산하기

건축 규범에 따른 열관류율 결정

건물 성능 규범은 종종 벽이나 지붕에 대한 평균 열관류율의 개념에 입각해 있다. 이 값(U_{walls})은 각 벽의 구성 요소의 열관류율의 면적 하중 평균이고, 다음과 같이 주어진다:

$$U_{walls} = \frac{U_{opaquewall} \times A_{opaquewall} \times U_{window} \times A_{window} + etc}{A_{wall}}$$

여기서 A_{wall}은 모든 수직적으로 노출된 표면 지역(벽, 창문, 문 등)을 포함한다. A_{wall}은 실제로 선행 관계의 분자에서 나타나는 모든 지역의 총합이다.

영국에서 이 개념은 연료와 에너지 보존(Conservation of Fuel and Energy)이라는 L1 출판물(Document L1)에 있는 건축 규범에 의해 구체화된다. 이는 표 6-1과 6-2에 붙여진 것처럼 부대 규정 규범을 수정하기 위한 대안적 계산 절차이다.

대안적 건물을 위한 성능 규범에 따라 계산한 열 손실 총량은 같은 크

표 6-1. 영국의 벽, 지붕 그리고 바닥에서 요구되는 단열성
(단위 : W/sq m°K)

건물 유형	노출벽	1층 바닥, 노출 바닥	지붕	일부 노출이 있는 벽과 바닥
집, 주택	0.45	0.45	0.25	0.6
기타	0.45	0.45	0.45	0.6

표 6-2. 다양한 건물 유형에 따른 영국의 최대 단일 유리 면적

<table>
<tr><th>건물 유형</th><th>창문</th><th>지붕</th></tr>
<tr><td>집, 주택,
아파트</td><td colspan="2">총바닥면적의 15%</td></tr>
<tr><td>기타 주거용 건물,
병원, 호텔</td><td>노출벽의 25%</td><td rowspan="3">지붕 면적의 20%</td></tr>
<tr><td>회의 장소,
사무실, 상점 (1층 제외)</td><td>노출벽의 35%</td></tr>
<tr><td>공장,
기타 공장용 건물</td><td>노출벽의 15%</td></tr>
</table>

기의 단층창으로 된 기준 건물의 손실보다 동일하거나 적어야 하는데, 이는 표 6-1과 6-2의 기준을 준수한다. 실제로 과정은 주거지역에서 로이 유리창문을 사용하면 허용 창문 영역을 바닥의 15%에서 약 45%까지 끌어올리는 것을 보여 준다(복층유리창은 그 영역을 30%까지 끌어올린다).

미국에서 ASHRAE/IES 기준 90.1-1989(ASHRAE/IES Standard 90.1-1989)는 벽의 평균 열관류율과 유리 시공 백분율을 정하기 위해 사용된다. 이 기준은 자주 갱신되며 정기적으로 검토되어야 한다. 또한, 이 법규는 단지 공장이나 다가구 지역에 사용되는 3층 이하의 건물을 제외하고 모든 새로운 건축물에 적용된다.

대안적 성능 법규는 매우 복잡해서 컴퓨터의 사용이 필수적이다. MS-DOS 기반의 프로그램이 이 법규와 함께 제공된다. 이 성능 법규는 규정에 의해 정해진 상당히 제한적인 유리 영역을 넘어서 사용되어야 한다. 더 단순하고 규정적인 법규는 많은 변수에 의존하기 때문에 성능 법규가 그러하듯이 건축 요소들 사이의 성능 상충 효과(performance trade-off)에 대한 개요를 서술한다.

HDD50=1751-2600
CDD65= 501-1150
VSEW= 560- 845

Baltimore MD, Washington DC, Wilmington DE, Philadelphia PA, Covington KY, Newark NJ, Charleston WV, Harrisburg PA, Lakehurst NJ, Dayton OH, New York (Central Park) NY, New York (LaGuardia) NY, Columbus OH, Boston MA, Lewiston ID

창문 내기 (MAX. Pct.)

내부 부하일도 (ILD) Range	투과율 Factor (PF)	차폐계수 범위 Range (SCx)	기본 Uof .68 to .45	기본 Uof .45 to .39	기본 Uof .38 to .00	주변 주광조명 Uof .68 to .46	주변 주광조명 Uof .45 to .00	주변 주광조명 Uof .38 to .00 (VLT >= SC)
0-1.50	0.000 - 0.249	1.000 -0.71	22	25	26	23	27	28
		0.709-0.60	26	30	32	27	32	34
		0.599-0.50	28	34	36	29	36	39
		0.499-0.38	31	39	42	32	41	45
		0.379-0.25	35	47	52	36	48	54
		0.249-0.00	40	58	67	40	59	68
	0.250 - 0.499	1.000 -0.71	29	35	37	30	37	40
		0.709-0.60	33	41	44	33	43	47
		0.599-0.50	35	46	50	35	48	53
		0.499-0.38	38	51	57	38	53	60
		0.379-0.25	41	59	67	41	59	69
	0.500 +	1.000 -0.71	34	44	47	35	46	51
		0.709-0.60	38	50	55	38	52	59
		0.599-0.50	40	55	62	40	56	65
		0.499-0.38	42	60	69	41	61	71
1.51-3.00	0.000 - 0.249	1.000 -0.71	19	21	22	24	27	28
		0.709-0.60	23	26	26	28	33	35
		0.599-0.50	26	30	31	30	37	40
		0.499-0.38	29	35	37	34	43	47
		0.379-0.25	34	43	46	38	51	57
		0.249-0.00	41	56	62	44	63	73
	0.250 - 0.499	1.000 -0.71	26	30	31	31	38	41
		0.709-0.60	30	36	37	35	44	49
		0.599-0.50	33	41	43	37	49	55
		0.499-0.38	36	46	50	40	55	63
		0.379-0.25	41	55	61	43	62	73
	0.500 +	1.000 -0.71	32	38	40	36	47	52
		0.709-0.60	36	45	48	39	53	61
		0.599-0.50	39	50	55	42	58	68
		0.499-0.38	42	56	62	44	63	74
3.01-3.50	0.000 - 0.249	1.000 -0.71	17	19	19	23	27	28
		0.709-0.60	21	23	23	27	32	34
		0.599-0.50	23	27	28	30	36	39
		0.499-0.38	27	31	33	33	41	46
		0.379-0.25	32	39	41	37	50	56
		0.249-0.00	39	52	57	43	61	72
	0.250 - 0.499	1.000 -0.71	23	26	27	30	37	40
		0.709-0.60	27	32	33	34	43	48
		0.599-0.50	30	37	39	36	48	54
		0.499-0.38	34	42	45	39	53	62
		0.379-0.25	38	50	55	43	61	72
	0.500 +	1.000 -0.71	29	34	35	35	46	51
		0.709-0.60	33	40	43	38	52	60
		0.599-0.50	36	45	49	41	57	67
		0.499-0.38	39	51	56	43	62	73

불투명 벽 (MAX. Uow) — 정량 벽 / 중량 벽

ILD 0-1.50:

Uow (HC<5)	HC RANGE	PCT FEN	INT ISN	EXT INS
0.089	HC >=5	22	0.095	0.11
	HC >=10	22	0.1	0.12
	HC >=15	22	0.11	0.13
	HC >=5	71	0.094	0.11
	HC >=10	71	0.1	0.12
	HC >=15	71	0.1	0.12

ILD 1.51-3.00:

Uow (HC<5)	HC RANGE	PCT FEN	INT INS	EXT INS
0.089	HC >=5	19	0.096	0.12
	HC >=10	19	0.1	0.14
	HC >=15	19	0.11	0.15
	HC >=5	74	0.094	0.11
	HC >=10	74	0.1	0.12
	HC >=15	74	0.1	0.13

ILD 3.01-3.50:

Uow (HC<5)	HC RANGE	PCT FEN	INT ISN	EXT INS
0.089	HC >=5	17	0.096	0.12
	HC >=10	17	0.1	0.14
	HC >=15	17	0.12	0.15
	HC >=5	73	0.094	0.11
	HC >=10	73	0.1	0.12
	HC >=15	73	0.1	0.13

그림 6-2. 허용 가능한 양의 유리와 벽에서의 최대 U값을 결정하는 ASHRAE/IES 기준 90.1-1989로부터 나온 표 8A-25(Reprinted by permission from ASHRAE Standard 90.1-1989, Energy Efficient Design of New Buildings Except Low-Rise Residential Buildings, published by the American Society of Heating, Refrigerating and Air-Conditioning Engineers, Inc.)

규정적 규범은 평균적인 서구의 일조량과 냉방, 냉방 도일(cooling degree days)에 의한 미국의 다양한 지역적 특성을 구분한 표를 사용한다. 계절 도일(season's degrce days)은 각 날의 기본 온도로부터 추출된(온도 조절 장치에 관계된) 평균 온도의 총합이다. 매달 그리고 매년의 난방 도일과 냉방 도일의 기록은 기상청과 ASHRAE에 의해 발표된다.

그림 6-2는 창문을 낼 때 최대 비율(전체 외벽에 대한 상대적 비율로서)과 최대 벽 열관류율을 결정하는 법규에서 발췌한 일반적인 표를 보여 준다(대안적 요소 패키지 Alternative Component Package라고도 불린다). 그림 6-2가 적용되는 도시 중 일부는 표의 윗부분에서 볼 수 있다. 특징적인 난방 도일은 좌측 상단에 있는 HDD 50으로, 냉방 도일은 CDD 65, 수직적 서구의 일사 취득의 평균은 VSEW(in Btu/ft^2 day)로서 나타난다. 이 표는 다음과 같은 변수를 가진다.

- 조명 및 장치 강도의 출력 밀도
- 외부의 차양 범위
- 창문 차폐계수
- 주광 조명[자동 제광 장치(automatic dimmers)를 포함하고 있는]과 인공적인 조명 사이에서의 선택
- 창문 열관류율
- 벽의 열 수용량

다음은 어떻게 이 표가 외피 설계를 수정하는 데 사용되는지를 보여준다. 창문 내기 방식의 최대 허용 비율을 찾기 위해서는 다음과 같은 단계를 따른다.

Step 1: 표의 왼쪽에 내부 부하 밀도를 입력한다 – 각 외부 벽의 15피트 안에 평균 조명 강도와 각 외부 벽 15피트 안의 모든 지역에 대한 예상 콘센트 출력 강도를 더한다(콘센트 출력 강도는 보통 0.50에서 0.70 Btu/ft^2 사이에 있다).

Step 2: 해당하는 내부 부하 밀도의 세 가지 투사율 중 하나를 선택한다. 외부 차양 투사율(external shading projection factor), PF는 다음과 같이 주어진다:

PF = Overhang Depth / (Window Height + Distance),

여기에서 거리(Distance)는 창문 내기 방식의 윗 부분에서부터 외부 차양 투사의 바닥까지의 거리를 말한다. 만약 다른 외부차양이 없다면 투사율 범위를 0.000~0.249로 선택한다.

Step 3 : 창문의 차폐 계수와 일치하는 줄을 선택한다.

Step 4 : 주광 조명이 없는 상태나 주변 주광 조명에 일치하는 분류열을 선택한다.

Step 5 : 창문의 열관류율인 U_{of}에 따른 조명 분류 안에서 열을 선택한다. 모든 복층유리로 된 로이 창문은 0.38에서 0으로 표시된 열 안에서 떨어진다. 이 열은 또한 가시광선 투과율이 차폐계수보다 클 수 있다는 것을 의미한다(VLT 〉= SC).

Step 6 : 선택한 줄과 열의 교차점은 전체 외부 벽 면적의 비율로 창문을 낼 때 최대 허용 비율을 제공한다.

일반적인 창문보다 로이 창문에 대한 유리 비율은 상당히 높다(기타 소수의 기후에는 증가량이 약간 존재한다).

불투명한 벽체에 대한 최대 허용 부수 열관류율(maximum allowable attendant U-value), U_{ow}를 찾기 위해서는 다음의 절차를 따르면 된다:

Step 7 : 외피의 불투명한 구역의 열용량(HC)을 Btu/ft^2°F로 정한다.

Step 8 : 같은 대안적 요소 패키지 Alternative Component Package 표를 사용하여, Step 6에서 주어진 창문 내기 방식의 최대 허용 비율의 우측 하위표를 선택하고, 벽의 열 용량과 일치하는 열을 결정한다. 경량 벽체 시공(HC 〈 5)을 위해서, 이 열에 목록화된 열관류율을 사용하는데, 이는 모든 하중 조건에 동일하다. 벽의 경우에는 벽의 열 용량에 일치하는 두 줄을 선택한다. 열관류율의 최대 허용 범위는 세 줄과 단열 위치를 나타내는 열과의 교차점에서 주어진다. 만약 벽 단열재가 벽 내부에 있거나 벽과 통합되어 있다면, INT INS로 나타난 열을 사용한다; 그렇지 않다면, EXT INS로 나타난 외부 단열 열을 사용한다.

허용 열관류율의 범위를 나타내는 두 가지의 열관류율은 작은 창문이나 큰 창문 내기 방식에 따른 비율(percent fenestration)에 맞춰진다. 최대 허용 열관류율은 Step 6에서 나타난 비율에 따라 이 창문 내기 비율 위에 보간된 직선에서 찾을 수 있다.

예 6-1

뉴욕에 차양이 없는 창문에 대한 창문을 낼 때 최대 허용 비율과 사무실 벽의 남아 있는 영역의 일치하는 열관류율을 구하시오. 사무실의 벽은 내장 단열되어 있고 내부 열용량(HC)은 10 Btu/ft^2°F이다. 인공 조명은 1.5 W/ft^{2}로 되어 있지만 사무실은 일반적으로 자연채광을 받는다.

로이 창문은 0.39의차폐 계수와 0.29 Btu/hr°Fft²의 열관류율을 갖는다.

풀이:

풀이 과정은 그림 6-2에 두꺼운 줄에서 볼 수 있다. 콘센트 출력 강도를 0.75 W/ft²로 가정하면, 내부 부하 밀도는 2.25 W/ft²가 되는데, 이는 중간 표의 수치에 입력 점을 넣은 값이다.

외부 차양이 존재하지 않고, 0.39의 자폐계수로는 중간 표에 상위 분류 중 중간 줄이 선택된다.

자연채광 현상에 대한 0.29 Btu/hr°Fft²의 열관류율은 0.38~0의 값을 갖는 주변 주광 조명으로 쓰여진 열이 선택된다.

이 열과 앞서 선택된 줄의 교차점은 47의 창문을 낼 때 최대 허용 비율을 보이고, 이는 투명 일반 복층유리를 사용할 때 허용되는 비율보다 2배나 더 높다.

선을 우측 방향으로 수평적으로 따라가면 내장 단열 벽에 대한 최대 허용 열관류율이 0.10~0.10 Btu/hr°Fft² 범위가 나온다(HC 범위 >= 10). 이에 어떠한 보간도 필요하지 않다.

결로 차트에 의한 열관류율 결정

낮은 창문 열관류율은 겨울에 내부 유리면이 더 따뜻하다는 것을 의미한다. 유리에 알맞은 열관류율이 적용된다면 겨울 동안 생기는 결로 현상에 의한 피해를 막을 수 있다. 대부분 로이 창문 제품은 주어진 기후 환경에서 결로 현상을 막을 수 있다. 다음 장에서는 그러한 로이 창문을 확인하는 방법을 보여 준다.

로이유리가 중심부에 생기는 결로 현상을 막는 효과가 있음에도 불구하고 유리를 씌우는 대부분의 엣지 작업에서는 그렇지 못하다. 고습도 환경이나 실외 온도가 낮을 때, 창문의 가장자리에 결로를 일으키는 주로 금속으로 된 엣지 스페이서에 의한 열교 현상이 생기기 때문이다. 대개 이런 응결 선은 손상을 입히는 수증기 길의 형성을 막을 만큼 충분히 좁다(대부분 3cm 이하). 장들이 좋은 단열 재료로 제작하고 창문 가장자리를 틀보다 더 깊게 파묻어 묶으로써 문제를 해결할 수는 있겠지만 태양으로부터 유리에 너무 많은 음영이 생길 수 있기 때문에, 시공자는 이런 해결 방식은 피해야 한다. 음영은 높은 열 응력을 만들어 낼 수도 있으며, 매우 혹독한 날씨 상황(낮은 실외 온도에 높은 일사 부하)에서는 유리 파손까지도 유발할 수 있다. 주변부 서림 문제를 해결하는 현재 가장 좋은 방법은 다중

계산

폴리에스터 필름 유리를 생산하는 회사들에 의해 제시되는 열 차단 엣지(Thermally broken edge)이다.

유리 중심의 수증기 응결의 시작점은 4가지 요소에 달려있다: 실내 상대 습도, 창문의 열관류율, 실내 기온, 실외 기온이 그 요소이다.

주거지역의 상대 습도는 생활 환경에 따라 다양하다. 많은 요리나 샤워, 또는 다수의 식물은 상대 습도를 자연적 환기가 거의 없다면 60% 이상 상승시킬 수 있다. 반면에 전자레인지 요리나 짧은 목욕은 실내 상황을 매우 건조하게 만들 것이다. 일기 예보를 보지 않고 상대 습도를 정하는 방법은 응결이 유리에 생성될 때의 실내외 온도를 기록하고, 다음의 차트를 활용해 상대 습도를 찾아보는 것이다. 에어컨을 쓰는 사무실에서의 상대 습도는 에어컨이 설치되어 있는 곳 어디든지 일반적으로 50% 정도로 유지된다.

예측 상대 습도와 최저 실외 온도를 구했다면, 다량의 유리 응결 방지를 위한 필요 열관류율은 수직창에 대한 응결 예측 차트(그림 6-3)의 두 선을 교차시킴으로써 정해진다. 열관류율은 또한 창문 종류에 따라 식별되는데 창문 선택 과정에서 도움이 되기 위함이다.

이 그림은 먼저 실외 기온과 실내 기온이 일치하는 좌측 그래프의 한 점을 선택함으로써 활용된다. 이 후 수평선을 그 지점에서 오른쪽으로 그리는데, 두 번째 그래프의 예측 상대 습도에 두 번째 수직선이 교차될 때까지 그린다. 이 교차점은 응결을 방지하기 위한 열관류율을 나타낸다. 열관류율 곡선 위의 보간은 대개 정밀한 열관류율을 정확히 찾아내는데 사용된다.

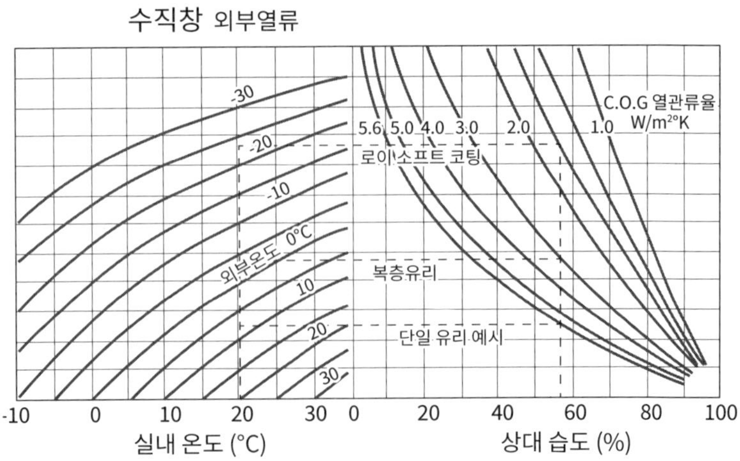

그림 6-3. 외부 열류가 있는 수직창의 결로 현상 예상 표 Copyright © Pilkington Glass Ltd., 1989.

실제 열관류율(Real U-value) 계산하기

위의 응결 방지 기준에 의해 정해진 창문 열관류율은 창문의 중심부에 대한 열관류율이다. 이 값보다 낮은 열관류율을 갖는 로이유리 조립은 중심부에 어떤 응결도 일어나지 않을 것이다. 반면에 성능 규범 계산에 의해 정해진 열관류율은 로이유리 열관류율을 구체적으로 명시하지 못하는데, 이는 법규가 대개 전체 창문에 대한 열관류율을 나타내고, 유리만을 대상으로 한 것이 아니기 때문이다. 다음 장에서는 열적 내구성을 지닌 금속으로 된 엣지 스페이서가 있는 창문을 위한 유효 열관류율을 계산하는 방법을 보여 준다.

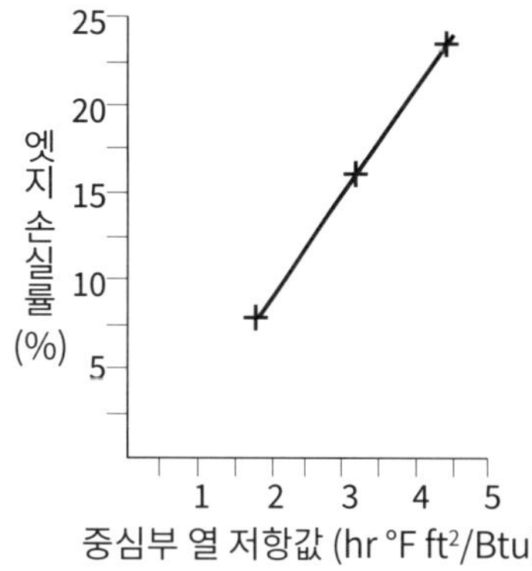

그림 6-4. 다양한 열 저항값에 따른 총 창문 열 손실 비율로써 3×4 면적의 창문에서 금속 엣지 스페이서에서의 손실값

그림 6-4는 0.91×1.21m 규격의 복층유리에서 사용되는 금속으로 된 엣지 스페이서가 창문의 유리 중심부의 열 저항값이 0.70m²°K/W(4.0°F ft²hr/Btu)으로 오를 때, 눈에 띄는 열교(thermal bridge) 역할을 하는 방식을 제시한다. 평범한 복층유리는 엣지 스페이서를 통해 큰 규모의 열류의 7% 정도 손실이 있다. 이 수치는 로이코팅이 더해지면 두 배가 되고, 아르곤 가스 충전이 활용되면 23%라는 상당히 큰 값으로 변한다. 유리와 스페이서가 마주친 부분을 접착하기 위해 사용되는 유기 실런트는 고도 전도성 금속 스페이서를 통한 열 흐름을 지연시키기에는 너무 얇다. 로이 창문은 이러한 문제에 대한 주의를 환기시키는데, 모든 가스 충전된 로이 창문은 1.4W/m²°K (0.25 Btuh/°Fft²) 이하의 값을 갖기 때문이다. 실제로 스페이서는 제조사가 복층유리 조립에 대해 공시된 유리 중심부 열관류율을 저하시킨다. 창문에 대한 유효 열관류율(effective U-value)인 U_{eff}는 또한 엣지와 관련된 창문의 규격에 달려 있다. U_{eff}는 다음의 관계식에 따라 각 원인에 대한 면적 가중된 U값을 활용하여 측정된다:

$$U_{eff} = \frac{U_{cog} \times (A_{igu} - A_{edge}) \times (U_{edge} \times A_{edge})}{A_{igu}}$$

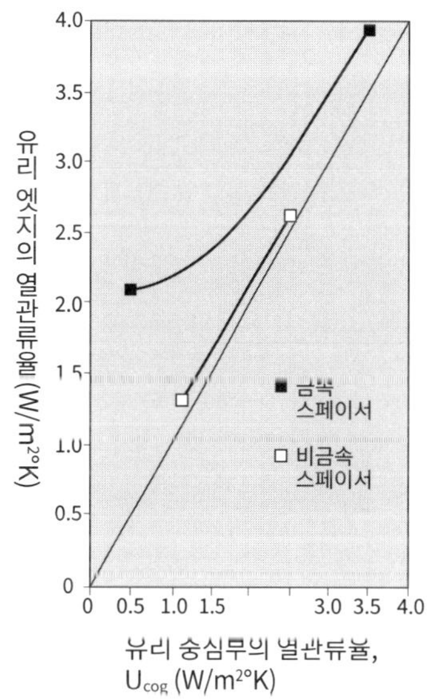

그림 6-5. 유리 가장자리의 열관류율과 유리 중앙의 열관류율 비교 (Reprinted by permission from the 1989 ASHRAE Handbook—Fundamentals published by the American Society of Heating, Refrigeration and Air-Conditioning Engineers, Inc.)

여기서 U_{edge}는 그림 6-5에 주어진 U_{cog}의 함수이며, A_{igu}는 창문틀을 계산하지 않은 단열된 유리 면적이다.

열 전달이 유리를 따라 엣지 스페이서로 이동하는 면적인 A_{edge}는 알루미늄 스페이서에서는 유리창의 주변부를 둘러 60mm이다.

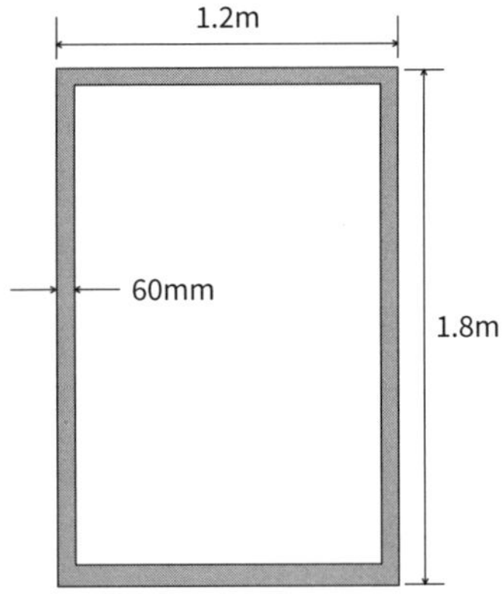

그림 6-6. 예시 6-2의 IGU

예 6-2

그림 6-6에 그려진 단열에 대한 유효 열관류율(effective U-value)을 계산하시오. 로이 창문의 규격은 1.2m×1.8m이며, 창문 중심부 열관류율은 $1.4W/m^{2\circ}K$ ($0.25\ Btu/hr^{\circ}Fft^2$)로 가정한다.

풀이:

$$A_{edge} = 1.2 \times 1.8 - 1.0\,8 \times 1.68 = .346m$$

$$U_{eff} = \frac{1.4 \times (2.16 - 0.346) + (2.2 \times 0.346)}{2.16} = 1.52W/m^{2\circ}C$$

물론 일부 열교 현상은 창문 틀에서 일어난다. 창문과 틀의 전체 열관류율인 $U_{overall}$은 제조사의 열관류율인 U_{frame}과 U_{eff}의 면에서 주어진다:

$$U_{overall} = \frac{U_{eff} \times A_{igu} + U_{frame} \times A_{frame}}{A_{igu} + A_{frame}}$$

여기서 A_{frame}은 틀의 투사된 면적이고, A_{igu}는 단열된 유리창의 면적이다. 이전의 관계식은 창틀이 단순히 틀에 의해 지지되는 유리가 있는 엣지 스페이서를 덮고 있음을 가정한다.

창문 효율 표시(Window Rating Labels)

창문은 주로 가전 제품과 비교되고 있는데, 열악한 창문은 가전 제품만큼이나 많은 에너지를 소비하고, 큰 창문은 냉장고만큼의 비용이 든다. 에너지 절약을 도모하기 위하여 많은 국가는 모든 가전 제품에 대한 에너지 효율 표시를 필요로 해서, 에너지 친화적인 구매자들은 정보에 근거한 비교를 할 수 있다. 캐나다[12], 미국, 유럽의 국가들은 현재 가정 유리에 대한 비슷한 표시를 하는 입법을 준비하고 있다.

이 표시는 단열된 유리창, 엣지 스페이서, 창틀의 전체적인 성능을 등급화한다. 성능 측정 기준은 열 실험 데이터와 컴퓨터 시뮬레이션의 조합에 기초를 두고 있다. 측정 기준은 각 나라마다 다르지만, 일부 기준은 주광 조명에 포함된 내부로 흐르는 에너지를 간접적으로 설명하고 있다.

재료 성질로 인한 열관류율

5장에서 소개된 다양한 제품의 유리 중심부 열관류율은 로이 창문 기술이 발전함에 따라 불가피하게 시대에 뒤처지게 된다. 그러나 현 동향을 좇아가는 것은 어렵지만은 않은데, 이는 어느 유리 조립에 대한 유리 중심부 열관류율이라도 표면 방사율과 가스 충전 특성만 주어지면 항상 계산이 가능하기 때문이다. 실제로 대부분 제조사의 공시된 열관류율은 측정된 것이 아니라 부록 E에 있는 열관류율 계산(U-Value Calculation)에 나타난 단순화된 절차에 기초되어 계산된 것이다.

1989년 모든 미국의 유리 제조사들은 미국 에너지국의 열관류율을 예측하는데 사용된 윈도 3.1 컴퓨터 프로그램(부록 B 참고)에 따른 열관류율 결정 방식에 대해 표준화 하는 것에 동의했다. 컴퓨터 프로그램이 스페이서와 틀에서 발생하는 에지 효과(edge effect)에 기초한 실제 열관류율을 계산하는 것이 가능함에도 불구하고, 이 계산은 단열 유리창의 중심부에도 적용 가능하다. 부록 B는 또한 프로그램의 무료 복제판을 얻는 방법도 제시한다.*

차폐계수 계산하기

차폐계수를 계산하는 또 다른 방식은 0.87로 나눠진 유리의 입사 태양 방사에 대한 일사열 취득 비율을 이용하는 것이다[0.87은 여름에 입사 태양 방사에 대한 3mm(0.125인치)의 투명유리를 통한 일사열 취득 비율이다]. 이 측정법은 태양이 직각으로 창문을 비추는 상황을 가정한다. 이 측정법은 직접적으로 전달된 태양 방사열뿐만 아니라, 유리를 통해 흡수되어 결국에는 내부로 흐르는 태양열도 설명할 수 있다. 그림 6-7은 예상 가능하듯이, 절반 이상의 태양 방사가 적외선 에너지 근처에서 보이지 않기 때문에, 사람의 눈으로는 차폐계수를 판별하기 거의 불가능하다는 사실을 보여 준다.

단일 창에 대한 차폐계수는 다음으로 구해진다:

$$SC = (\text{Solar Transmission} + \eta \times \text{Absorption})/0.87,$$

그림 6-7. 어떤 유리 표본이 더 낮은 차폐계수를 가지고 있는가? 더 높은 일광 투과량을 가진 왼쪽의 더 큰 표본의 차폐계수가 가장 낮다. 왜냐하면, 그것이 냉방 주광 조명 로이코팅이기 때문이다. (다른 표본들은 코팅에 전형적인 50%의 착색이 있다)

* 2017년 현재 미국 LBNL에서 Windows 7.4를 최신 버전으로 사용 중(역자 주석)

계
산

여기서 괄호 안의 양은 일사열 취득 계수이거나 유리의 입사 태양 방사에 대한 일사열 취득 비율이다.

내부로 흐르는 흡수된 태양 에너지의 분수 η은 다음과 같다:

$$\eta = h_i / (h_e + h_i)$$

여기서 η은 주로 로이유리가 없는 경우에는 0.45이고, 파이롤리틱 코팅 처리된 유리에는 0.36이다(h_e와 h_i의 일반적 값에 대해서는 부록 E를 참고).

일사 투과율과 일사 흡수율은 언제나 제조사에 의해서 목록화되지 않지만, 그 정보는 대개 제조사에 따로 요청하면 이용 가능하다. 제조사가 일사 반사율, 일사 투과율, 일사 흡수율을 목록화하는 경우도 있다. 항상 투과율, 반사율, 흡수율은 합쳐서 100%가 되어야 하기 때문에 빠진 양은 주어진 100%에서 두 개의 값을 빼면 구할 수 있다. 7장과 8장은 전형적인 로이 제품에 대한 일사 투과율, 반사율, 흡수율을 제시한다.

복층유리에 대한 차폐계수를 찾는 것은 더 복잡하다. 복층유리에 대한 전체 주광 조명 투과율처럼, 차폐계수는 각 유리에 대해서 구해지고, 서로 곱해져서 전체 계수가 된다. 그러나 각 유리의 차폐계수에 대한 계산은 같은 η에 기초하지 않는다. 각 유리의 한 면은 마감된 틈을 향하고, 그래서 일치하는 h_e나 h_i는 부록 E에 나타난 로이코팅의 위치에 따른 값을 택한다. 다중 유리에 대한 차폐계수는 이와 비슷하게 계산한다.

현장에서 실제 창문의 열관류율 구하기

창문의 열관류율을 예측하는 것보다 더 시급한 걱정거리는 설치된 창문이 제조사가 주장하는 열관류율에 합당한지 결정할 때에 생긴다. 로이 창문의 유리 중심부 열관류율을 수정하기 위한 어떠한 특성도 눈에 보이지 않는 경우가 있다: 그 어떤 충진된 가스라도 투명해 보이고, 0.40의 방사율을 가진 표면은 0.03의 방사율을 가진 표면과 동일하게 보인다. 정확한 결과를 가져다 주는 매우 단순한 방법은 존재하지 않지만, 다음 내용은 창문이 사양에 가깝게 기능하는지 알아내는 상대적으로 쉬운(그리고 값싼) 실제 공정의 개요를 보여 준다.

이 방법은 창문의 중심부에 걸쳐진 온도 강하와 창문의 실내 쪽 면에 접착된 열관류율의 재료를 비교하는데 기초를 두고 있다. 적어도 작은 센서 크기를 가진 별개의 온도계 세 개가 필요하다(값싼 서미스터 기반의 전자 온도계가 각 활용과 작은 센서 사이즈에 권장된다). 방법은 다음과 같은 경우만 효과가 있다:

- 비교 자료와 비교 가능한 열관류율을 가진 창문
- 외부 표면이 저방사가 아닌 창문

따라서 파이롤리틱 코팅된 단일 유리에 대한 열관류율은 이 방식으로 구할 수 없다. 비교 재료는 대개 취급하기에 어려움이 없을 만큼 두꺼운 폼 보드여서, 코팅되지 않은 단일 유리는 1인치의 스티로폼과 비교했을 때 열관류율이 높기 때문에 배제되기 때문이다.

알려진 단열값이 있는 단열 재료면 적용이 가능하다. 안타깝게도 그런 제품을 찾기란 생각보다 더 어렵다. 어떤 재료의 열관류율은 기온과 수명에 따라 다양하다. 대부분의 폼 보드는 공기로 발포되지 않고 여러 가지 발포제가 되기 때문에 수명 또한 다양하다. 갇힌 가스는 발포제가 5년에서 10년간 재료에 스며들면서 결국에는 공기로 대체된다. 이 노화 문제를 극복하기 위한 최선의 방법은 제조사의 성능 수치에 따라 주요 가게로부터 새로운 재고품을 두는 것이다. 예를 들어, 그림 6-8은 1인치 두께의 다양한 밀도의 새로 압출 가공된 폴리스티렌(EPS)에 대한 열관류율 대 재료의 평균 기온을 보여 준다.

이 방법은 두 재료를 통하는 면적당 열 흐름은 열관류율과 재료를 통한 온도 하강의 곱이기 때문에, 인접한 재료를 통한 열 흐름이 같다는 원리에 기초를 두고 있다.

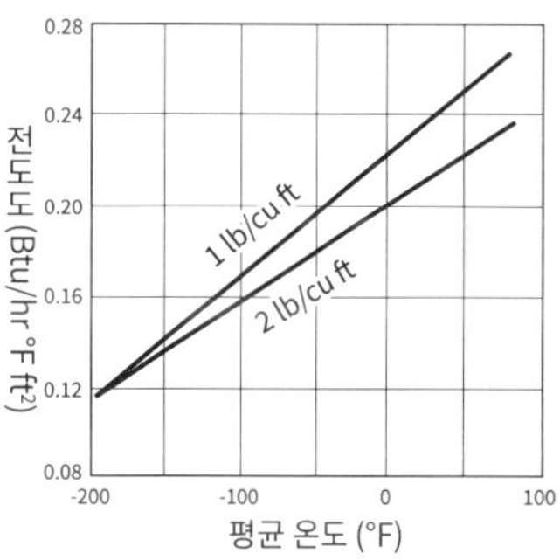

그림 6-8. U값과 1인치 두께의 최신 압출 폴리스틸렌의 평균 온도 (Adapted from the Foamular™ Manufacturer's Fact Sheet, United States Gypsum Company, Chicago, Illinois)

$$\text{Heat flow} = U_{EPS}\,\Delta T_{EPS} = U_{window}\,\Delta T_{window},$$

알려진 재료를 통해 온도 하강을 알면 알려지지 않은 재료의 열관류율을 결정할 수 있다. 그 온도 하강은 다음과 같이 나타난다.

$$U_{window} = U_{EPS}\,\Delta T_{EPS} / \Delta T_{window}.$$

처음에 이 창문은 창문의 가면 중심부에 온도 센서를 붙임으로써 계기된다. 다음으로 유리판을 내부 온도 센서 위에 창문의 실내 쪽 면에 단단히 고정시킨다. 약 1인치 두께의 판은 유리를 통해 접선으로 흐르는 열이 중앙 온도계에 도달하는 것을 막기 위해 적어도 측면에서 30cm(12인치) 정도에 위치해야 한다. 다음으로 세 번째 온도계 센서는 유리판의 실내

쪽 면의 중심부에 테이프로 붙여 둔다. 이 창문은 닫힌 채로 밀봉되고, 동시 온도 측정은 밤에 진행되어 그 어떤 일사열 효과도 피할 수 있도록 한다. 알려진 재료의 각 면에 있는 두 수치 판독은 그림 6-8에 있는 활용 단열 평균 온도를 정하기 위해 평균 내어진다. 그림 6-8에서의 열관류율은 제품의 명시된 밀도에 따라 해석된다. 공식은 창문의 다량의 열관류율을 계산하기 위해 사용되는데, 이는 창문과 알려진 단열재에 대한 온도 하강에 따라 이뤄진다. 이 열관류율은 일반적으로 창문에 붙어있는 두 개의 공기 필름(air film)의 열적 저항력을 포함하지는 않는다. 제조사의 목록화된 유리 중심부 열관류율은 항상 이 두 개의 필름 효과를 포함하는데, 이는 여전히 로이 창문에 중요한 요소이다. 부록 E는 대부분의 제조사가 이 두 개의 막을 위해 적용한 수치의 목록을 보여 준다. 부록 E에 열거된 방정식들에 따르면, 측정된 열관류율에 기초한 창문의 실제 유리 중심부 열관류율인 U_{window}는 다음과 같이 된다:

$$\text{Center-of-glass U-value} = 1/(1U_{window} + 0.599 + 0.068)\ \text{W/m}^{2\circ}\text{K},$$

$$\text{Center-of-glass U-value} = 1/(1U_{window} + 0.25 + 0.40)\ \text{Btu/hr ft}^{2\circ}\text{F}.$$

태양 기하학적 구조

태양이 어디에 있는지를 아는 것은 건물이 어떤 경험을 주는지 또한 어떻게 구분되는지를 아는 것이다. 창문에 관련된 태양의 위치는 또한 주광 조명 유효성, 일조 영향, 창문틀에 비춰지는 그림자 선을 결정한다. 다양한 위도에 따른 다양한 창문 방향에 대한 입사 태양 방사량은 주로 표로 정리된 형태로 편리하게 주어진다(표 7-3과 부록 F). 그림자 선 위치는 태양의 절대 위치와 창문의 상대 위치에 따라 달라진다.

태양의 위치는 수평선 위의 태양 고도인 α와 남향에서부터 측정된 태양 방위각인 ϕ으로 된 두 가지 측정값으로 완벽하게 표현된다(그림 6-9).

주어진 태양 위치와 일치하는 시간은 태양시나 시계 시간으로 주어진다. 해시계로 알 수 있는 태양시는 지구의 다양한 궤도 속도 때문에 1년 동안의 일반적인 시계 시간과 각기 다르다. 태양시와 표준 시간대의 중심부의 시간과의 차이는 달력 표시 일자의 함수로 그래프를 그릴 때, 균시차(equation of time, ET)로 나타난다(그림 6-10). 지방 시계 시간인 지방표준시(LST)도 또한 관측자의 경도인 LON에 따라 주어진 관측자의 지방표

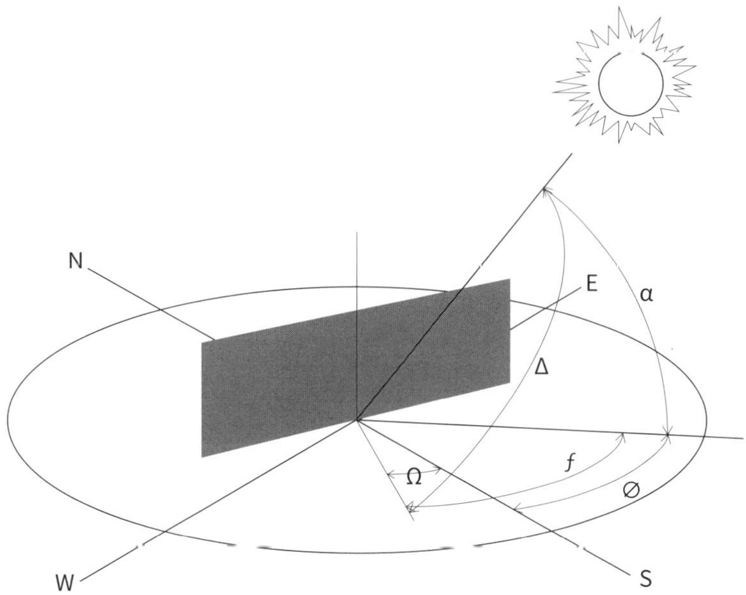

α: 태양 고도
ϕ: 태양 방위각
f: 창문에 대한 태양 방위각
Ω: 남향에 대한 지방 방위각
Δ: 입사각

그림 6-9. 태양의 위치를 구체화하는 다양한 앵글

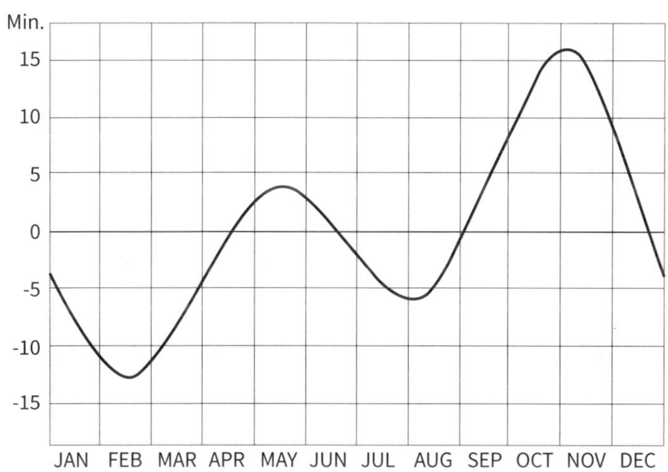

그림 6-10. 균시차(The Sun Angle Calculator, Libby Owens Ford, Toledo, Ohio, 1974).

준시의 중심부에 관련한 관측자의 위치에 따라 태양시와 다르다(주어진 표준시간대에서 동쪽에 있는 사람들에게 일출이 더 빠르다). 다음은 시계 시간과 태양시의 관계를 보여 준다:

Solar Time = LST + ET + 4 min/° × (SM – LON),

여기서 SM은 표 6-4에서 주어진 지방표준시에 대한 표준 자오선(standard meridian)(경도)를 나타낸다. 예를 들어, 태양 정오에 대한 시계

표 6-4. 다양한 시간대의 표준 자오선

존 (영역)	위치	표준 자오선 (경도)
-1	유럽	15°E (-)
0	그리니치	0°
4	대서양	60°W (+)
5	동부	75°W (+)
6	중부	90°W (+)
7	산악지대	105°W (+)
8	태평양	120°W (+)

시간은 이전의 방정식을 재조정하고 태양시에 12 : 00를 덧붙임으로써 다음의 식이 주어진다:

$$LST = 12:00 - ET - 4 \times (SM - LON).$$

태양시가 시계 시간과 최대 47분 정도 다를 수 있다는 점에 주목해야 한다. 일광 절약 시간은 LST에 1시간을 더한다.

시간과 경도에 따른 태양 고도와 태양 방위각 변수는 아래에서 간단한 측정을 위해 그래프로 제공되고, 부록 C에서 삼각법에 의해서 제공된다. 삼각 방정식은 또한 그래픽 표현으로 다루지 않은 채 태양의 위치를 예측하는 데 유용하다.

태양 위치 도식

다양한 위도에서 관측된 태양의 움직임은 그림 6-11에 있는 태양 경로 도식으로 나타난 투사도로 표현된다. 태양 경로는 일련의 굵은 타원형 곡선으로 수평면 위에 투사되었고, 수평선은 관측자가 중심에 있다고 가정하여 외부 원으로 표시된다. 실제 남쪽은 도식의 아래쪽에 있으며, 방위 간도의 외부 원으로 표시된다. 내부 동심원은 10° 증가마다 태양 고도를 표시한다. 방사선은 남쪽에 관련하여 태양 방위각을 표시한다.

각 타원형 곡선은 로마숫자로 지정된 한 달의 21번째 날의 태양 경로의 투사다. 태양 경로 곡선을 직각으로 교차하는 굵은 곡선은 태양시를 아라비아숫자로 보여 준다.

주어진 시간에 대한 태양 고도와 방위각은 다음과 같은 항목을 통해 구해진다:

- 위치의 경도에 가장 가까운 태양 경로 도식을 선택하기
- 보간법(interpolation)에 의한 주어진 날의 태양 경로 스케치하기
- 시간 곡선들 사이를 보간함으로써 이 경로에 태양 위치시키기
- 태양 경로의 태양 위치와 더 얇은 곡선에 지점을 일치시켜서 고도(동심원 위에 보간된)와 방위각(방사선 위로 보간된) 정하기

예를 들어, 12월 21일 오전 10시에 40 °N 경도의 태양 위치는 고도 20°, 방위각 -30°이다. 이 표에서 주어진 시간은 지방표준시가 아닌 태양시다. 사전에 주어진 LST와의 관계식은 태양시를 시계 시간으로 변환하는데 사용되어야 한다.

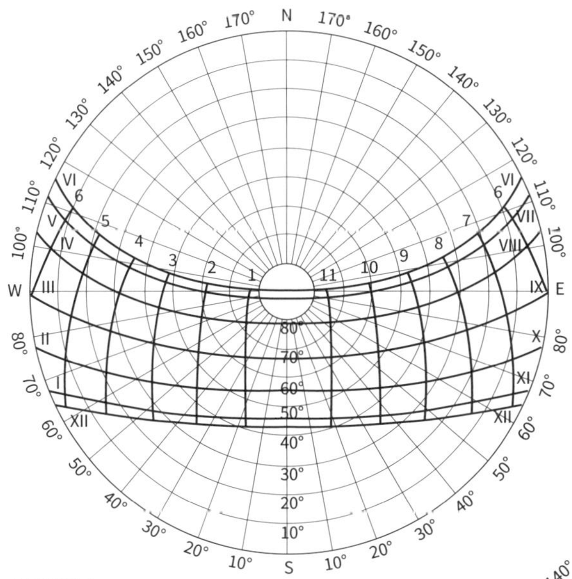

24°N 위도

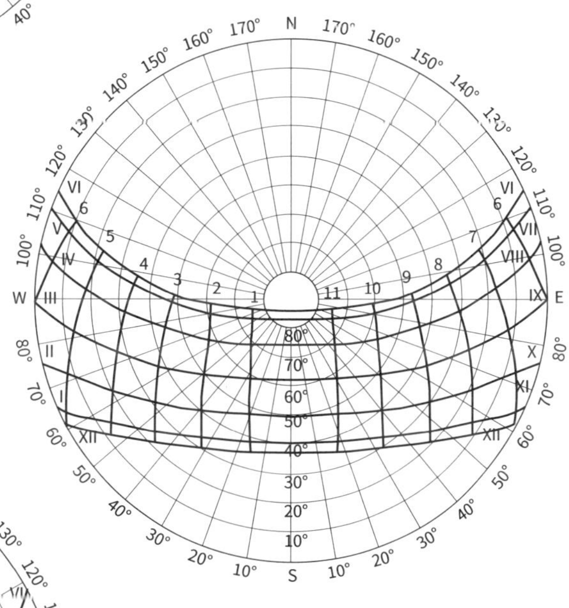

28°N 위도

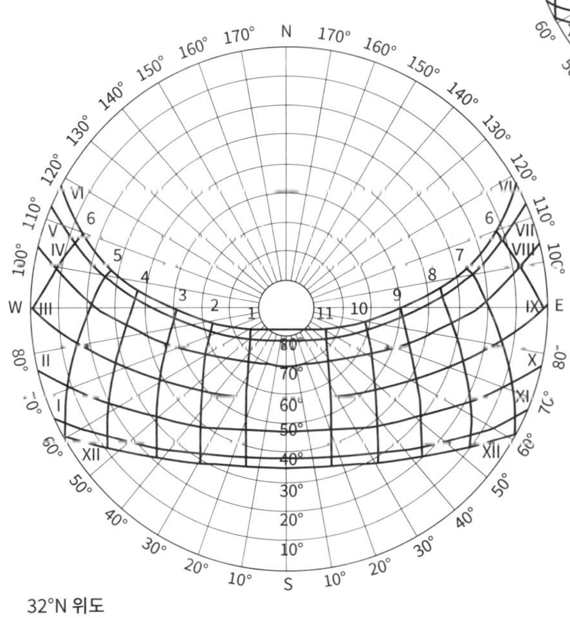

32°N 위도

그림 6-11. 다양한 고도에 따른 태양 경로 도식(Adapted from Ramsey, C.G., and Sleeper, H.R., Architectural Graphic Standards, John Wiley and Sons, New York 1972).

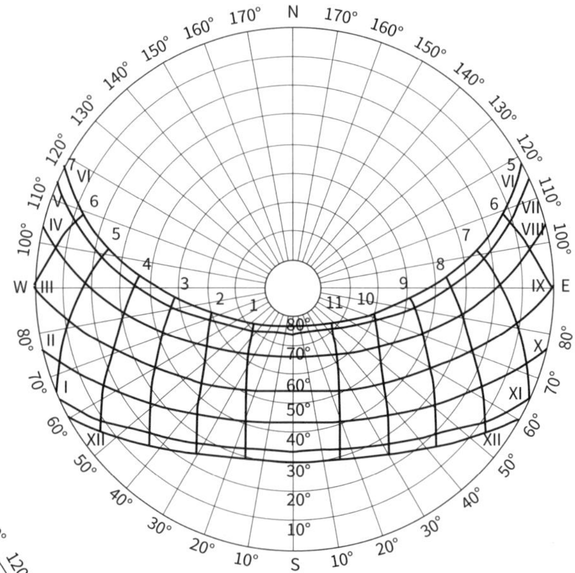

36°N 위도

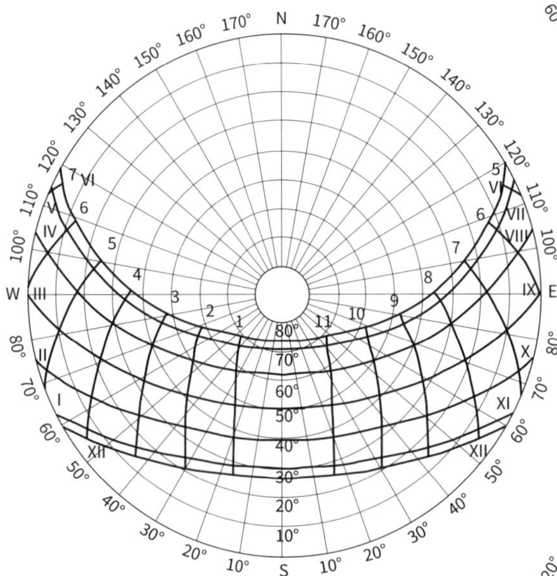

40°N 위도

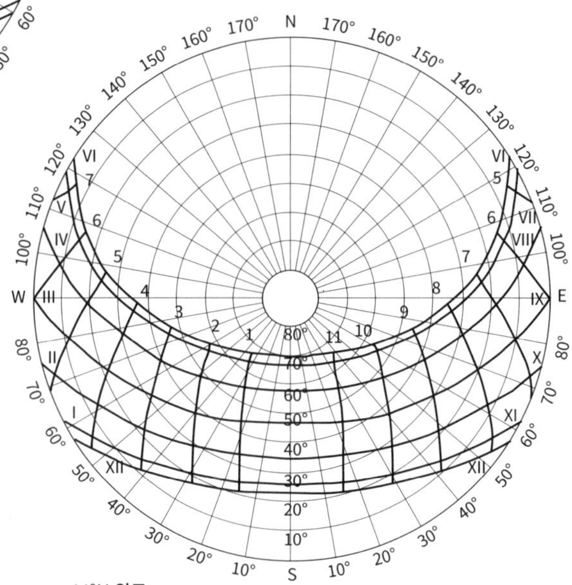

44°N 위도

그림 6-11. 다양한 고도에 따른 태양 경로 도식

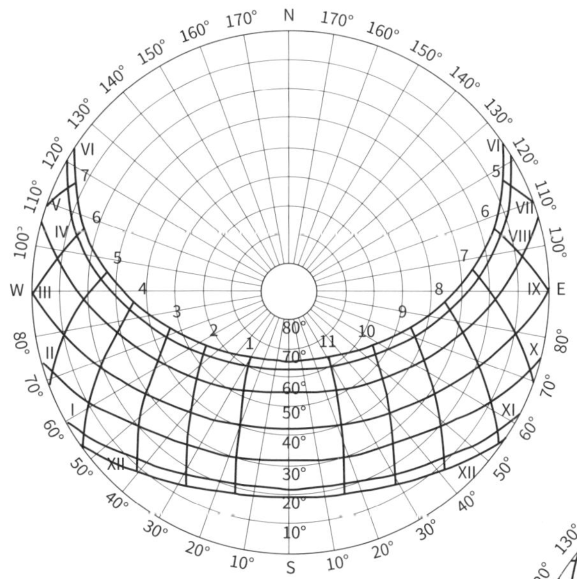

48°N 위도

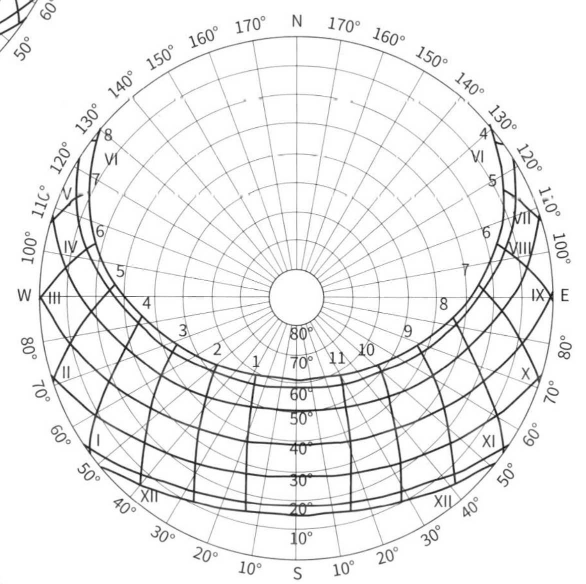

52°N 위도

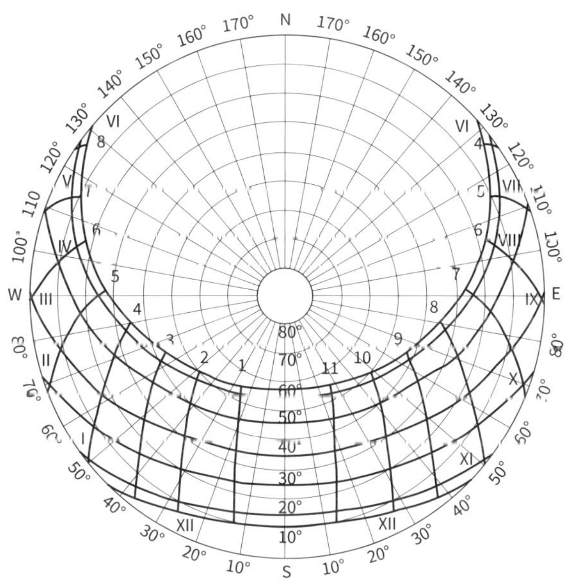

56°N 위도

그림 6-11. 다양한 고도에 따른 태양 경로 도식

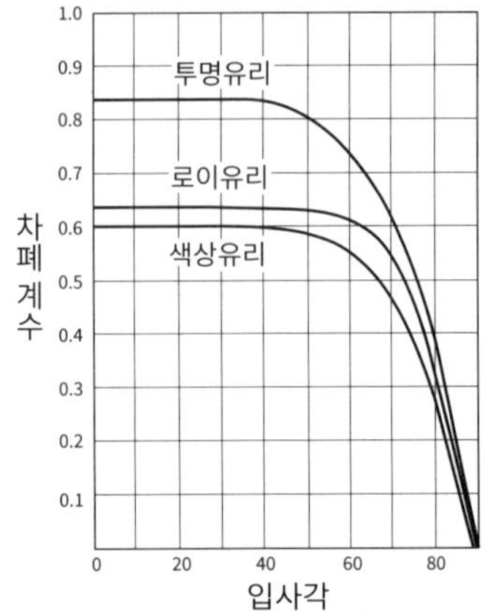

그림 6-12. 차폐계수와 입사각 (Adapted from Windows and Environment, Pilkington Environmental Advisors Service, McCorquidale and Co., Newton-Le-Willows, England, 1971).

입사각(Angle of Incidence)

표면에 대한 입사각은 태양의 광선이 표면에 직각의 형태로 만드는 각이다(그림 6-9). 이 각은 창문을 통한 일사 취득량에 큰 영향을 준다. 그림 6-12는 다양한 복층유리에 대한 일사 투과율 대 입사각의 비율을 보여 준다. 일사 투과율은 실질적으로 55° 이하의 입사각에서는 변하지 않고, 75° 이상의 입사각에는 무시해도 되는 수준이다. 그래서 낮은 경도(34° 이하, 또는 캘리포니아 로스앤젤레스 이하 지역)에 위치한 창문은 태양이 높은 고도에 있는 여름에 자가 차폐(self-shading)가 일어난다. 역으로 일사 취득량은 겨울날 높은 경도에서 태양이 낮고 입사각이 근본적으로 태양 방위각과 같은 조건일 때 정오 전후로 몇 시간 사이에서는 거의 차이 없이 높게 유지된다. 입사각은 부록 C에서 수학적으로 정의된다.

프로파일각(Profile Angle)

태양 위치를 측정하는데 있어서 중요한 마지막 측정값은 프로파일각인데, 이는 그림 6-13에서 보여주듯이, 태양 광선이 주어진 지역(대개 건물의 정면에 직각인 지역)에 표면에 평행한 수평면에 투사될 때, 수평선에 만들어 지는 각이다. 이 각은 창문의 입구(opening)나 돌출부(overhang)가 보이는 영역의 그림자 선을 정하는 데 유용하다.

주어진 창문에 대한 프로파일각은 그림 6-11에서 보여 주는 태양 경로 도식과 연계해서, 그림 6-14[프로파일각과 섀도 마스크(shadow mask)]의 투시도(transparency)를 활용하여 그래픽으로 정해질 수 있다. 프로파일 각은 마스크에 두 개의 90° 지점에 도달하는 타원형 곡선처럼 나타난다. 각 곡선은 해당하는 각으로 지정된다. 프로파일각을 정하기 위해, 투시도는 해당 지점의 태양 경로 도식의 중심부에 놓아져야 하고, 태양 경로 도식 위 방위 각도에 나타나듯이, 투시도의 아랫 부분의 화살표는 창문을 통과한 지역에 평행하게 된다. 태양 경로 도식의 태양의 위치는 두 개의 가장 가까운 프로파일각 곡선 사이의 보간(interpolation)을 위해 투시도를 통과해 투사되어야 한다. 만약 태양의 위치가 마스크의 상반부에 투사된다면, 태양은 창문 뒤에(따라서 그림자를 만들게 됨) 있다고 볼 수 있다.

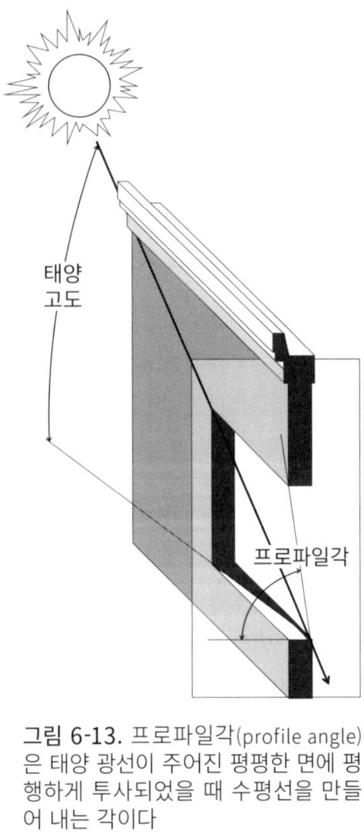

그림 6-13. 프로파일각(profile angle)은 태양 광선이 주어진 평평한 면에 평행하게 투사되었을 때 수평선을 만들어 내는 각이다

프로파일각은 남향 창문에 놀랄 만큼 적합하게 적용할 수 있다. 마스크가 태양 경로 도식 위 어디서든 남향을 지시하기 위해 마스크를 회전시킴으로써, 프로파일각이 어느 주어진 날이든 5° 이상 다르지 않다는 것을 알게 될 것이다. 이는 고정된 돌출부가 낮 동안에 차양을 쉽게 만들어 낼 수 있다는 것을 의미한다. 주야 평분시 동안에, 프로파일각은

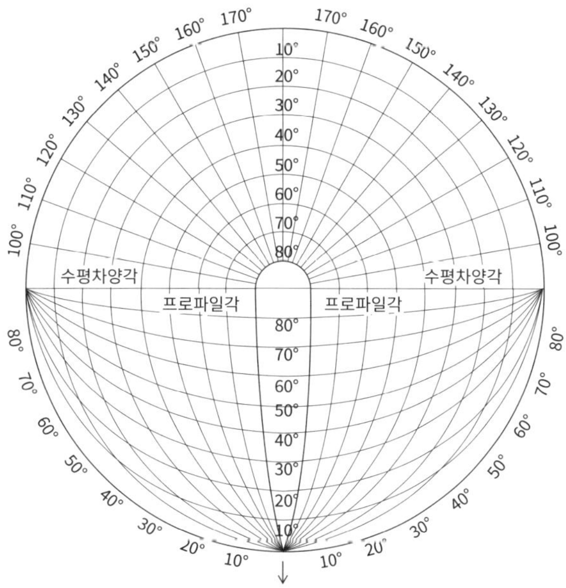

그림 6-14. 도식 6-11에 사용되는 프로파일각과 차양 마스크 (Adapted from Ramsey, C.G., Sleeper, H.R., Architectural Graphic Standards, John Wiley and Sons, New York, 1972)

남향 창문에 대해서 온종일 일정하다. 창문이 지정하는 방향이 남향에서 20° 이상 차이가 나면 고정식 건축 요소에 대해서는 차양이 어렵다. 이는 프로파일각 마스크 20°를 회전시키고 많은 프로파일각 곡선이 하나의 태양 경로를 어떻게 지나는지를 주목함으로써 쉽게 알 수 있다.

그림 6-15는 태양이 얼마나 멀리서 창문에 투과되는지 또는 창문의 돌출부(overhang)의 그림자 선이 떨어지는 곳이 어디인지 정하는데 프로파일각이 사용되는 방식을 제시한다. 이 그림은 그림자 위치가 두 번째 각인 수평 차양각에 의해서 정해진다는 것을 보여주는데, 이 각은 수직적

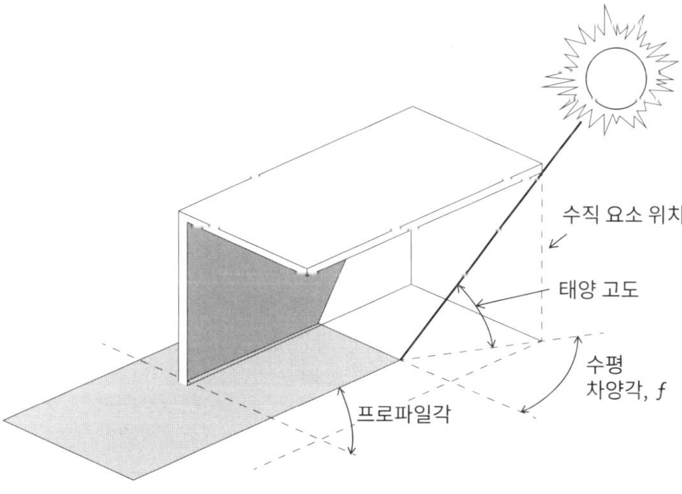

그림 6-15. 돌출부에 의해 만들어진 그림자의 범위를 결정하는 프로파일각의 활용

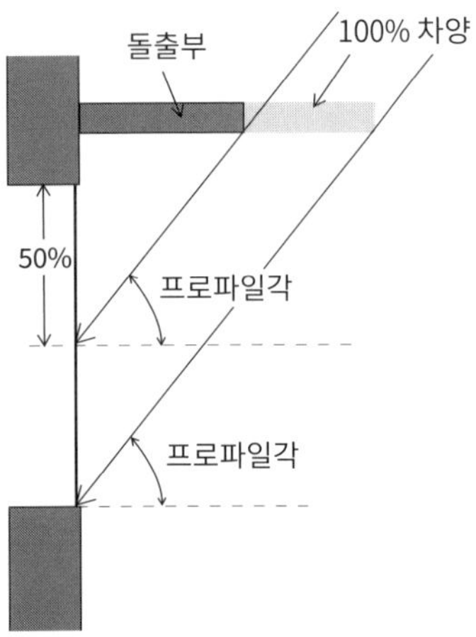

그림 6-16. 무한히 긴 돌출부가 있는 외부 창문 영역의 절반에 그림자를 만드는 프로파일각

요소에 의한 차양 현상의 앞 엣지가 어디인지 정의한다. 이 각은 창문의 수직선과 관련하여 태양이 만들어 내는 평면각이고 창문이 남향일 때의 태양 방위각과 같다(그림 6-19와 1-15에서 f각으로 표시됨). 수평 차양각은 그림 6-14의 상반부에 구분되어 있다.

그림 6-17은 창문이 일정 비율로 차양되는 시간의 양을 결정하기 위해 그림 6-14에 제시된 차양 마스크가 어떻게 태양 경로 도식 위에 겹쳐지는지 보여 준다. 그림 6-16의 창문에 적어도 50%의 차양이 지기 위해서 얼마나 많은 시간이 있어야 하는지 알고 싶다고 가정해 보자. 또한, 창문이 동남향이라고 가정해 보자. 50%의 차양에 대해 일치하는 프로파일각은 같은 도표에 나타난다. 차양 마스크는 그림 6-17에서 동남쪽을 향해 회전하여 투명도의 아랫부분의 화살표를 창문 입구의 바깥부분과 직각으로 맞춰진다. 그림 6-16의 프로파일각은 차양 마스크의 어두운 반타원형을 따라 윤곽이 형성된다. 이 프로파일각[밝은 차양(light shading)으로 보이는] 위에 놓이는 모든 태양의 위치는 50% 이상의 차양을 만들어 내지만, 이는 돌출부가 무한히 길 때로 가정한다.

각 돌출부의 끝에 대한 차단 시간(cutoff times)은 프로파일각 개념을 활용해서 정해진다. 그림 6-18은 동일한 고도에서 유한한 돌출부가 있는 창문을 보여 준다. 50%의 그림자 선은 창문의 가운데 쯤에 나타나게 된다. 창문의 세로 기둥(jamb)에 있는 그림자 선의 교차점에서부터 돌출

그림 6-17. 유한한 수평 돌출부의 전형적인 섀도 마스크와 태양 경로 도식을 중첩시킨다. 이 마스크는 창문 총 면적에 50%의 그림자를 제공하는 도식 6-16에서의 따온 프로파일각을 사용한다. 이것이 발생하는 시간대는 태양 경로 도표이 날짜/시간 선과 마스크 주변부의 공통 영역에 의해서 결정된다.

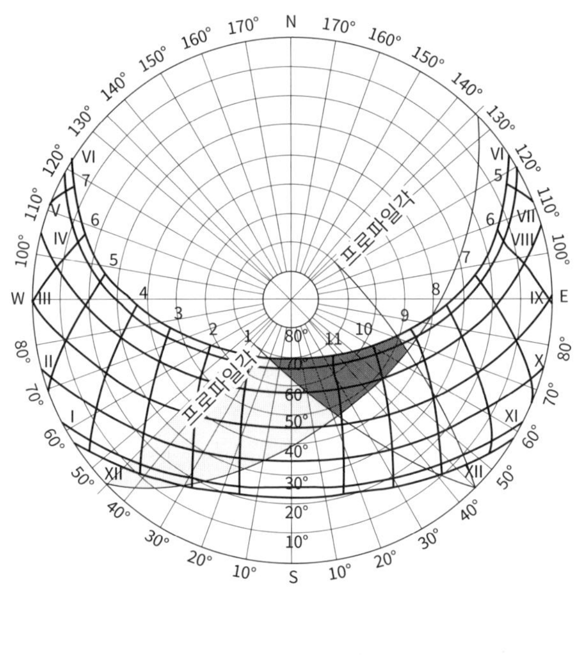

부의 가장자리에 이르는 지점까지 그려지는 선은 그림 6-18에 나타난 P2 각에서 볼 수 있듯이 돌출부가 끝나는 지점에 대한 프로파일각을 결정한다. P2 프로파일각은 그림 6-17에서 나타나듯이 첫 번째 차양 마스크에 관련한 90° 방향에 있는 P2각에 대해 두 번째와 세 번째 차양 마스크를 겹쳐 씌움으로써 결정될 수 있다. 그림 6-18에 나타난 투영면은 그림 6-16에 나타난 창문 평면에 직각이기 때문에 90° 회전이 필요하다(프로파일각은 언제나 투영면에 놓인다). 이 90°의 겹침은 그림 6-14의 남쪽 가장자리에 도달하는 타원형 곡선의 형태로 이미 구분되어 있다. P2 프로파일각에 일치하는 두 곡선은 그림 6-17에 구분되어 있다. 이 각 위에 놓이는 모든 태양 위치는 고도가 있는 창문에 50% 이상의 시간으로 차양이 생기도록 한다. 이 면적과 무한한 돌출부를 위한 면적의 통합(어두운 그림자로 표시된 부분)은 창문이 양쪽 모든 투사에 적어도 50%의 차양이 있는 시간을 보여 준다.

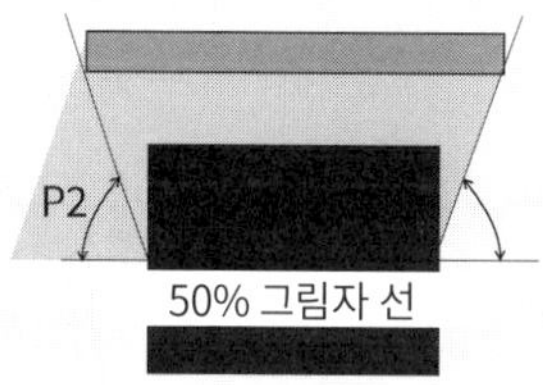

그림 6-18. 창문 입면의 절반에 그림자를 제공하는 프로파일각 P2

Omni Fort Worth Hotel, (주)자산유리 제공, Solaron P60-5 제품

7

냉방에 응용하기

냉방을 위한 설계 방식

일반적으로 최근에 지어진 (단열성능이 우수한) 건물에서 태양열의 유입은 1년 중 대부분은 반갑지 않은 손님이다. 냉방시설의 여부와 상관없이 내부에 있는 장비나 사람에게서 방출되는 열 때문이기도 하다. 그러나 태양열에 들어 있는 빛은 항상 반가운 손님이다. 에너지를 절약하거나 심리적인 요인에 긍정적으로 기여하기 때문이다. 하늘빛이 많이 투과되는 큰 경사 유리가 있는 공간이나 아주 큰 남향이나 서향 창이 있는 단열 주택도 열은 적게 함유되어 있는 빛을 필요로 한다. 특히 남부 기후의 주택들은 더욱 그러하다. 다음 섹션에는 이렇게 명백하게 모순적인 목표를 어떻게 얻을 수 있는지에 대한 방법이 기술되어 있다.

채광은 최대로, 차폐계수는 최소로

이러한 명백한 진리는 색상 유리에서는 제외되었는데 이는 일사 취득량을 최소화하기 위해 지금까지 가장 흔하게 사용되어 왔던 유리였기 때문이다. 그림 4-1은 탁한 색상 유리의 온열 성능이 투명한 유리와 비교했을 때 얼마나 부족하고 흐린 날에 탁한 유리를 통해 보는 세상이 얼마나 우울한지 보여 준다. 그림 5-1는 각각의 유리들이 얼마나 제 성능을 다하는지 잘 보여 준다. 그림 경사 가장자리의 아래쪽에 있는 유리들은 태양열 취득을 최소화하는 반면 채광은 최대화하여 꽤 이상적인 성능을 보여 주고 있다. 이 중 가장 뛰어난 성능을 보여 주는 것이 가장 최근의 녹색 유리 위의 얇은 필름을 이용한 로이코팅 유리이다. 일반 색유리와는 다르게,

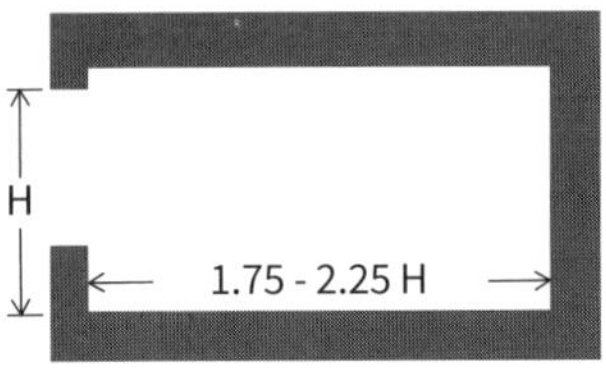

그림 7-1. 일광 투과율이 50% 이상인 창문을 사용하고 창문 헤드 높이를 고려했을 때 대부분 흰색인 사무실에서 흐린 날 적절한 주광 조명을 위한 바람직한 깊이

외부의 녹색 유리는 유입되는 태양열을 선택적으로 흡수하여 채광을 크게 감소시키지 않는다. 그리고 내부의 로이코팅은 내부로 흡수되는 열을 선택적으로 막는 동시에 남은 태양 에너지는 적외선만 제한하여 녹색 유리로 통과시킨다. 물론 여전히 대부분의 채광은 투과시켜서 유지시킨다.

그림 5-1의 아래쪽 가장자리에 있는 다른 유리들도 시각적으로 옅은 녹색 유리가 나쁘지 않다면 나름의 제 역할을 한다. 일반적으로 이 그림의 가장자리에 있는 채광율이 50%가 넘는 유리들은 미색의 건물에서 효과가 있는데 창문이 천장까지 최대한 올라간다고 가정했을 때 천장은 창문으로부터 창문 헤드까지 잰 높이의 1.75배에서 2.25배보다 낮아야 한다. 만약 태양광이 높은 반사율을 가진 지붕 창이나 광선반이 있는 흰색 천장에 부딪혀 산란되는 경우에는 더 중요한 요소가 사용된다. (지붕 창은 흐린 날에도 효과가 있음) 제9장의 채광 부문에서는 임의의 창문이나 천공광에서 더 세부적인 사항이 요구될 때 채광 수준을 예측하는 방법을 소개한다.

주택은 그렇게 많은 빛을 필요로 하지 않을 때도 있는데 그럴 때에는 창문을 작게 만들거나 방을 깊게 만드는 것도 가능하다. 그럼에도 불구하고 유리의 일광 투사량은 우울한 분위기를 피하기 위해서라도 50%보다 높아야 한다.

반면에 경사 유리는 수직으로 위치된 일반 유리창에 비교했을 때 적어도 빛이나 열을 세 배 이상 투과시킨다. 흐린 날의 더 밝은 쪽의 하늘에도, 맑은 날의 태양에도 언제나 노출되어 있기 때문이다. 채광율이 50%가 넘고 지면에 가깝게 붙어 있는 로이 유리 아트리움은 빛을 과도하게 받아들일 수도 있는데 이는 아무리 몇몇 로이코팅이 열 차단 효과가 있다고 해도 열 투과량이 과도하게 많아질 수 있다는 것이다. (채광량이 낮은) 그림 5-1의 아래쪽 가장자리에 있는 유리들이나 더 작은 창문 틈에서도 태양열을 조절해서 받아들이는 것은 꼭 필요하다. 아트리움 설계에서는 일반적으로 가장 일광 투사량이 낮은 로이 제품이 최적이다. 독자들은 제9장의 후반부 채광 부문에서 제시되는 자료를 파악함으로써 쉽게 주어진 아트리움의 일광 수준을 예측할 수 있을 것이다. 이 로이코팅유리가 아트리움의 상단에 사용되면 시원함과 채광을 동시에 유지하여 냉방 비용을 엄청나게 아낄 수 있다.

몇몇 로이코팅은 외부의 일광 반사율을 증가시킨다. 외부에서 보는 창문의 광택을 고려한 건축가들은 외부의 일광 반사율을 낮추는 방법을 구체적으로 생각해야 했다. (표 7-4에서 일반적인 값 참고) 일반적인 투명한 플로트 유리판의 외부 일광 반사율은 14%이다.

유리의 적절한 위치 선정

냉방 위주의 로이코팅은 완벽하게 선택적이지 않는데 그래서 그것은 현저히 많은 양의 태양 에너지를 흡수하기도 한다. 복층유리에서 로이코팅은 표면 2*에 위치되어야 한다. 그래서 대부분의 흡수된 에너지가 외부로 쉽게 잘 전도되어야 하고 바람에 의해 필연적으로 날아가야 한다.

녹색이나 다른 색의 유리는 같은 이유로 항상 복층유리핀의 바깥쪽에 위치되어야 한다. 몇몇의 색상 유리는 날달걀이 익어 버릴 만큼 더운 날에 태양 에너지를 많이 흡수하기도 한다. 이는 유리의 어떤 부분이 창살이나 건물 자체에 가려졌을 때 높은 열 응력을 발생시킨다. 따라서 외부의 색상 유리판은 이런 불가피한 응력에 대한 파손 가능성을 감소시킬 수 있는 열 강화 유리여야 한다. 운 좋게도 대부분의 로이코팅이나 심지어 투명하게 개선된 로이 필름은 유리간 강화 처리된 상태이기 때문에 스스로 태양 에너지를 과도하게 흡수하지 않는다.

이 코팅은 절대 냉방을 위한 복층유리의 3면에 적용되지 않는다. 왜냐하면, 코팅이 흡수한 불필요한 태양 에너지를 유리를 통해 내부로 전도시키는 것이 에어갭을 통해 외부로 유출시키는 것보다 더 쉽기 때문일 것이다. 코팅의 위치는 창문의 열 저항값에는 영향을 미치지 않고 오직 차폐계수에만 영향을 미친다.

그렇다면 흡수된 태양열 제거를 목적으로 단판 유리에 로이코팅을 입힐 때에는 어느 위치를 선택해야 하는가? 일단 외부에 입히는 것은 부적절하다. 왜냐하면, 바람이 로이코팅의 단열 효과를 감소시키기 때문이다. 내부 유리에 로이코팅을 하는 것은 뜻밖에도 온열 성능이 자동적으로 조절되었다. 코팅으로 인해 흡수된 열은 바람이 부는 외부로 쉽게 흘러나간다.

열이 어떻게 로이 창문을 빠져나가는지를 잘 이해하려면, 제4장에서 제시된 로이유리의 특성을 기억해야 한다. 로이코팅의 적외선 반사율은 높지만 방사율은 낮다. 그래서 비록 단판 유리와 로이코팅이 입혀진 공간 내부 쪽 유리가 흡수된 태양 에너지로 인해 따뜻해진다 하더라도, 열은 방사열로써 쉽게 내부로 유입될 수 없다. 그나마 열이 가장 쉽게 이동할 수 있는 루트는 상대적으로 전도성이 높은 유리를 통해서 바람이 거의 모든 열을 날려 버리는 외부로 나가는 것이다. (잔열은 주위로 재방사된다) 이 루트는 내부의 정체되어 있는 공기 상태에서의 대류로 움직이는 것보

* 건축산업에서는 표면을 외부에서 내부로 순서대로 번호를 붙여 표준화했다.

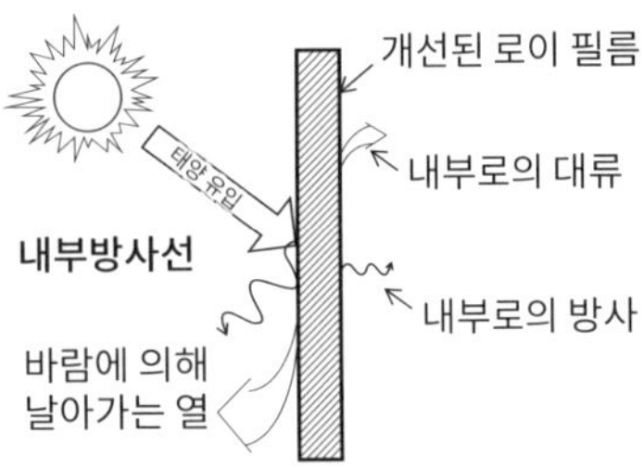

그림 7-2. 개선된 로이 필름이 색상 유리를 통한 열 취득을 감소시키는 방법 (내부에 흐르는 복사열을 감소시킴)

다 훨씬 수월하다. 물론 모든 것이 완벽할 수는 없기에 흡수된 열 중 일부는 대류로 인해 내부로 흘러들어 오기도 하지만 아주 적은 양이다.

심지어 로이 필름이 단판 색상 유리에 보수되어도 언제나 이 원리는 효과적으로 적용된다.

(그림 7-2 참고) 태양이 있는 시간대에 단판 색상 유리 뒤에서 일하는 것은 거의 사람을 태워 버릴 정도로 덥다. 개선된 로이 필름을 입히는 것은 적외선 방사를 저지함으로써 온도를 낮추는 역할을 한다.

간략한 주변 공간 냉방 부하 설계 방식

빛은 언제나 열을 동반한다. 이 단순한 사실은 여기에서 소개하는 사무용 건물의 창문 설계에 영향을 미치는 기본적인 원리이다. 이 방식은 채광을 유지하거나 개선시키면서 형광등에서 나오는 빛을 태양광의 열로 대체할 수 있다. 두 번째 방법은 주위 건물의 총 냉방 부하를 빠르게 계산할 수 있도록 해준다. 두 가지 방법 모두 온전히 냉방 부하 계산만을 기반으로 하여 일반적인 방식을 대체할 수 있도록 설계되었다.

창문 크기 설계 방식

사무실의 채광이 언제나 에너지를 절약하거나 냉방 부하를 감소시키는 것은 아니다. 특히 평범한 투명유리를 사용했을 때는 더욱 그러하다. 일광 사용은 틀림없이 조명에 사용되는 전기를 절약하지만, 동시에 그에 동반되는 태양열로 인해 형광등을 켜는 것보다 냉방 부하를 증가시킬 것이다. 특히 일광이 고르지 못하게 분포할 때에는 더욱 그러하다. 덧붙여서, 탁 트인 전망을 위해 창문을 과하게 크게 설계하는 경우도 있다. 다음에 소개할 방법은 하나의 밝기로 사무실의 창문의 크기를 측정해서 냉방 부하가 동일하게 유지될 수 있도록 해준다. 이 방법은 광선반이나 빛의 방향을 재조정해 주는 어떤 장치를 이용해 태양광의 방향을 천장을 향하게 해서 그 빛(그리고 태양 에너지)이 고르게 퍼질 수 있게 해준다.

모든 광원의 효율성은 광도 효율로 정의되고 그 효율이 와트당 전달하는 조도단위의 숫자로 표현된다. 오늘날 가장 효율이 좋은 형광등 빛은 본질적으로 태양광이 제공하는 빛과 동일하다. (119lm/W) 이 비율은 투명유리를 통해 투과된 일광에 있어서는 사실상 거의 변하지 않는데 최적의 냉방 부하와 채광을 자랑하는 로이유리의 효율성은 60% 정도이다.

창문의 크기는 유리의 제곱미터 단위당, 태양열이 절정일 때 형광등에서 발생된 열의 분배로 파악된다. 물론 이렇게 계산하면 태양열이 절정인 시간대에 냉방 부하가 초과되지는 않지만, 로이유리는 효율성이 높기 때문에 더 밝은 채광을 제공한다. 이렇게 계산된 창문의 크기는 태양열이 절정인 시간대가 아니거나 흐린 날에도 일광 수준을 높이기 위해 유지되거나 특정 코팅 제품에 있어서는 표 5-1과 표 5-2에서 제시된 Dx값(효율값의 반대말)을 통해 면적을 곱함으로써 감소될 수도 있다. 이 방식은 분명히 조명에 비례하여 냉방 부하를 감소시킬 것이다. 다음으로는 계산 과정에 대해 다룰 것이다.

형광등 부하는 그림 7-3에서 나타나는데 이는 다양한 인공 광원에 따른 조도의 전등 부하와 관련이 있다. 이 그림에서 46~84m²(500~900 ft²) 크기의 방에 적용했을 때 가장 정확하다. 냉방 공조되는 건물의 조도 수준은

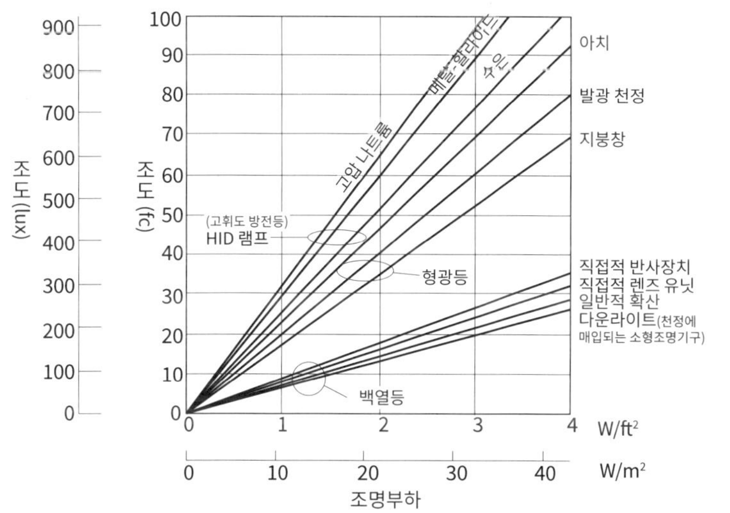

그림 7-3. 다양한 원인에 따른 조명 부하와 이와 관련된 조도 분석. 이 도표는 교실 크기의 방에서 계산되었다. 비록 이 도표가 관련된 변수 때문에 필연적으로 근삿값을 보여주더라도, 최초 근삿값에 도달하기에는 충분하다. (Adapted from Stein/Reynolds/McGuiness, Mechanical and Electrical Equipment for Buildings, 7th ed., John Wiley & Sons, New York, 1986).

오늘날 215에서 538lux(20에서 50의 피트촉광(foot-candle))까지 매우 다양하다. 예시로 제시된 건물의 평균 조도는 실제 측정이 불가능했을 경우에는 광도계로 몇몇 표본의 평균값을 내어 측정한 값이다. 표 7-3은 형광등 조명의 포물선에 상응하는 단위면적당 W값을 결정하기 위해 바람직한 조도가 입력되어 있다. 이 결과는 주어진 창문의 방향과 크기에 따라 달라지는데 냉방을 하는 계절 동안 사무 공간의 크기에 의해 곱해지고 단위면적당 최대로 투과된 태양 에너지로 나누어진 값이다. 투과된 태양 에너지 모형은 표 7-3에서 창문의 방향에 상응하고 그 유리의 차폐계수로 곱해진 값의 87%를 취함으로써 형성된다. (표 7-4의 일반값 참조)

계산

예시 7-1

8월 뮌헨에 위치한 13.9제곱미터의 1인용 사무실의 차폐되지 않은 남향 창문의 크기의 적절한 값을 결정해 보아라. (이때 인공광의 조도는 538lux(50fc) 이며 로이유리의 차폐계수는 0.38이라고 가정한다.) 뮌헨은 위도 48도에 위치한다.

답:

전등 부하

표 7-3에서 부합하는 값은 $24W/m^2$ ($7.6\ Btuh/ft^2$)

전체 부하는 $24W/m^2 \times 13.9m^2$ = 334W(1138Btuh)

표 7-3에서 산출되는 최대 투과 태양 에너지

$676W/m^2 \times .87 \times .38 = 215W/m^2$

$(214\ Btuh/ft^2 \times .87 \times .38 = 68\ Btuh/ft^2)$

부합하는 창문 크기는

$334W/215W/m^2 = 1.6m^2$

$(1138\ Btuh/68\ Btuh/ft^2 = 18ft^2)$

이 방식은 아트리움에서 볼 수 있는 경사면 유리에 적용했을 때는 정확하지 않다. 아트리움은 일반적으로 보행 동선 체계에 따라 선택적인 냉방이 요구된다. 제9장에 제시된 흐린 날의 경사면 유리의 조도값 예측 방법을 이용할 때 만약 흐린 날의 조도값이 538lux를 넘겼을 경우에는 아주 맑은 날의 과도한 태양열을 주의하라고 할 것이다.

총 공조 부하

냉방 단위는 일반적으로 최대 부하에 의해 결정된다. 여름에 각각의 공간에 있는 창문을 통한 열 취득이 최대일 때 계산이 가장 복잡하다. 창문과 벽을 통해 들어오는 태양열이나 내부 장비와 사람, 그리고 환기의 필요로 인해 발생하는 열은 내부와 외부의 온도 차이보다 훨씬 더 중요한 요소이다. 상황을 더욱 악화시키는 것은, 건물의 열용량이 상당한 경우에 절정 시간대가 항상 창문 바로 앞에 태양이 위치해 있다는 것을 의미하지 않는다는 것이다. 하지만 최근 30년 동안 지어진 대부분의 건물은 굉장히 가벼운 무게의 구조이다. 왜냐하면, 최근의 건물을 지을 때는 철골에 가느

다란 외부 베니어를 올려서 사용하고 내부 벽이나 파티션에 쓰이는 재료도 가볍기 때문이다. 다음의 간소화된 열 취득 방식은 최악의 열 취득 시간대에 태양이 정말로 창문 바로 앞에 위치한다고 가정하였다. 이 방식은 건물이 가벼운 재료로 지어지지 않았을 경우에는 장비의 크기가 과하게 커지는 결과를 낳았다. 이후 더 간소화된 방식도 소개되는데 이는 건물의 공간이 천장을 제외하고 단일 벽면(창문을 포함한)을 통해서만 태양 에너지를 취득할 수 있다고 가정하였다. 이 가정은 고층 건물에 있는 단열 성능이 높은 지붕이나 사무실에의 적용을 위해 보류되었다.

이 방식은 벽이나 기타 불투명한 부분을 통해 들어오는 열 취득을 예측하는 데 있어서 상당 외기 온도 개념을 사용한 것이다.

상당 외기 온도는 태양 방사선의 전환에서 파생되는 외부 온도와 주간 공기 온도를 합산한 온도이다. 이 방식은 당량 공기 온도 T_e가 오직 대류에 의해서만 불투명한 부분에 열을 전달한다고 가정한다. 다음에 제시되는 T_e의 관계식은 오직 수직 표면에만 적용되며 바람이 약간 부는 상황이라고 가정한다.

섭씨 온도:

$$T_e = T_{outside} + \frac{\text{흡수율} \times (\text{입사 태양 에너지})}{17}$$

발생한 태양 에너지를 W/m^2 단위나 화씨 온도로 정의하면

$$T_e = T_{outside} + \frac{\text{흡수율} \times (\text{입사 태양 에너지})}{3}$$

세제곱미터당 발생한 태양 에너지를 $Btuh/ft^2$로 표시하며 $T_{outside}$는 여름날 공간설계를 위한 온도이다. (본질적으로는 공간이 평균 온도가 외부 온도의 정점을 찍는 계절)

표 7-1은 PPG 색 카탈로그에 나열된 다양한 색에 따른 일반적인 흡수율을 보여 준다. 일반적으로 옅은 색의 풍화된 벽은 흡수율이 0.45 정도이다.

표 7-3은 다양한 높이에서 다양한 창문의 노출에 따른 최대 발생 태양 에너지를 도표화 한 것이다. (부록 F에서 최대 조건이 요구되지 않을 때 매 시간 매 달마다 얻은 같은 조건의 데이터를 찾을 수 있다.) 도심 지역에서는 대기

표 7-1. 색에 따른 흡수율

색	흡수율
석고	.14
적색	.24
미색	.25
하늘색	.28
노랑	.30
주황색	.38
파랑	.47
초록색	.78
점판암	.85
점판 암갈색	.86
녹슨색(황갈색)	.88
군청색	.89
벽돌색	.91
흑색	.95

(출처 : PPG Design-a-Color™ System)

계산

오염 때문에 이러한 형태를 80% 이상 사용해야만 한다. 냉방을 하는 계절은 보통 6월 21일에서 10월 21일 사이를 말한다.

최악의 냉방 부하는 다음 항목에 따라 열 취득 q를 합산하여 계산한다.

벽을 통해 유입된 열

영역 A에서 불투명한 부분인 벽을 통해 유입된 열은 다음의 방정식으로 계산된다.

$$q = U \times A \times (T_e - T_{indoors})$$

열관류율이 단위면적당 제조사에 나열된 벽의 열전도율을 표시하고 $T_{indoors}$는 온도 조절 장치를 말한다.

유리를 통해 유입되는 열

영역 A에서 유리를 통해 유입되는 열은 다음의 방정식으로 계산된다.

$$q = A \times SC \times SHGF_{peak} + U \times A \times (T_{outside} - T_{indoors})$$

A는 창문의 영역이고 두 번째 항의 열관류율은 단위면적당 제조사에 나열된 창문의 열전도율이다(표 7-4의 일반 값 참고). 영역 내에서 $1.9m^2$보다 작은 크기의 가스가 주입된 유리창 중앙의 열관류율은 아래쪽으로 조절되어야 한다. 이는 가장자리 스페이서를 통한 열 손실을 설명할 수 있다. 방정식의 두 번째 줄은 전도에 의해 창문을 통해 취득되는 열을 보여 준다. 첫 번째 수식 $A \times SC \times SHGF_{peak}$는 창문을 통해 투과되고 재방사되는 태양 에너지를 뜻한다. $SHGF_{peak}$는 가장 중요한 열 취득 요소를 말하는데 이것은 3mm 두께의 투명유리를 통해 유입되는 일사 취득이다. 이는 상당 외기 최고 온도를 계산하기 위한 표 7-3에서 제시된 최대 발생 태양 에너지의 87%이다. $SHGF_{peak}$를 구하기 위한 표 7-3의 북광의 87%은 오직 창문이 방향과 관계없이 100% 완벽하게 가려졌을 경우에 사용되어야 한다. SC는 창문의 차폐계수이다.(표 7-4의 로이유리의 일반값 참고) 차폐계수란 일사 차폐물에 의해 차폐된 후의 3mm의 투명유리창을 통해 실내에 침입하는 일사열의 비율을 말한다. 이 계수는 표 7-2에 제시된 모든 창문의 차폐계수에 따라 곱해진다.

표 7-2. 다양한 창문 부가 장치에 따른 차폐 계수

차폐 장치의 종류	차폐 계수
내부:	
베니션 블라인드 (light)	0.67
베니션 블라인드 (medium)	0.74
롤러 블라인드 (opaque, dark)	0.81
롤러 블라인드 (opaque, light)	0.39
롤러 블라인드 (transl., light)	0.44
넓은 간격의 짜임 차양막 (light)	0.71
중간 간격의 짜임 차양막 (light)	0.59
촘촘한 간격의 짜임 차양막 (light)	0.48
복층유리 사이:	
베네치아 블라인드 (light)	0.37
베네치아 블라인드 (medium)	0.41
지붕창 및 가리개	0.48

(출처 : 1989 ASHRAE Fundamentals, ASHRAE, Atlanta, Georgia)

외부 공기로부터의 열 취득

환기 공기로부터 얻는 현열과 잠열은 다음과 같이 계산한다.

$$q = 1.232 \times L/s \times (T_{outside} - T_{indoors}) - LF$$

$$[q = 1.08 \times cfm \times (T_{outside} - T_{indoors}) \times LF\ ]$$

표 7-3. 다양한 고도에서 다양한 창문 노출에 따른 최대 유입 태양 에너지

북위	날짜		태양 위치		입사 태양 복사에너지		
	달	태양시	고도	방위각	방향	W/sq m	(Btuh/sq ft)
16	21-Jun	8	33.4	-107.9	NE	729	231
	21-Sep	8	28.7	-81.0	E	852	270
	21-Oct	9	38.2	-62.2	SE	845	268
	21-Oct	12	63.5	0.0	S	564	179
	21-Aug	12	86.3	0.0	S	173	55
	21-Oct	15	38.2	62.2	SW	845	268
	21-Sep	16	28.7	81.0	W	852	270
	21-Jun	16	33.4	107.9	NW	729	231
	21-Jun	16	33.4	107.9	N	248	79
24	21-Jun	8	35.5	-102.6	NE	692	219
	21-Sep	8	27.2	-76.8	E	833	264
	21-Oct	9	34.1	-57.1	SE	882	280
	21-Oct	12	55.5	0.0	S	701	222
	21-Aug	12	78.3	0.0	S	273	86
	21-Oct	15	34.1	57.1	SW	882	280
	21-Sep	16	27.2	76.8	W	833	264
	21-Jun	16	35.5	102.6	NW	692	219
	21-Jun	17	22.3	106.8	N	207	66
32	21-Jun	7	24.3	-103.4	NE	661	210
	21-Aug	8	31.8	-84.7	E	823	261
	21-Oct	10	38.7	-39.1	SE	898	285
	21-Oct	12	47.5	0.0	S	805	255
	21-Aug	12	70.3	0.0	S	417	132
	21-Oct	14	38.7	39.1	SW	898	285
	21-Aug	16	31.8	84.7	W	823	261
	21-Jun	17	24.3	103.4	NW	661	210
	21-Jun	17	24.3	103.4	N	176	56

어두운 영역이 최댓값이 아니다. (출처 : 1989 ASHRAE Fundamentals, ASHRAE, Atlanta, Georgia)

표 7-3. (동일)

Latitude (North)	Date		Solar Position		Incident Solar Radiation		
	Month	Solar Time	Altitude	Azimuth	Orientation	W/sq m	(Btuh/sq ft)
40	21-Jun	7	26.0	-99.7	NE	646	205
	21-Aug	8	30.7	-79.9	E	811	257
	21-Oct	10	32.4	-35.6	SE	894	284
	21-Oct	12	39.5	0.0	S	877	278
	21-Aug	12	62.3	0.0	S	558	177
	21-Oct	14	32.4	35.6	SW	894	284
	21-Aug	16	30.7	79.9	W	811	257
	21-Jun	17	26.0	99.7	NW	646	205
	21-Jun	18	14.8	108.4	N	179	57
48	21-Jun	7	27.0	-95.8	NE	620	197
	21-Aug	8	29.0	-75.4	E	793	251
	21-Oct	10	25.7	-33.1	SE	875	278
	21-Oct	12	31.5	0.0	S	910	288
	21-Aug	12	54.3	0.0	S	676	214
	21-Oct	14	25.7	33.1	SW	875	278
	21-Aug	16	29.0	75.4	W	793	251
	21-Jun	17	27.0	95.8	NW	620	197
	21-Jun	18	17.2	106.2	N	173	55
56	21-Jun	6	19.3	-103.6	NE	601	191
	21-Jul	8	33.6	-76.7	E	793	251
	21-Sep	9	23.3	-50.3	SE	825	262
	21-Oct	12	23.5	0.0	S	879	279
	21-Aug	12	46.3	0.0	S	762	242
	21-Sep	15	23.3	50.3	SW	825	262
	21-Jul	16	33.6	76.7	w	793	251
	21-Jun	18	19.3	103.6	NW	601	191
	21-Jun	19	11.4	115.3	N	199	63
64	21-Jun	6	21.0	-100.8	NE	608	193
	21-Jun	7	27.5	-87.5	E	800	254
	21-Aug	9	29.6	-52.6	SE	815	259
	21-Sep	12	26.0	0.0	S	852	270
	21-Aug	12	38.3	0.0	S	815	259
	21-Aug	15	29.6	52.6	SW	815	259
	21-Jun	17	27.5	87.5	W	800	254
	21-Jun	18	21.0	100.8	NW	608	193
	21-Jun	19	14.8	108.0	N	233	74

어두운 영역이 최댓값이 아니다

LF는 환기 공기로부터 얻는 잠열을 추정하기 위한 요소이다. LF는 건조한 기후에서 1.2 정도 얻어지고 습한 기후에서는 1.3 정도 얻어진다. L/s(cfm), 즉 환기율은 현지 건축 규정에 따라 결정된다. 하지만 평가 목적에 맞출 경우에는 일인당 7L/s 값이 바람직하다.

사람들로부터의 열 취득

사무실에서 일하는 사람에서 얻는 현열과 잠열은 다음과 같이 계산한다.

q = 140 W/person × No. of occupants(사람 수)

[q = 480 Btuh/person × No. of occupants]

장비와 조명으로부터의 열 취득

이는 추정하기 가장 어려운 범주이다. 왜냐하면, 컴퓨터의 영향이나 주변 조건이 다양하기 때문이다. 컴퓨터는 고밀도 메모리 칩 때문에 성능이 좋아질수록 더 많은 전기를 소비하는 경향이 있다. 사무실의 전기 소비량은 9.5에서 500W/m^{2}까지 광범위한 영역을 포괄한다. 컴퓨터가 없는 사무실의 전기 소비량은 9.5에서 12.5W/m^2 정도이다. 만약 채광이 부족하다면 여기에서 인공조명에서 쓰인 전기 부하가 더해진다.

예시 7-2

뮌헨에 위치한 일인용 서향 사무실에(면적 13.9m^2) 차폐계수가 0.38이고 열관류율이 1.3W/m^{2}K인 냉방 위주의 로이 창문(면적 2.8m^2)이 있다. 남은 절연체벽(면적 4.65m^2, 열관류율 0.68W/m^{2}K)은 어두운 돌로 덮여져 있다. 온도 조절 장치의 눈금은 24℃에 맞춰져 있다. 인공조명이 모두 꺼져 있고 컴퓨터가 없다고 가정했을 때 최고 열 취득 값을 구하여라.

해답:

뮌헨은 북위 48도에 위치에 있고 설계 온도는 30℃이다.

상당 외기 온도

T_e = 30°C + 0.85 (793 / 17) = 69.7°C

[86°F + 0.85 (251 / 3) = 157.1°F]

계산

(a) 벽을 통해 유입된 열

$q = 0.68 \times 4.65m^2 \times (69.7°C - 24°C) =$	144.5W
$[0.12 \times 50\ ft^2 \times (157.1°F - 75°F) =$	492.6 Btu/hr]

(b) 유리를 통해 유입된 열

$q = 2.8m^2 \times 0.38 \times 793 \times 0.87h$	
$1.3 \times 2.8m^2 \times (30°C - 24°C) =$	
$708.8 + 21.8 =$	730.6W
$[30\ ft^2 \times 0.38 \times 251 \times 0.87) +$	
$0.23 \times 30\ ft^2 \times (86°F - 75°F) =$	
$2403.6 + 75.9 =$	2479.5Btu/hr]

(c) 외부 공기로부터의 열 취득

$q = 1.232 \times 7 \times (30°C - 24°C) \times 1.2 =$	62.1W
$[1.08 \times 15 \times (86°F - 75°F) \times 1.2 =$	213.8Btu/hr]

(d) 사람으로부터의 열 취득

q = (as given above) =	140.W
	[480.0Btu/hr]

(e) 장비와 조명으로부터의 열 취득

$q = 12.5 \times 13.9m^2 =$	173.8W
$[4 \times 150\ ft^2 =$	600.0Btu/hr]
TOTALS	1251.0W
	[4,265.9Btu/hr]

이 예시에서는 유리가 총에너지의 58%를 취득했는데 이는 창문이 너무 크거나 빛 차단이 추가로 필요하다는 위험 신호이다. 냉방 부하를 평가하는 가장 좋은 방법은 바닥 면적에 따른 일사 취득량의 비를 구하고 다음 단락에서 제시되는 일반적인 인공조명 밀도와 비교하는 것이다.

창문을 통한 일사 취득량을 보여 주는 용어인 $A \times SC \times SHGF_{peak}$는 708.8W이며 사무실 바닥 공간의 경우에는 51W/m^2이다. 이는 첫 번째 설계 방식에서 제시되는 형광등의 효과와 채광 효과를 같다고 가정했을 때 공간 24W/m² 크기의 기준에서 최대 조명(538 lux)보다 살짝 높은 수치이다. 이 예시에서 제시된 서향의 냉방 중심의 로이 창문도 제 역할을 잘 수행하지 못하는데 창문의 60%를 가리거나, 유리의 영역을 반 정도 감소시키면 이전보다는 만족스러운 결과를 얻을 것이다.

냉방을 위한 일반적인 로이유리 성능

표 7-4는 냉방 상품으로서 상업적으로 이용 가능한 로이 제품들을 보여 준다. 인용된 표는 영국과 북미의 유리 제조사의 자료이다. 표는 크게 두 부분으로 나눠진다. 윗부분에는 일사 투과율이 50%가 넘고 차폐계수는 평균보다 낮은 제품들이 나열되어 있다. 음영이 있는 아랫부분은 일사 투과율이 30%가 넘는 색유리 제품들이 나열되어 있다. 모든 필름은 2.54cm 두께의 공기가 주입된 복층유리이다. 유리 판 사이의 갭은 줄어들어서 전체 두께는 동일하게 2.54cm이다. 아르곤 가스나 크립톤 가스가 주입된 유리도 보충 설명되어 있다. 몇몇 제조사들은 아르곤 가스나 크립톤 가스를 주입했을 때 단열 성능이 더 높은 이보다 두꺼운 판을 사용하기도 한다. 이렇게 단열 성능이 높은 제품들은 표 5-2에 제시되어 있다. 이 제품들은 로이 필름으로 코팅된 단열 유리이다.

표 7-4의 음영이 없는 윗부분에 제시된 제품들은 일반적으로 사무실처럼 채광 성능을 중시할 때 사용된다. 투명유리나 녹색 유리만 여기에 포함되어 있는데 이 밖의 다른 색상 유리들은 일사 투과량이 50% 미만이기 때문이다. (일반적인 크기의 사무실의 창문 채광에 있어서 일사 투과량이 50% 미만인 건 거의 불가능하다.) 일사투과량과 채광이 낮은 음영진 아랫부분에 위치한 제품들은 아트리움 일부분이나 채광이 과한 건물에 효율적으로 사용될 수 있다.

이 표는 로이 유형에 따라 더 세분화할 수 있다. 각 행의 내용은 하나의 유리를 구체적으로 나타낸 것이다. 표본은 맑은 날과 흐린 날에 따라 달라지는 색의 현시를 고려하여 두 가지 상황에서 모두 평가 분석되었다.

표 7-4. 냉방 용도로써 상업적으로 사용 가능한 대표적인 로이 제품들
(모든 단위는 2,54 cm [1 in] 두께이다).

로이유형 (e, 색상)*	냉방 기술 요소				태양(%)			여름 열관류율(공기충전)	
	외부 반사율(%)	일광 투과율(%)	S.C.	Dx	흡수율	투과율	반사율	W/m² °K	Btuh/ft² °F
얇은 필름 (.10,c)	11	77	0.71	0.92	27	52	21	1.68	0.30
얇은 필름 (.03,c)	12	69	0.49	0.71	44	35	21	1.53	0.27
얇은 필름 (.10,g)	10	66	0.45	0.68	59	30	11	1.76	0.31
얇은 필름 (.03,g)	10	60	0.38	0.63	65	25	10	1.31	0.23
얇은 필름 (.10,g)	11	57	0.45	0.79	63	27	10	1.68	0.30
파이롤리틱 (.17,g)	12	60	0.52	0.87	61	32	7	1.90	0.33
장착식 (.10,c)t	NA	56	0.46	0.82	NA	NA	NA	0.60	0.11
장착식 (.10,cf	21	62	0.52	0.84	23	34	43	0.68	0.12
장착식 (.05,c)	31	53	0.41	0.77	35	26	39	1.99	0.35
장착식 (.07,g)	18	51	0.38	0.75	59	24	17	2.04	0.36
얇은 필름 (.10,b)	7	49	0.44	0.90	63	29	8	1.76	0.31
얇은 필름 (.03,b)	8	45	0.35	0.78	64	22	14	1.65	0.29
얇은 필름 (.10,y)	7	35	0.45	1.29	59	30	11	1.76	0.31
얇은 필름 (.03,y)	6	35	0.31	0.89	67	19	14	1.65	0.29
얇은 필름 (.10,z)	7	45	0.45	1.00	57	32	11	1.76	0.31
얇은 필름 (.03,z)	8	41	0.33	0.80	65	21	14	1.65	0.29
파이롤리틱 (.17,b)	8	45	0.52	1.16	61	32	7	1.90	0.33
파이롤리틱 (.17,z)	8	42	0.52	1.24	61	32	7	1.90	0.33
파이롤리틱 (.17,y)	7	35	0.49	1.40	64	29	7	1.90	0.33
장착식 (.05,b)	16	34	0.30	0.88	67	16	17	2.04	0.36
장착식 (.10,z)	13	30	0.29	0.97	68	15	17	2.04	0.36
장착식 (.07,y)	10	30	0.33	1.10	68	18	14	2.04	0.36

* Column 1의 문자 암호는 덮개판 색의 축약어이다: 투명(c), 녹색(g), 구리색(z), 파랑색(b), 회색(y).
† 아르곤(간격 3개)
‡ 크립톤(간격 3개)

30% < 일광 투과율 (음영)

50% < 일광 투과율 (무음영)

8

난방에 응용하기

태양열 난방을 이용한 설계 방식

미국의 로이 시장에서는 상업용 건물보다 주거용 건물에 사용되는 로이유리 판매량이 점점 증가하고 있다. 이러한 현상이 발생한 이유는 낮은 열관류율이 난방비를 감소시키고, 쾌적성을 더하며, 내부의 결로 현상도 감소시키기 때문인데 보통 이 같은 사안은 상업용 건물에서는 별로 중요하지 않다.

주거용 로이 창문이 가지는 다양한 열반사 기능은 흔히 냉방비를 절감하기 위하여 더운 지방에서 흔히 사용된다. 열 부족 지방의 주택에서는 일광 취득을 극대화시키도록 설계된 로이 기술을 사용하기 때문에 태양열을 매력적이고 유용한 에너지원으로 이용할 수 있다.

얼핏 보면 주거용 태양열 난방에 로이유리를 이용하는 것이 매우 간단해 보일 수도 있다. 열 저항값과 차폐계수 (최대 일광 취득을 위해) 그리고 (제 9장에서 제시된 채광 방식을 사용하여) 채광 투과를 최대화하는 것이 전부라고 생각할 수도 있기 때문이다. 그러나 사실 이러한 접근 방식은 북향 노출에서만 적용되며 다른 방향에서는 항상 동일하게 적용되지는 않는다.

북향 노출

그림 8-1에서는 혹독하게 춥지만 쾌청한 겨울날에 북향 로이 창문이 창문의 열관류율이 0.9W/m^2°K 미만일 때 계절 순열을 발생시킨다는 사실을 보여준다. 이 창문의 성능은 유리의 차폐계수가 0.50 이상만 되면 이에 그렇게 의존적이지 않다. 창문은 열관류율과 차폐계수가 순열 이

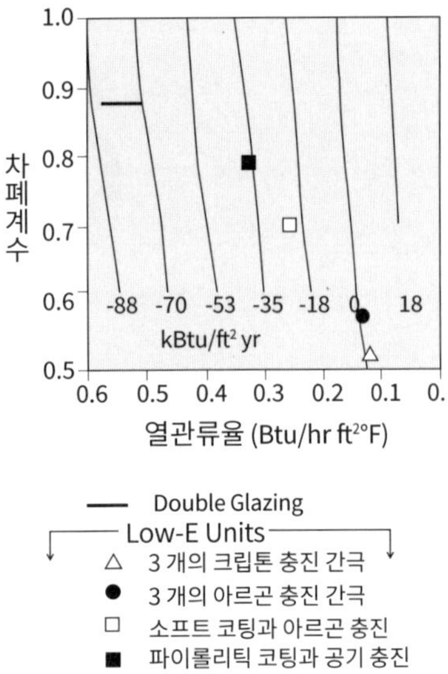

그림 8-1. 창문의 열관류율과 차폐계수의 함수로 표현된 매디슨, 위스콘신에서 66sq ft 면적의 북향 창을 통한 연간 순 유효 자속. 창문은 그래프의 데이터 점으로 표시된다. (출처: Arasteh, D., Selkowitz, S., J. R., Wolfe, "The Design and Testing of a Highly Insulating Glazing System for Use With Conventional Window Systems." Journal of Solar Engineering, Transactions of the ASME, 1989, vol. 111).

득을 낸다고 하면 두 값이 만나는 지점이 순열 전달 라인의 영점으로부터 오른쪽에 위치해야 할 것이다. 그림 8-1에서 보는 것과 같이 유럽에 위치한 지역들이 미국보다 온화한 기후라고 할지라도 고도가 높기 때문에 낮 시간이 더 짧다. 그래서 본질적으로 동일한 그림은 유럽에 적용되는 것이 알맞다. 이 그림은 크기 6.1m²의 북향 창문에서 획득된 연간 순 열 에너지를 보여 준다.

북쪽에서 들어오는 태양열도 제대로 기능하는데 그 이유는 일반적으로 구름 낀 날 동안의 주광에서도 항상 열이 존재하기 때문이다. 낮과 밤이 같은 주야 평분시(equinox)에 중간 고도에서 북광에서 나오는 태양열의 양은 맑은 날 같은 위치에서 남향 창문이 획득하는 열의 15% 정도이다. 개선된 기능의 로이유리는 투명 복층유리의 단열 성능보다 2.5배 높은 효율을 보여 준다. 즉 일광 투과량이 같을 때, 일광 취득은 비슷하게 남아 있는 동안 에너지 손실은 절반 이상 줄여준다는 것이다. 이러한 영향력은 온화한 날씨의 겨울에 투명한 남향 복층유리가 일반적으로 겨울의 열 손실을 보상하기 위해 북향 창보다 두 배 이상의 태양열을 얻는 것을 고려해 봤을 때 북향 창에서 얻는 열로 난방 이익을 내기엔 충분하다. 안타깝게도, 북향 창에서 얻는 난방 이익은 모든 유형의 주택에서 일어나는 열 손실을 보상하기엔 충분하지 않다. (이를테면 외벽 접합부를 통해 새는 공기에 의한 열 손실), 그래서 어떤 남향 창문은 대부분은 태양열을 100% 획득하도록 요구된다. 인정하건대 아무리 최신 로이 기술이라 할지라도 구름이 두껍게 껴서 해가 나지 않는 비 내리는 날에 태양열로 이익을 얻기는 힘들다.

로이 창문의 영향력과 성능을 이해하기 위한 또 다른 방법은 단열 처리된 벽과 가스가 주입된 로이복층유리를 온화한 겨울 기후에서 비교해 보는 것이다. 겨울에 북향의 단열처리된 벽에서는 단열재가 얼마나 많이 사용되었든지 간에 항상 열 손실이 존재한다. 그러나 차폐계수가 높은 북향의 로이 창문은 손실된 열의 많은 부분을 창문을 통해 확산된 빛에서 나오는 열로 대체할 수 있다. 24시간 동안 로이 창문을 통한 열 손실과 취득을 모두 고려해 보았을 때 로이 창문의 열관류율은 항상 평균값보다 눈에 띄게 낮다는 것을 알 수 있다. (제조사들은 야간 겨울날의 열관류율을 제시해 놓음) 예를 들어 겨울날 오하이오주 클리브랜드(평균 외부 온도 섭씨 -2℃)에서 차폐계수가 0.71인 북향의, 아르곤 가스가 주입된 로이유리의 열관류율은 0.91W/m²°K이고 업체의 공식적인 열관류율은 1.42W/m²°K이다. 이 일반적인 열관류율은 두께 5cm의 비드보드 폼(beadboard foam)으로 단열 처리된 불투명한 벽을 기준으로 한다.

설계

사양

남향 노출

야간에는 일반적인 복층유리를 통해 들어오는 주간의 태양열을 붙잡아 두기 위해 창문의 단열 처리에 의존하곤 했다. 이러한 발상이 효율적이라는 것은 입증되었지만 사람들은 그들의 남향 창문 앞에서 아이를 보느라 이것에 관심을 가질 여유가 없었다. 그림 8-2와 그림 8-3은 보스턴과 시애틀에서 남향 1일 태양열 에너지의 평균값을 비교한 자료이며 각각 아르곤 가스가 주입된 1m² 크기의 소프트 로이코팅유리와 5cm 두께의 야간용 단열재(nighttime board)로 처리된 같은 크기의 투명 복층유리로 구분하였다. 이 차트는 또한 각각의 유리를 통해 들어오는 연간 순열 취득량에 해당하는 값도 제시한다. 그림 8-2는 일반적인 복층유리가 보스턴의 12월과 1월 동안에는 거의 이익을 얻지 못한다는 사실을 보여

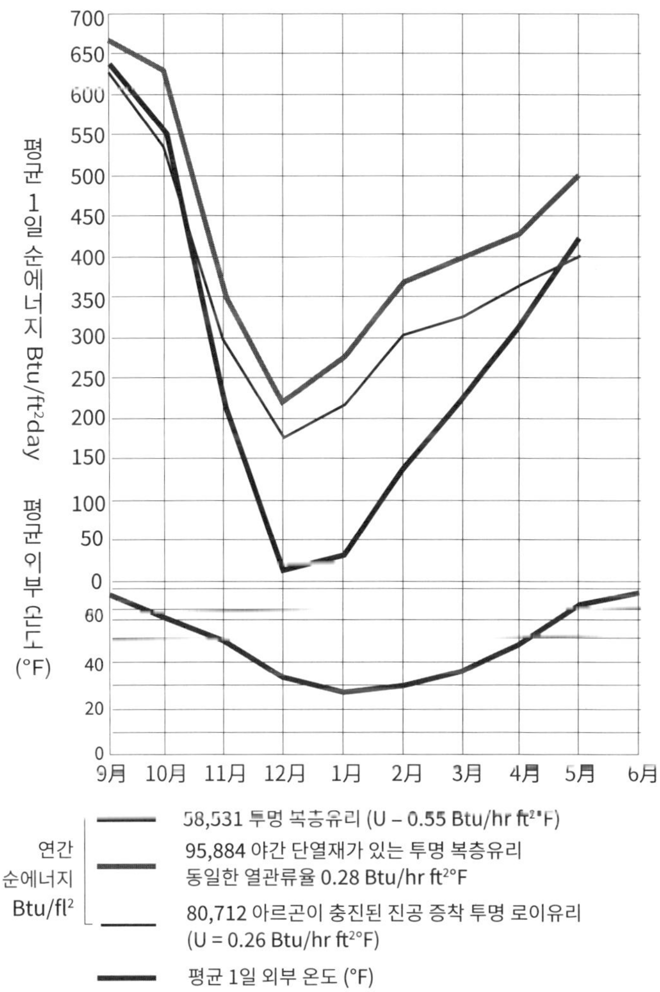

그림 8-2. 보스턴, 메사추세츠에서 세 가지 유리 유형에 따른 1제곱 피트당 평균 일일 순난방 에너지 (출처: Johnson, T., Solar Architecture: The Direct Gain Approach, McGraw Hill, New York, 1981).

준다. 그림 8-3은 같은 12월과 1월, 보통 흐린 날씨가 지속되는 보스턴에서 같은 유리에서 열 손실이 있다는 사실을 보여준다. 이 가동 단열 시스템은 두 가지 기후에서 상황을 광범위하게 개선시킨다. 비록 로이 창문이 가동 단열 시스템에서 24시간동안 산출된 평균 열관류율보다 낮은 열관류율을 가지고 있어도 소프트 코팅 로이 유리는 가동 단열 시스템에서 일광 투과량이 낮다는 이유로 아쉽게 2위를 차지했다.

그림 8-2와 그림 8-3이 가스가 주입된 로이 창문이 태양열에 있어서 얼마나 효율적인지 보여준다 할지라도 이는 열적 쾌적성을 고려하지 않았기 때문에 오해의 여지가 있을 수도 있다. 투명 복층유리에 비해 명목상 2.5배 높은 로이 유리의 단열효과는 만약 남향 창문이 너무 클 경우에, 특히 초절연 주택에서는 겨울 낮 시간대에 빠르게 과열을 야기할 수도

그림 8-3. 시애틀, 워싱턴에서 세 가지 유리 유형에 따른 1제곱 피트당 평균 일일 순난방 에너지 (Adapted from: Johnson, T., Solar Architecture: The Direct Gain Approach, McGraw Hill, New York, 1981).

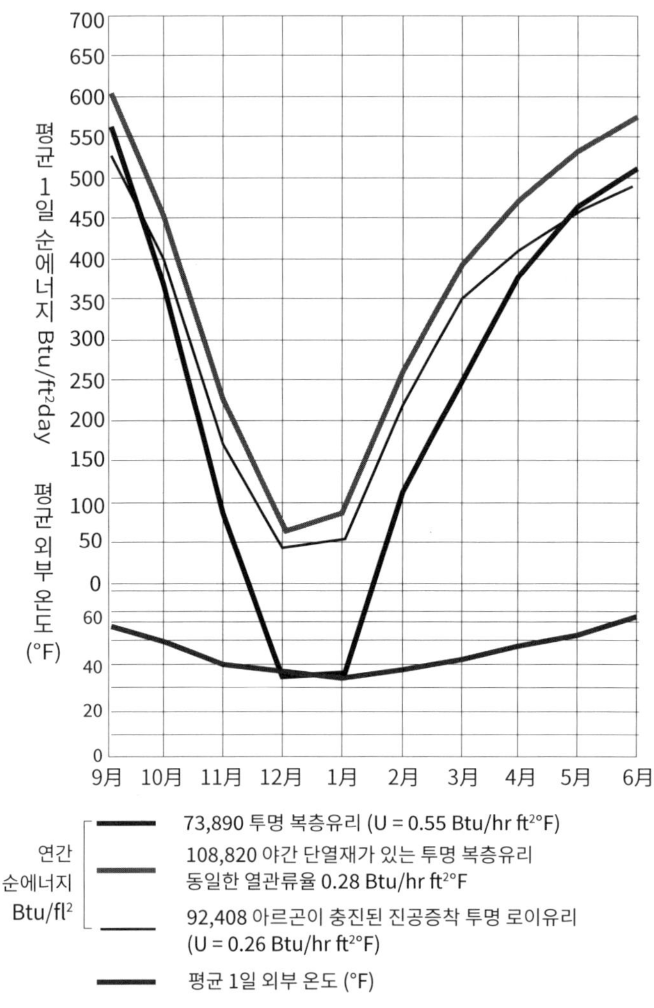

있다. (대형 일반 유리창은 태양열을 받는 공간을 차갑게 유지시켜 주는데 그 이유는 열 손실이 매우 많기 때문이다.) 만약 일광 시간대에 대부분 주택에서 살 수가 없을 정도라면 태양열 설계가 주택 소유자의 연료비를 80%나 절약해 주는지 아닌지 누가 신경 쓰겠는가? 겨울에 나타나는 과열 현상은 오늘날의 증가된 단열 성능으로 인해 꽤 현실적인 문제가 되었다. 이 장의 후반부에서 제시되는 남향 창문의 크기를 설계하는 방식은 이러한 문제가 흔해짐에 따라 더욱 심도 있게 거론된다. 여기서는 최근의 로이 기술, 주택의 단열 수준, 창문의 크기, 공간의 기하학적 구조와 실내 온도 변화를 최소화하는 어떠한 내부 물질의 존재 등을 고려하여 열 쾌적성 문제를 직접적으로 다룬다.

과도하게 큰 창문에 의해서 발생된 과열 현상은 창문의 크기를 줄이거나, 외부에 햇빛 차단 장치를 추가하거나 아니면 낮은 차폐계수를 가진 창문을 사용해서 해결할 수 있다. 첫 번째 해결책은 흔히 사용되는 방식은 아닌데 그 이유는 창문의 면적이 큰 이유가 대체로 전망을 즐기거나, 입면 비율을 유지하는 등 긍정적인 측면을 고려한 것이기 때문이다. 두 번째 해결책인 외부 차단 장치는 값이 비싸고 겨울에 해가 낮을 때는 항상 시야를 방해한다. 마지막 해결책인 로이코팅 기술을 적용하는 것은 낮은 차폐계수로 대체하고, 남향 유리창에서 시야를 가리지도 않는다. 아마 적절한 차폐계수가 권장되는 창문보다 크기가 더 큰 창문에서 발생하는 추가적인 열 취득을 상쇄시킨다고 추론할 수 있다.

서향과 동향 노출

동향의 창문은 대부분 크게 문제가 되지는 않는다. 심지어 여름에도 아침의 찬 공기가 내부에 있는 태양열을 충분히 방출할 수 있기 때문이다. 반면에 차양막이 없는 서향 창문은 춘분점이 지나면 꽤 불쾌할 수 있다. (겨울에 중고도에 위치한 서향 창문은 태양이 거의 도달하지 않기 때문이다.) 오후에 낮게 위치한 태양은 심지어 일반적인 창문을 통해서라도 빠르게 공간을 과열시킬 수 있다. 일반적으로 이와 동일하게 투명하고, 낮은 차폐계수를 가져서 남향으로 주로 권장되는 로이 창문은 서향 노출에서도 제 역할을 다한다. 비록 이 장의 후반부에 제시되는 설계 방식이 남쪽을 향하는 창문에만 정확하게 적용된다 할지라도, 동일한 방식은 늦봄과 이른 여름에 서향 공간의 과열 상태에서 대략적인 수치로써 사용될 수 있다. 이는 서향 창문이 남쪽을 향하고 일광 취득이 3월의 태양 모형에 의해 일어난다고 가정했을 때 나타나는 수치이다.

로이코팅의 방향

사무용 건물에서 코팅하기 가장 좋은 유리 표면이 항상 태양열 설계에 최적화된 것은 아니다. (복층유리에 있는 네 개의 표면 중 하나) 태양열 난방의 경우에 로이코팅에 의해 흡수된 태양열의 4%에서 6%의 3분의 1은 인접한 공간을 향하는 방향이어야 한다. 그래서 로이코팅은 공간과 가장 가까운 방향의 표면에 위치하는 것이 가장 바람직하다. 즉 표면번호 3이나 4에 코팅이 되더라도, 쾌적 범위는 오직 표면번호 3만 의미한다.

표면번호 3과 4의 위치가 모두 거의 동일한 열 저항값을 가진다고 가정했을 때, 코팅이 표면번호 3이 아닌 4에 적용되었다면 야간에 그 창문은 공간을 춥게 만들 것이다. 이렇게 직관적으로 쉽게 다가오지 않는 설명은 로이 표면이 적외선 에너지를 반사할 뿐만 아니라 거의 방출하지 않는다는 특성을 깨달아야 더 쉽게 이해할 수 있다.

코팅이 표면번호 4에 적용되면, 창문을 통해 공간을 나가려 하는 적외선 에너지는 다시 내부로 반사되어 들어온다. 일반적으로 창문을 데우는 이 적외선 열은 유리에 의해 흡수되지 않기 때문에 이 창문은 차가워지는데, 일반적인 복층유리라면 결로 현상을 보지 못할 수 있는 상태에서도 창문 중앙에 찬 공기나 물방울이 생길 만큼 충분히 차가워진다.

코팅이 표면번호 3에 적용되면, 일반적인 유리는 높은 방사율을 가지고 있기 때문에 공간 내부 창문의 유리판은 그 공간의 적외선을 쉽게 흡수한다. (방사율과 흡수율은 파장이 같을 때 동일함) 그 열은 유리를 데우고 복사를 통해 방출될 수 없는 다른 면으로 전도된다. 왜냐하면, 낮은 방사율을 가진 표면이 복사열 전달을 막기 때문이다. 열의 일부는 대류나 전도를 통해 복층유리의 중간 공기층 사이에 전달되는데 이는 이 유리가 보통의 경우보다 더 따뜻하기 때문이다. 어떠한 경우에도 열 저항값은 표면의 선택에 따라 크게 영향받지 않는데 그 이유는 일반적인 적외선 복사열의 90%가 이동이 불가능하기 때문이다.

로이코팅은 대체로 태양열 난방을 위해 사용되는 복층유리의 표면번호 2에는 잘 적용되지 않는다. 그 이유는 바람이 로이코팅에서 흡수된 사용 가능한 태양 에너지를 거의 방출해 버리기 때문이다. 그러나 유리 파손은 표면번호 3에 코팅이 적용되고 이것이 햇빛에 노출되었을 때 발생한다고 알려져 있다. 이 코팅된 표면에서의 열 축적은 표면번호 2에서보다 더 쉽게 소멸되지 않아서 국부 응력이 발생하게 된다. 일부 창문 제작사는 이러한 파손 가능성을 염두에 두어 더 이상 표면번호 3에 로이코팅을 적용하지 않았다. R값은 코팅을 적용하는 표면 선택에 영향을 받지 않지만 차폐계수는 잠재적으로 이에 영향을 받는다.*

새롭게 제시된 매우 투명한 파이롤리틱 공법은 태양열 난방 적용에 있어서 표면번호 2와 3의 대결에서 제기되는 문제점을 효과적이고 말끔하게 해소시켰다. 이 코팅의 높은 일광 투과량은 복층유리 내부에서 축적되는 열 흡수의 가능성을 낮추고 이에 상응하는 높은 차폐계수가 코팅의 위치에 영향받지 않도록 하였다. 결과적으로 표면번호 2가 안전하고 명쾌한 선택지가 되었다. 게다가 여기서 일광 투과가 많아지는 것은 표면번호 3에서 태양 흡수가 일광 취득량을 증가시킬 경우에 이보다 더 일광 취득 증가량이 많다.

단일 유리판의 내부에 코팅이 적용되었을 때에는 한랭 기후의 야간 열 쾌적성은 눈에 띄게 감소되며 결로 현상이 나타날 확률도 높아진다. 이러한 이유로, 파이롤리틱 공법으로 처리된 단판 유리와 보수용 로이 필름은 열 쾌적성이 주요 사안인 한랭 기후에 사용하기엔 적절하지 않다. 부식 저항성이 높은 파이롤리틱 표면은 파이롤리틱 공법으로 처리한 내부의 이중창에 위치시키는 것이 최적이며 이는 원래의 창문과 마주보고 있다고 보면 된다.

로이 필름이 부착된 창문은 최고의 성능을 위해 공간 외부 쪽으로 향하는 표면에 적용된다. 효과는 같다. 로이 필름은 외부와 가장 가까운 유리 간격으로 적외선 에너지가 건너오는 것을 막는다.

색상 유리는 태양열 난방 주택에서는 적용하지 않는 것이 좋다. 열을 저장하는 방식으로는 가능한 한 태양열을 빛의 형태로 저장하는 것이 가장 바람직하다. 덧붙여서, 대부분의 주택 소유자들은 미적인 이유로 투명한 창문을 선호한다.

조명으로서의 태양열 분포

겨울날 잠재적인 과열 가능성은 남향 창문 면적이 바닥 면적의 7%에서 10%보다 클 때에 단열이 잘되는 공간에서는 언제나 존재한다. 이에 수반되는 온도 변동을 최소화하는 한 가지 방법은 공간에 보통 시멘트질의 재료를 이용해 열용량을 더하는 것이다. 이 장의 후반부에 나오는 창문

* 역주 : 현재의 기술은 로이 코팅의 열처리를 보편화시켜 코팅 면에 관계없이 안정된 성능을 제공한다.

그림 8-4. 천장에 일광을 산란시키기 위해 복층유리의 내부 면에 사용되는 거꾸로 뒤집힌 반사형 지붕 창

의 크기 설계는 창문을 통해 들어오는 태양 에너지가 그 공간의 열 저장 용량에 고르게 분포하여 모든 저장 물질들이 동등한 몫을 가진다고 가정한다. 대부분의 경우에 이러한 변동 폭을 줄이기 위해 필요한 물질의 양은 태양이 직접 비추는 영역보다 큰 영역을 차지한다. 이런 물질에 도달하는 유일한 방법은 빛을 밝은색의 바닥이나 벽에 산란시켜 일광이 공간 깊숙이 분포할 수 있도록 만드는 것이다. 광선반이나 거꾸로 뒤집힌 반사 지붕 창(그림 8-4)은 빛의 방향을 재조정하여 천장을 향하게 한다.

공간의 열흡수 능력과 온도 조절 능력은 태양 빛이 최초로 한번 밝은색의 표면에서 튕겨져 나왔을 경우에 그 밝은색에 의해서는 영향받지 않는다. 공간 전체가 흰색이고 긴 벽 중 하나의 반이 남향인 유리일 때 투과된 태양 복사열의 70%는 흡수된다 [14]. 흰색 페인트가 완벽한 반사 장치는 아니다. 그것은 부딪치는 태양 복사열의 10% 정도는 흡수한다. 이러한 공간에 유입되는 태양광선은 창문에 다시 도달하기 전에 다양한 반사와 흡수를 거칠 것이다. 흰색이 아닌 공간은 만약 창의 면적비가 50% 미만일 경우에 유입되는 태양 에너지의 90% 이상을 흡수한다. 주광조명을 위해서는 밝은 색도 선호된다. 왜냐하면, 주광 조명 분포도 동일한 다중 반사 메커니즘에 의해 향상되기 때문이다.

차양

여름의 태양열은 내부의 창보다는 외부의 차양 장치를 사용해 효과적으로 막을 수 있다. 왜냐하면, 한번 태양 광선이 유리를 통해 들어오면 그들은 영구적으로 건물 내에 머무르기 때문이다. 여름날 태양은 남향 창문 앞에서 거의 머무르지 않는다. 그 남향 통로는 높은 고도에 있기 때문에 눈썹 모양으로 생긴 창문의 차양 장치는 상대적으로 수월하게 기능할 수 있다.

공간의 난방 부하는 태양의 봄철 고도 증가와 동시에 발생되지는 않는다. 태양은 5월 막바지에 고도가 거의 최대이지만 이 시기에 북방 기후에서 태양열 난방은 여전히 필요하다. 9월에는 태양의 고도가 최대치보다 반 정도 낮아지지만, 이 시기에 태양열 난방은 거의 필요하지 않다. 태양열 난방의 필요성은 태양이 이와 동일한 중고도에 위치하는 시기인 3월에 두드러진다. 6월에 최대 차양 기능을 자랑하는 반면 3월에 햇빛이 스며드는 것을 막지 못하는 차양 장치는 9월에도 원치 않는 햇빛을 막지 못할 것이다. 계절의 변화와 함께 하는 가장 우아한 방식은 식물을 이용해 자연스럽게 햇빛을 가리는 것이다. 5월에 나뭇잎은 햇빛을 여과시키기 위해 싹을 틔우며 9월과 10월에도 차양 장치로써의 역할을 계속한다.

그럼에도 불구하고 나무는 항상 완벽한 해결책은 아니다. 우거진 나뭇가지 지붕은 일광 취득량이 최대로 필요한 겨울에도 태양광선의 반 이상을 가리기 때문이다. 하지만 많은 종류의 나무들은 (오크나무, 물푸레나무) 겨울 동안 태양 에너지의 70%에서 80%를 투과시킨다 [15]. 이러한 문제점을 극복할 또 다른 해결책은 나무를 창가에 바짝 붙여 심는 것이다. 그러면 9월 21일과 3월 21일 사이 동안에 태양광선은 우거진 나무지붕 밑을 통해 들어와 창에 도달할 수 있을 것이다. (그림 8-5)

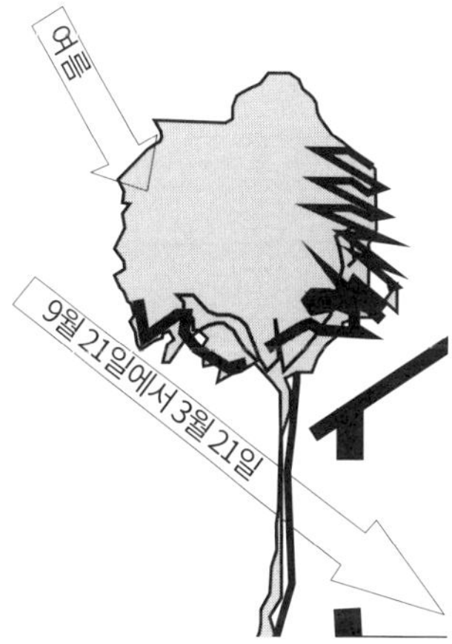

그림 8-5. 겨울에 남향 유리창으로 들어오는 태양이 나뭇가지 아래쪽으로 계속 들어올 수 있도록 하기 위하여 이 집은 나무에 충분히 가까이 붙어있어야 한다.

나무는 필요한 위치에 항상 존재하지는 않으며 나무가 자라는데도 시간이 걸린다. 덧붙여 몇몇 다양한 집단 단위의 요구를 모두 나무로 충족시키는 것은 균형이 맞지 않는다. 일반적으로 이런 경우에 기계적 장치가 차양의 기능을 수행한다. 이 장치들은 여름에 내부 공간의 어두움을 예방하기 위해 확산 광을 받아들여야 한다. 외부 지붕 창은 이 조건에 맞는 장치이지만 값이 비싸다. 대안은 측면에 지지대가 달린 접이식 차양 장치이다. 이는 반투명한 틀 구조를 모든 방향에서 팽팽하게 당겨주는 역할을 한다. 격자무늬를 이룬 낙엽성 덩굴식물이 덮인 활 모양의 차양 장치는 자연 차양과 인공 차양의 바람직한 결합을 보여 준다. 건물을 둘러싸는 우거진 나무 지붕처럼, 이 장치의 가로 넓이는 활 모양의 장치 밑으로 햇빛을 받아들이기에 충분히 짧으며 여름에는 덩굴이 그늘을 만들어준다.

주어진 달에 필요한 차양의 기하학적 범위는 그림 6-17에 제시된 것과 같이 (건물) 외형의 각도 변화에 따라 결정된다. 제9장의 후반부에서는 창이 보호될 때 어떻게 창틀에 태양 경로도를 적용할 수 있는지에 대해 다룬다.

보조 난방

태양열 주택에 쓰일 적절한 보조 난방 시스템을 선택하는 것은 언제나 쉽지 않은 일이다. 이를 위해선 경제성, 배전 그리고 연료 구동율 등을 주로 고려해야 하는데 만약 로이유리를 사용한다면 복사열 난방은 반드시 추가적으로 고려되어야 한다. 왜냐하면, 복사열과 로이코팅유리는 서로 시너지 효과(상승 효과)를 발생시키기 때문이다.

대형 면적 복사 난방 시스템은 열을 적외선 에너지의 형태로 전달한다. 이는 거리와 방향의 영향을 받지 않는다. 어떤 공간이 그 주변보다 따뜻하면 그 공간의 표면은 필연적으로 적외선을 방출한다. 대표적으로 온수 파이프나 전기 저항회로는 그 표면 온도를 약 32℃까지 높이기 위해 석고판 천장이나 나무 바닥에 반 정도 매설되어 있다. 만약 그 공간의 단열 성능이 높으면 적외선 에너지는 그 공간에 분산되어 모든 것들을 균일하게 데울 것이다. 불쾌하고 소모적인 열 성층화 현상은 대류 난방 장치가 있는 경우에는 골조가 드러나 있는 아치형 천장에서도 발생하지 않는다. 전통적인 난방 시스템에 비교했을 때 에너지는 절약되는데 그 이유는 난방 온도기가 높아진 복사 온도를 보상하면서 다시 조절되기 때문이다. 시원한 실내 공기는 불가피하게 건물의 수많은 접합부를 통해 유출되기 때문에 외부로 손실되는 열의 양이 적다.

로이 창문은 복사 난방 건물에서 적외선 손실을 막고 열 쾌적성을 증가시킨다. 다른 일반적인 창문은 열을 외부로 전도시키기 위하여 많은 양의 적외선을 흡수하는 반면에, 로이 창문은 복층유리 창문 안의 간격을 뛰어넘으려 하는 것처럼 적외선을 제한한다. 실제로 겨울에 로이 코팅 창문의 내부 쪽 표면은 복사 난방 공간을 일반적으로 제시된 R값보다 더 따뜻하게 만든다. 내부에 있는 조명은 눈에 띄게 뜨거워지는데 그 공간에 갇혀 인위적으로 생긴 적외선 에너지가 쇄도하기 때문이다. 따뜻한 창문 표면은 열 쾌적성이 높다는 것을 의미하고 특히, 창문 면적이 넓을 경우에 더욱 그러하다.

복사열은 태양열 난방 건물에 있어서 특히 중요하다. 왜냐하면, 열이 두 가지 상황에서 같은 수단을 통해 전달되기 때문이다. 대형 개방형 공간들은 적외선 방사를 위한 효과적인 통로가 되었다. 대류열은 넓은 공간에서는 고르게 분산되지 않는데, 데워진 공기는 천장 쪽에 뜬 상태로 분포해 있기 때문이다. 덧붙여 대류 난방기는 태양에 의해 발생된 기류와 반대 방향의 기류를 설정한다.

대류 난방기는 겨울에 창문으로 유입된 부정적인 대류에 대응하기 위해 전통적인 건물에서는 일반적으로 창문 밑에 설치된다. 난방기로부터 올라오는 뜨거운 공기는 일반적으로 밑으로 가라앉아 바닥을 따라서 사람들의 다리를 춥게 만드는 찬 공기의 흐름을 역전시킨다. 개선된 로이 창문은 단열 성능이 아주 높아서 찬 공기를 한꺼번에 막을 수 있다. 로이 기술은 마침내 창문에 매다는 난방기의 철 손잡이를 사라지게 만들어서 현재는 난방기를 건축적으로 편리한 위치 어디에나 설치할 수 있게 되었다.

태양열 난방 온열 쾌적성을 예측하는 도식법

단열 성능이 높은 태양열 난방 공간의 남향 창문의 크기가 시각적 편의와 열 쾌적성을 보존할 목적으로 설계됨에 따라 에너지는 절약된다. 반대로 에너지 절약을 최대화하는 것에 중점을 둔다면 공간의 쾌적함과 유용성을 잃게 될 것이다.

다음 장에서는 시각적 편의에 대해 다룬다. 이 부문에서는 공간의 기온 변화의 관점에서 맑은 날 공간의 온열 쾌적성을 예측하기 위한 도식 설계 방식[16]이 제시된다. 겨울철 과하게 큰 창문을 통해 햇빛이 유입되어 발생하는 과열 현상은 열 쾌적성을 망친다. 이 방식은 현재와 미래의 로이 기술, 공간의 단열 수준과 기하학, 태양의 밝기, 외부 온도, 창문의 크기 그리고 실내 온도 변동을 최소화할 수 있는 어떤 내부적 물질의 존재 등을 고려한다. 이 절차는 남향, 수직 유리창, 온도에 있어서 거의 균일한 내부의 온열 질량을 가진 개방형 공간에서만 적용된다. 게다가 보조 난방 시스템이나 간헐적 환기는 허락되지 않는다.

명백히 이는 많은 부분을 가정한 것이고, 많은 건물들이 이 조건들에 전부 부합하지는 않는다. 하지만 다음에 제시되는 그림들은 그것들의 설계 보조 특성을 고려할 때 과열 현상을 신속하게 예측하는 데 큰 도움이 된다. 이 그림들은 맑은 날 태양열 난방 효율이 높은 건물에 가장 알맞게 적용된다. 왜냐하면, 이 방식은 보조 난방이 없다고 가정하였기 때문이다.

단일 열 구역(zone) 제한이 항상 받아들이기 어려운 것은 아니다. 대부분의 공간들이 개방형의 한 부분이라면 전체 주택은 하나의 구역(zone)으로 모델링할 수 있다. 이 방식은 남향 유리창과 복사 접촉이 없는 공간에는 적용될 수 없다. 소규모의 각 남향 공간은 개별 구역으로서 모델링해야 한다. 한 구역을 모델링할 때 사용되는 시간당 열 손실 비율은 개별 구역에서의 손실을 포함하지 않아야 한다. 이러한 등온선 질량에 관한 가정은 질량 물질에 얇은(15cm 두께 이하의) 판을 사용한 공간에만 적용할 수 있다.

모델링한 구역은 인위적으로 외부 온도를 높여서 그 공간 내 보조 난방의 효과의 근사치를 계산할 수 있다. 이 모델에 쓰인 평균 외부 온도는 평균 내부 온도가 쾌적 범위 안에 들어갈 때까지 높인다. (보조 난방) 기기로부터 취득한 내부의 열 효과는 아래 수식에 제시된 것처럼 평균 외부 온도를 높임으로써 시뮬레이션해 볼 수 있다.

$$\frac{\text{1일 열 취득량}}{UA_{total} \times 24hr/day}$$

계산

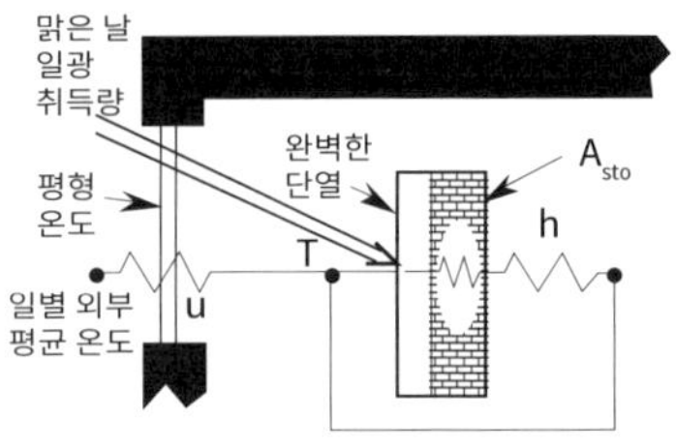

그림 8-6. 하나의 공간에서의 태양열 직접 취득을 위한 대류 결합. 참고 예시는 남향 유리창. 명명법은 표 8-5에 요약되어 있다.

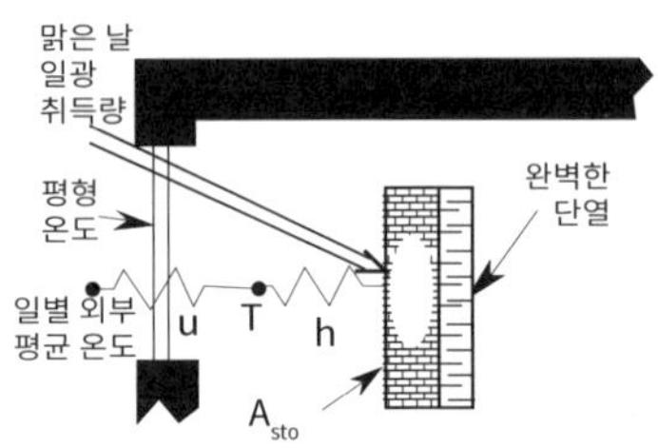

그림 8-7. 하나의 공간에서의 태양열 직접 취득을 위한 복사 결합. 참고 예시는 남향 유리창. 명명법은 표 8-5에 요약되어 있다.

UA_{total} 는 2단계에서 다룬다.

다음의 그림은 대류나 복사로 결합된 축열재에 따른 실내 온도 변화를 보여 준다. 이 두 가지 경우의 차이점은 그림 8-6과 그림 8-7에서 도식적으로 제시된다. 대류성 결합에서는, 태양이 흡수된 에너지를 실내 공기로 즉시 대류 순환시키는 완벽한 단열재를 만난다고 가정한다. 따라서 축열재를 향해 가는 열은 실내 공기를 통해 거기에 도달할 수 있다. 이는 유입되는 모든 일광이 어두운색의 카펫, 가구 혹은 다른 경량 표면처럼 대부분의 흡수된 에너지를 데우고 대류로 순환시키는 물질에 부딪친다고 가정했을 때의 방식이다. 복사성 결합에서는 (그림 8-7) 태양이 곧바로 축열재(일반적으로 고중량 콘트리트, 석조 바닥이나 벽)에 부딪친다. 이는 저장된 에너지를 주거 공간으로 직접 자유롭게 발산하는 방식이다. 실제 상황은 이 극단적인 두 상황 사이 어딘가에 포함되어 있을 것이다. 그래서 이것은 설계자가 어떤 방식에 우위를 줄 것인지에 달려 있다. 대부분의 경우에는 열 쾌적성에 필수적이지 않다면 복사성 결합이 바람직하다고 본다. 이 설계 방식은 각각의 대안을 신속하게 실험하기 위해 설정되었다.

태양열 건물에서는 외부 온도가 따뜻한 맑은 날에 과열 현상이 나타날 수 있다. 그러나 내부 온도는 창문을 여는 것만으로도 낮출 수 있다. 같은 공간에서 춥고 맑은 날에도 과열 현상이 나타날 수 있지만 환기는

표 8-1. 각 달의 21일에 수직창, 남향창, 복층강화유리에 따른 일일 태양열 취득 요인들

위도	24		32		36		40		44		48		56	
1월	5295	1680	5377	1706	5251	1666	5125	1626	4772	1514	4419	1402	3070	974
2월	4406	1398	4917	1560	5046	1601	5176	1642	5150	1634	5125	1626	4646	1474
3월	2887	916	3713	1178	4044	1283	4375	1388	4605	1461	4835	1534	5043	1600
4월	1538	488	2269	720	2673	848	3076	976	3445	1093	3814	1210	4406	1398
5월	1179	374	1576	500	1916	608	2257	716	2651	841	3045	966	3808	1208
6월	1179	374	1418	450	1702	540	1986	630	2367	751	2749	872	3543	1124
7월	1204	382	1563	496	1891	600	2219	704	2604	826	2988	948	3738	1186
8월	1532	486	2219	704	2604	826	2988	948	3344	1061	3700	1174	4274	1356
9월	2843	902	3618	1148	3927	1246	4236	1344	4441	1409	4646	1474	4797	1522
10월	4255	1350	4747	1506	4867	1544	4986	1582	4949	1570	4911	1558	4425	1404
11월	5201	1650	5283	1676	5157	1636	5031	1596	4678	1484	4325	1372	2994	950
12월	5472	1736	5371	1704	5128	1627	4886	1550	4384	1391	3883	1232	2162	686

Note : 이 표는 1989 ASHRAE 안내서에서 선형보간법에 따라 인용하였다. 20%의 지면 반사와 대기 청명도를 가정한다. 도시 지역에서 낮은 청명도를 고려했을 때는 이 표의 값보다 15%에서 20%를 감소시킨다. 눈이 있는 환경에서는 증가된 지면 반사 때문에 이 표의 값보다 15%에서 20%를 증가시킨다.

에너지를 낭비하기 때문에 바람직한 해결책이 되지 않았다.

매달마다, 모든 맑은 날의 과열 현상의 실험을 위해 이 방식을 사용하는 것은 시간이 너무나 오래 걸렸기 때문에 난방 시즌 동안 대표적인 날들의 기상 자료를 선택하는 것이 필요해졌다. 3월의 맑은 날은 잘 적용된다. 3월에는 그 달의 평균 외부 온도가 전체 난방 시즌의 평균 온도와 거의 동일하며, 태양이 난방 시즌의 평균 고도에 위치해 있기 때문이다. 3월의 내부 온도 차는 1월보다 약간 높았고, 그 점에 있어서는 9월과 10월을 제외한 모든 난방 달에서도 동일하다.

주어진 대표 기상 자료를 이용해서 첫 번째로 할 단계는 자료를 사용 가능한 형태로 바꾸는 것이다.

1단계 : 맑은 날의 매시간 일사 취득량의 평균값을 계산하여라. (Q_s) 맑은 날 온종일의 일사 취득량은 정해져 있을 것이고 매시간의 평균값을 산출하기 위해서는 총 일사 취득량을 24로 나눠야 할 것이다. 표 8-1은 측정된 데이터가 없을 경우 맑은 날 종일의 일사 취득량을 구할 때 사용될 수 있다. 3월의 데이터는 난방 시즌의 대부분의 날들을 대표한다. 이 경우에 맑은 날 매시간 일사 취득량의 평균, Q_s는 다음과 같이 구한다.

Q_s = 맑은 날 온종일의 일사 취득량 × SC/24hours.

분자는 맑은 날, 한 겹의, 남향의, 투명한 3mm의 수직 유리창을 통해 들어온 태양열을 말한다. 이 값은 투과된 태양 에너지와 흡수, 전도, 대류 그리고 재방사된 적외선으로 인해 흐르는 내부의 에너지 모두를 포함한다.

차폐계수는 표 5-1과 8-6에 제시된 여러 가지 종류의 로이유리에 수어진다. 비교해 보면, 3mm 누께의 투명 단일 유리의 차폐계수는 1.0이고, 투명 복층유리의 차폐 계수는 0.87이다.

2단계 : 평형 온도를 결정하여라. (A_g, T_e) 이 단계는 남향 유리를 통해 취득된 일사로부터 발생한 평형 온도를 계산하기 위함이다. 평형 온도는 태양 난방으로 인해 일별 평균 기온과 동일하고 온도 조절 장치 세팅과는 관련이 없다. 이 단계와 일치하는 남향 창문 면적과 평형 온도는 모든 다음 단계에서도 사용될 것이라는 것을 기억하라. 평형 온도는 다음과 같이 구한다.

계산

$$T_e = T_{out} + \frac{A_g \times Q_s}{UA_{total}}$$

T_e = 평형 온도 °C(°F)

T_{out} = 일별 평균 외부 온도 °C(°F)

A_g = 남향 창문 면적 (ft^2)

Q_s = 맑은 날 일사 취득량 W/m^2($Btu/hrft^2$)

UA_{total} = 시간당 구역의 총 열 손실 W/°K(Btu/hr°F)

UA_{total}은 얼마나 많은 열이 건물 외피와 갈라진 틈의 공기 누출을 통해 그 구역을 빠져나가는지 측정한 값이다. 창문을 통한 적외선 이동은 이러한 손실의 한 부분이지만, 이는 이전 장에서 다룬 창문의 열관류율 모형에 포함된다.

창문이 열관류율을 가지고 있는 것처럼, 다른 모든 건물 외피 구성 요소도 열관류율을 가지고 있고 이는 대부분 제6장에서 제시된 건축 법규에 의해 결정된다. 각 구성 요소를 통한 열 손실량은 그 구역의 면적과 해당하는 열관류율을 곱한 값이다. 그래서 건물 외피를 통한 열 손실량은 다음과 같이 구할 수 있다.

$$UA_{total} = U_{windows} \times A_{windows} + U_{ceiling} \times A_{ceiling} + U_{doors} \times A_{doors} + U_{walls} \times A_{walls} + U_{floor} \times A_{floor} + \text{Heat loss rate by air exchange}$$

(공기 환기에 의한 열 손실률)

외부 환기로 인한 열 손실은 환풍기가 있는 사무용 건물에서는 계산하기 쉽다: 외부로의 환풍량과 공기의 열용량을 곱하는 것이다. 건축 법규에는 거주자나 사무실 바닥의 단위면적당 환기율을 제시해 놓았다. 일반적인 값은 한 사람당 7L/s 이다. 이를 공기의 열 용량과 결합하여 계산하면:

$$\text{Heat loss rate by air exchange (W/°K)} = 1200\ J\ s/m^{3\circ}Kh \times 7\ L/s \times \text{no. of people}$$

Heat loss rate by air exchange (Btu/hr°F) =
$0.018 Btu/ft^{3\circ}F \times 15 ft^3/min \times 60 min/hr \times$ no. of people

외부 환기를 통한 열 손실은 환풍기가 없는 주거용 건물에서는 계산하기 어렵다. 일반적으로 침기라고 알려진 누출은 온도 차이에 따라 선형적으로 증가한다. 그러나 풍속 변화에 있어서는 상관관계를 아직 명확하게 밝히지 못했다. 침기는 대부분 경험적으로 결정된다. 왜냐하면, 이것을 측정하려는 대부분의 시도들이 계산하기에 너무 복잡했기 때문이다. 이 침기율을 나타내는 한 가지 방법은 다양한 건축 유형에 따른 환기율을 수량화하는 것이다. 표 8-2는 노출된 벽이 적어도 두 개 이상 있는 건축물의 평균 환기율을 제시한다. 제시된 환기율은 외부로 약 11℃만큼의 온도 강하가 있고 평균 풍속을 11.3 kph로 가정한다. 물론 이러한 평균적인 모형과 모든 주어진 건축물이 동일할 수는 없겠지만 이 모형은 설계 목적을 위한 추정치를 산출하는 것이 원래의 의도이다. 이 모형들은 추적 기체 측량을 이용한 저자에 의해 결정되었다.

표 8-2. 다양한 주택 건설 유형에 따른 평균 환기율

14°C (25°F)의 평균 내 · 외부 온도 차이	
1. 내부 습기 방지용 절연물이 없는 스틱	1.5- 2.0 ac/hr
2. 충진 벽공이 있는 석조나 스틱	0 .8 - 0.9 ac/hr
3. 내부 습기 방지용 절연물	0 .3 - 0.5 ac/hr

0.4 ac/hr 미만의 환기율은 바람직하지 않다. 왜냐하면, 악취나 습기 축적이 문제가 되기 때문이다. 때때로 견고한 구조를 가진 주택에서 효율적인 환기를 위해 공대공 열교환이 사용되기도 한다.

다음의 방정식은 환기율이 주어졌을 때 외부로의 온도 강하에 따른 열 손실 비율을 찾기 위해 사용된다.

Heat loss rate by air exchange = $ac/hr \times 1\ hr/3600\ sec \times$
Zone volume $\times$ $1200\ J\ s/m^{3\circ}Kh$,

계산

또는 야드파운드법에 따르면:

Heat loss rate by air exchange = ac/hr × Zone volume × 0.018Btu/hr ft^{3}°F

3단계: 외부 온도 진폭을 계산하여라(ITI). 외부 온도 진폭은 다음 수식에 따라 일일 외부 온도 변화의 2분의 1로 정의된다:

$$ITI = \frac{T_{max} - T_{min}}{2}$$

ITI = 외부 온도 진폭
T_{max} = 평균 일일 최고 온도
T_{min} = 평균 일일 최저 온도

4단계: 제로 질량 진폭(IZI)을 구하여라. 제로 질량 진폭을 구하려면 중간값이 필요하다. 이는 건물이 열용량을 함유하지 않다고 가정했을 때, 온도 변화의 2분의 1로서 정의되는 가상의 최악의 값이다. 이 값은 평균 내부 온도와 외부 온도의 차이가 제시된 표 8-8과 3단계에 제시된 지표로부터 결정된다.

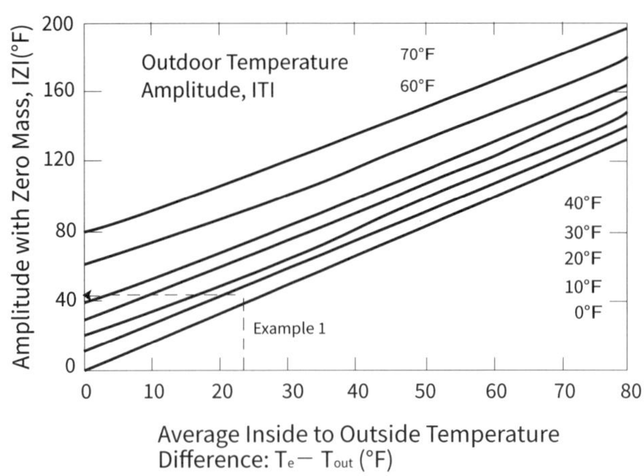

그림 8-8. 정지 질량일 때 온도 변화 (참고: "A Simple Direct Gain Passive House Performance Prediction Model", Niles, P.W.B., Passive Solar: State of the Art, Proceedings, of the 2nd National Passive Solar Conference, Philadelphia, ISES, March 1978).

5단계: 유효 저장 열 용량(MC_{sto}) 을 살펴보자. 온도 변화를 계산하기 위해 사용되는 그림들은 저장량이 등온선적으로 기능한다고 가정한다. 즉 열이 공간 전체로 균일하고 즉각적으로 퍼진다는 것이다. 하지만 이

표 8-3. 일조 영역 단위당 유효 1일 열용량

물질	콘크리트	석회석	벽돌	소나무	건조사	어도비 점토	석고판
밀도							
kg/cu.m	2291	2451	1794	497	1522	1922	801
lb/cu ft	143	153	112	31	95	120	50
비열							
kJ/kg °K	0.88	0.92	0.92	2.80	0.79	0.84	0.84
Btu/lb °F	0.21	0.22	0.22	0.67	0.19	0.20	0.20
전도도							
W/m°K	1.73	0.93	0.69	0.16	0.33	0.57	0.16
Btu/hr ft °F	1.00	0.54	0.40	0.09	0.19	0.33	0.09
두께							
2.54 cm	52.69	59.02	43.21	36.04	31.83	42.16	17.71
1.0 inch	2.50	2.80	2.05	1.71	1.51	2.00	0.84
5.08 cm	105.18	116.35	85.15	62.39	61.13	82.62	33.72
2.0 inch	4,99	5.52	4.04	2.96	2.90	3.92	1.60
7.62 cm	155.34	164.62	120.78	66.18	81.36	114.66	43.00
3.0 inch	7.37	7.81	5.73	3.14	3.86	5.44	2.04
10.16 cm	199.61	193.28	142.06	61.76	87.26	130.68	44.47
4.0 inch	9.47	9.17	6.74	2.93	4.14	6.20	2.11
15.24 cm	251.67	196.02	144.59	58.17	80.52	127.52	40.47
6.0 inch	11.94	9.30	6.86	2.76	3.82	6.05	1.92
20.32 cm	255.88	181.90	134.05	58.39	76.30	118.46	38.78
8.0 inch	12.14	8.63	6.36	2.77	3.62	5.62	1.84
30.48 cm	231.64	174.73	128.57	58.39	76.09	115.72	38.99
12.0 inch	10.99	8.29	6.10	2.77	3.61	5.49	1.85
40.64 cm	224.48	175.58	129.21	58.39	76.30	116.35	38.99
16.0 inch	10.65	8.33	6.13	2.77	3.62	5.52	1.85

(흰색) Wh/sq m °K　　(회색) Btu/sq ft °F

것이 물에는 적용되는 가정일지라도, 두께가 7cm에서 10cm가 넘는 석조 자재에는 정확하게 적용되지 않는다. 왜냐하면, 석조가 상대적으로 낮은 전도성을 가지고 있고, 외측부가 내측부보다 더 많은 열을 저장할 수 있기 때문이다. 이러한 현상을 보강하고 저수 표면 온도를 정확하게 모델링하기 위해, 용적 열용량보다 적은 유효 열용량이 사용된다.

유효 열용량은 다양한 축열 물질의 등온선적 등가물이며 대부분의 축열 물질에서 형성되는 기온 경도를 보완하기 위해 사용된다. 이것은 일주기에 따른 직사일광에서 축열 물질의 열용량을 보여줌으로써 복사 결합에 따른 주간 열용량을 구할 수 있게 해준다. 다양한 석조 자재 (그리고 소나무) 에 따른 유효 저수 열용량 값은 표 8-3에서 볼 수 있다.

계산

이 유효 열용량은 대류 결합에서는 크게 감소한다. 두께가 3인치보다 두꺼운 자재의 열용량값은 복사 결합이 일어난 공간의 3인치 두께의 자재의 유효 열용량값과 거의 동일하다. 대류 결합된 자재의 유효 열용량값은 같은 두께의 복사 결합된 자재의 유효 열용량값과 동일한데 자재의 두께가 3인치 이하일 때만 해당한다.

이 방식은 물이 축열 매체일 경우에는 한쪽 면의 단열 저장 용량으로만 국한되지 않는다. 독립된 물통이나 수관, 물탱크에도 모델링할 수 있다. 저수는 항상 등온선적으로 기능한다고 가정된다. 왜냐하면, 물에서의 대류는 유동체를 통해 열을 고르게 분배하기 때문이다. 따라서 노출 표면 면적당 열 저장 용량을 적절하게 형성해서 양면 저수를 모델링할 수도 있다.

만약 독립형 물 컨테이너가 사용되면, 사람들은 그것이 넓은 범위를 덮는 납작한 단면 단열 저장 매체가 될 것이라고 상상할 것이다. 그 저장 매체의 표면 면적은 실내 공기에 노출된 컨테이너의 면적이 될 것이다. 이것이 저장 매체의 열 전달 면적이다. 이 저장 매체 열용량(MC_{sto})은 열ㅋ전달 표면 면적당 용적 열용량이 될 것이다. 이 열용량은 열적 구배가 저수에서는 발생하지 않을 것이기 때문에 유효 열용량으로 감소될 필요는 없다. 독립형 저수 용량은 다음과 같이 구한다:

$$MC_{sto} = \frac{\text{물의 비열} \times \text{총용량}}{\text{컨테이너의 노출 면적}}$$

물의 비열은

261 KJ//m$^{3\circ}$K (62.4Btu/ft$^{3\circ}$F)

6단계: 저장 매체 표면 필름의 전도도를 결정하라(h). 이 요소는 저장 매체 표면으로부터 실내 공기까지의 대류 열 전달 계수를 보여 준다. 실내 공기는 매체 표면과 실내 공기 사이에서 일어나는 대류에 의해 직접 가열되고 매체 표면에서 나온 복사열이 실내의 벽에 부딪치면 간접적으로 가열된다. 그러면 이 벽은 대류로 공기를 가열하는 것이다. 이 복사 난방 효과는 설계 곡선에 포함되어 있다.

대류 열 전달 계수의 정확한 값은 실내 공간의 기하학적 관계에 따라 달라진다. 표 8-4에서는 다양한 표면 방향에 따른 값을 볼 수 있다. 이 표는 외기 침기로 생긴 공기 혼합을 고려하였고 복사 결합이 발생하는

표 8-4. 표면 필름 전도도

방향	h (W/m2 °K)	h (Btu/hr ft2 °F)
수직 벽	4.5	0.8
수평 바닥	5.7	1.0
수평 천장	3.4	0.6

조건인 표면이 언제나 실내 공기보다 따뜻한 환경을 가정한 모형이다. 대류 결합의 경우에는, 바닥과 천장 모형이 교환된다.

7단계: 대류 온도 변화량을 구하라(ICI). 대류 결합의 경우에 온도 변화량을 구하기 위해서는, 먼저 그림에서 적절한 곡선을 선택하기 위해 아래의 수식을 사용하여 그림 8-9의 제로 질량 내부 온도 진폭과 대류 결합된 경우의 진폭을 구하고

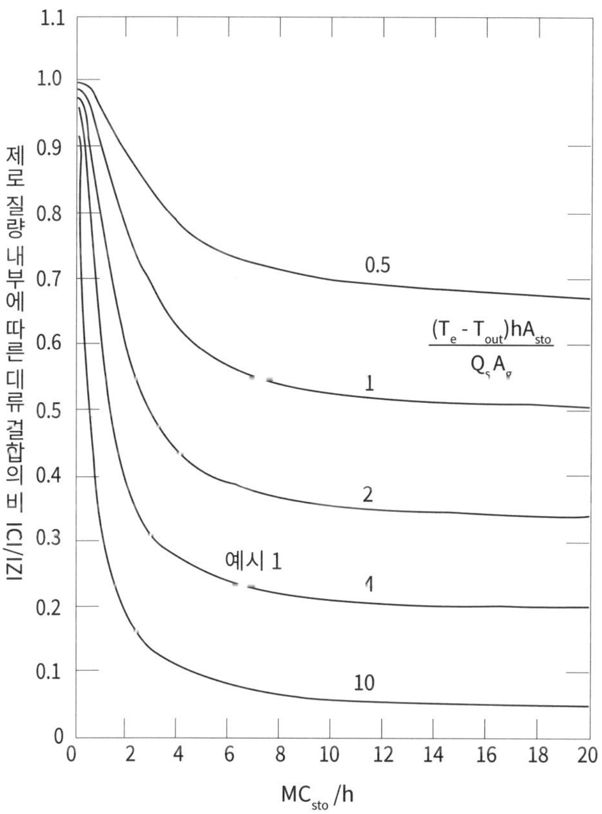

그림 8-9. 대류 결합 온도 변동 (참고: "A Simple Direct Gain Passive House Performance Prediction Model", Niles, P.W.B., Passive Solar: State of the Art, Proceedings of the 2nd National Passive Solar Conference, Philadelphia, ISES, March 1978).

계산

$$\frac{(T_e - T_{out}) \times h \times A_{sto}}{Q_s \times A_g}$$

그림의 가로축에서 MC_{sto}/h 값을 찾아야한다. A_{sto}는 일광을 받는 매체 면적이다. 일광이 확산되었을 때 A_{sto}는 매체가 노출된 전체 면적이다. 태양의 광선 에너지가 매체를 훑으면 A_{sto}는 대략 그 범위의 80% 정도이다.

다음의 수식과 그림 8-9에 제시된 값을 사용하여 대류 시 최고 온도와 최저 온도를 계산하라.

ICI = IZI × (ICI / IZI)
최고 내부 온도 = T_e + ICI
최저 내부 온도 = T_e – ICI

where:
ICI = 대류 결합에 따른 대기 온도 변동 값의 1/2
IZI = 단계 4로부터 제로 질량에 따른 대기 온도 변동 값의 1/2
T_e = 평형 온도 °C(°F).

8단계 : 복사 온도 변동을 구하라(IRI). 복사의 경우에 온도 변동을 구하기 위해서는 먼저 그림 8-10에 제시된 복사 결합 기온 진폭과 대류 결합 기온 진폭의 비를 찾아라. $(T_e - T_{out})$/ITI 값을 사용해 그림에서 적절한 곡선을 선택하라. 그리고 다음 수식을 이용해서 복사의 경우에 최고 온도와 최저 온도를 계산하여라.

IRI = ICI × (IRI / ICI)
최고 내부 온도 = T_e + IRI
최저 내부 온도 = T_e – IRI

where:
IRI = one-half temperature swing (amplitude) with radiatively coupled mass 0C (°F).

ICI = one-half temperature swing (amplitude) in convectively coupled case °C (°F).

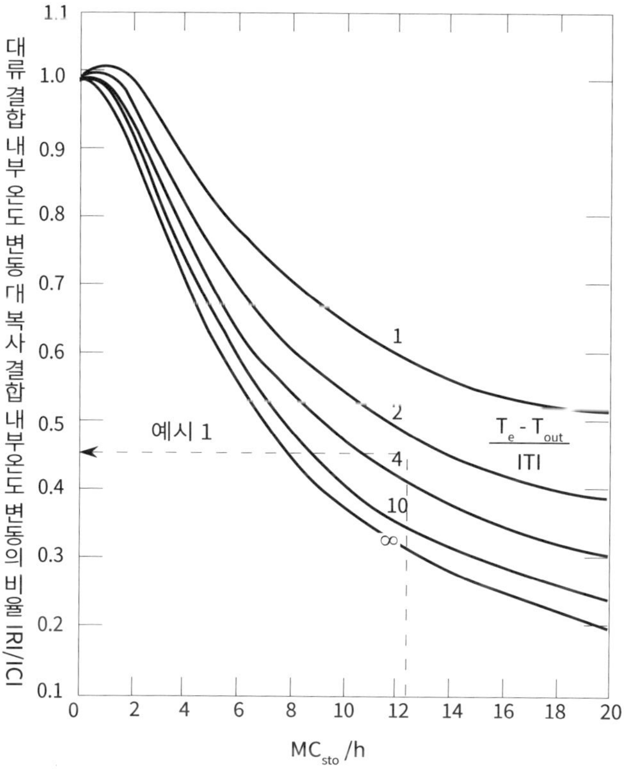

그림 8-10. 복사 결합 온도 변동 (참고: "A Simple Direct Gain Passive House Performance Prediction Model", Niles, P.W.B., Passive Solar: State of the Art, Proceedings, of the 2nd National Passive Solar Conference, Philadelphia, ISES, March 1978).

이 방식은 낮은 기온에도 불구하고 높은 표면 온도가 열 불쾌적성의 결과를 낳는 브로일러 효과(broiler effect)를 고려하지 않은 것이다. 그러나 이 방식은 복사 결합의 경우에는 여전히 유효하다. 왜냐하면, 복사 결합된 매체의 표면 온도는 대기 온도와 별 차이가 나지 않기 때문이다. 이 온도 차이는 매우 미미한데 그 이유는 매체가 영향력이 있는 태양 에너지의 대부분을 낮 동안에 실내로 전도하기 때문이다. 반면에 대류 결합된 공간은 낮 시간에 항상 대기 온도보다 훨씬 더 따뜻하게 느껴진다. 왜냐하면, 태양이 단열재 표면에 부딪혀서 표면 온도를 급격하게 증가시키기 때문이다.

계산

표 8-5. 온열 쾌적성 명명법

Term	Definition	Units (SI)	Units (Imperial)
Ag	남향 창 면적	m^2	ft^2
A_{sto}	열저장 용량의 표면 면적	m^2	ft^2
ICI	One-half temperature swing with convectively coupled mass	°C	°F
DSHGF	종일 일사열 취득 요소	Wh/m^2day	Btu/ft^2day
h	저장 표면 필름 전도도	$W/m^2°K$	$Btu/hr°Fft^2$
MC_{sto}	두께당 효율적 열 저장 용량	$Wh/m^2°K$	$Btu/ft^2°F$
Qs	맑은 날 평균 일사 취득량	W/m^2	$Btu/hr\ ft^2$
IRI	One-half temperature swing with radiatively coupled mass	°C	°F
SC	차폐계수	°C	°F
ITI	외부 온도 변동의 1/2	°C	°F
T_e	평균 1일 실내 온도(평형 온도)	°C	°F
T_{out}	평균 1일 외부 온도	°C	°F
T_{max}	일반적인 1일 외부 최고 온도	°C	°F
T_{min}	일반적인 1일 외부 최저 온도	°C	°F
T_e	평균 1일 실내 온도(평형온도)	°C	°F
IZI	제로 질량에서의 온도 변동의 1/2	°C	°F
U_g	남향유리 열 전달계수(평형 온도)	$W/m^2°K$	$Btu/hr°Fft^2$
UA_{total}	총면적 열 손실 계수(남향유리 포함)	W/°K	Btu/hr°F
UA_{ns}	남향유리를 제외한 열 손실 계수	W/°K	Btu/hr°F

예시 8-1

204m²의 로이 남향 창문이 있는 929m²의 주택이 3월의 평균 외부 온도 T_{out}이 3.4℃인 보스턴에 위치해 있을 때 평균 3월의 최저 온도 T_{min}는 섭씨 -0.3℃이고, 최고 온도 T_{max}는 7℃이다. 이 주택은 20cm 두께의 콘트리트 벽과 바닥으로 이루어져 있고, 이 둘의 총 면적은 1208m²이다. 일사 취득은 로이복층유리를 통해 발생하고 이는 전체 공간에 일사를 확산시킨다고 가정한다. 이 유리의 열관류율은 1.53W/°Km²이며 차폐계수는 0.74이다. 건물 열 손실률, U_{ns}은 남향의 열 손실을 제외하고 1846W/°K로 계산되었다.

1단계: 시간당 평균 일사 취득을 계산하여라.

Q_s = Daylong clear day solar heat gain × SC/24hours.

$Q_s = 4499 \times 0.74/24\text{hours} = 138\text{W/m}^2$

$Q_s = 1425 \times 0.74/24\text{hours} = 44\text{Btu/hr ft}^2$

2단계: 평형 온도를 결정하여라.

$$T_e = T_{out} + \frac{A_g \times Q_s}{UA_{total}}$$

but UA_{total} is equal to $U_{ns} + U_g \times A_g$, or

$1846 + 1.53 \times 204 = 2158\text{W/°K}$

$3500 + 0.27 \times 2200 = 4094\ \text{Btu/hr°F}$

$$T_e = 3.4 + \frac{204 \times 138}{2158} = 16.5°\text{C}$$

$$T_e = 38.1 + \frac{2200 \times 44}{4094} = 61.7°\text{F}$$

3단계: 외부 기온 증폭을 계산하여라.

$$ITI = \frac{7 - (-0.3)}{2} = 3.65°\text{C}$$

계산

$$ITI = \frac{44.6 - 31.5}{2} = 6.55°F$$

4단계: 제로 질량 진폭을 찾아라. (표 8-8 참고)

IZI = 24°C,
IZI= 44°F

5단계: 저장 열용량을 살펴보아라. (표 8-2)

MC_{sto} = 68.9Wh/m^{2}°K of surface area
MC_{sto} = 12.14Btu/ft^{2}°F of surface area

6단계: 저장 매체 표면 필름 전도도를 결정하라.

대부분의 저장 매체는 바닥에 있기 때문에 표면 필름의 전도도는 다음과 같다.

h = 3.15W/°Km^{2}
h = 1.0Btu/hr°Fft^{2}

7단계: 대류 온도 변동을 구하여라.

$MC_{sto}/h = 68.9/3.15 = 21.87$
$MC_{sto}/h = 12.14/1.0 = 12.14$

그림의 매개변수는 다음과 같다.

$$\frac{(T_e - T_{out}) \times h \times A_{sto}}{Q_s \times A_g}$$

$$\frac{(16.5 - 3.4) \times 3.15 \times 1208}{24 \times 204} = 10.2$$

$$\frac{(61.7-38.1)\times 1.0\times 1308}{44\times 2200}=3.2$$

그림 8-9 참고

ICI/IZI = .25

ICI = IZI × (ICI/IZI) = 24 × 0.25 = ±6°C

ICI = IZI × (ICI/IZI) = 44 × 0.25 = ±11°F

그러므로 저장 매체가 대류 결합되었으면,

Max. air temperature = T_c + ICI = 16.5 + 6 = 22.5°C

Min. air temperature = T_c + ICI = 16.5 – 6 = 10.5°C

Max. air temperature = T_c + ICI = 61.7 + 11 = 72.7°F

Min. air temperature = T_c + ICI = 61.7 – 11 = 50.7°F

8단계 : 복사 온도 변동을 구하여라.

(T_c – T_{out})/ITI = (16.5 – 3.4)/3.65 = 3.6

(T_c – T_{out})/ITI = (61.7 – 38.1)/6.55 = 3.6

그림 8-10 참고

IRI/ICI = 0.42

IRI = ICI × (IRI/ICI) = 6 × 0.42 = 2.6°F

IRI = ICI × (IRI/ICI) = 11 × 0.42 = 4.6°F

그러므로 저장 매체가 복사 결합되었으면,

Max. air temperature = T_c + IRI = 16.5 + 2.6 = 19.1°C

Min. air temperature = T_c + IRI = 16.5 – 2.6 = 13.9°C

Max. air temperature = T_c + IRI = 61.7 + 4.6 = 66.3°F

Min. air temperature = T_c + IRI = 61.7 – 4.6 = 57°F

열적 쾌적성을 결정하기 위한 앞선 방식은 특히 대형 남향 로이 창문이 있고 가벼운 내부 열용량을 가진 초단열 주택의 실내 온도 변동을 확인하는 데 유용하다. 건식 벽체가 열 저장 매체의 역할을 하는 이러한 건물 유형은 복사 결합을 대표하는 경우이다(바닥은 밝은색으로 칠해져서 태양 에너지를 벽의 석고판이나 천장에 고루 확산시킨다고 가정함). 로이유리를 사용하면 이런 종류의 건물은 겨울에 과열 현상이 너무나 쉽게 발생한다.

난방을 위한 일반적인 로이유리 성능

표 8-6은 태양열 난방기구로서 상업적으로 이용 가능한 대표적인 로이 제품들을 보여 준다. 이 표는 차폐계수가 0.55 이상인 제품들만 포함하고 있다. 이런 종류의 유리는 일사 취득을 최대화하지만 낮은 열관류율 때문에 열 손실을 최소화한다.

표 7-4는 차폐 계수가 낮은 유리이기 때문에 특별한 경우에만 적용된다. 이러한 유리 코팅은 경사면 유리가 있는 일광욕실이나 대부분의 서향 공간에서 과도한 일사 취득을 조절해 준다.

표 8-6. 난방기구로서 상업적으로 사용 가능한 대표적인 로이 제품들

로이 유형 (방사율)	냉방 기술 요소				Solar (%)			여름 열관류율(공기 충진)	
	외부 반사율(%)	일광 투과율(%)	SC	Dx	흡수율	투과율	반사율	W/°K sq m	Btuh/°F sq ft
Thin film (.10)	11	77	0.71	0.92	27	52	21	1.68	0.30
Pyrolytic (.18)	17	74	0.80	1.08	33	54	13	1.87	0.33
Pyrolytic (.18)*	NA	82	0.95	1.16	NA	NA	NA	3.52	0.62
Suspended (.07)	18	71	0.67	0.94	23	48	29	1.59	0.28
Suspended (.10)	18	68	0.61	0.90	36	40	24	1.76	0.31
Thin film (.10)	12	74	0.72	0.97	31	50	19	1.80	0.32
Thin film (.04)	16	69	0.67	0.97	33	45	22	1.68	0.30
Pyrolytic (.19)	16	73	0.79	1.08	33	54	13	1.90	0.33
Pyrolytic (.19)*	NA	82	0.95	1.16	NA	NA	NA	3.52	0.62
Suspended (.10)+	NA	63	0.58	0.92	NA	NA	NA	0.75	0.13

* Single glazing,
† 3 argon gaps.

유럽 제조사들

이 도식들은 다양한 유럽 국가와 북미의 유리 제조사로부터 인용되었다. 어떤 부분이라도 유리 코팅의 구체적인 정보의 기반이 될 것이다. 샘플들의 색상은 항상 맑은 날과 흐린 날 모두 야외에서 평가되어야 한다. 나열된 모든 열관류율은 유리의 중앙을 적용시킨 값이다. 모든 유리는 따로 언급하지 않는 한 투명하다.

분당 도담빌딩 (구)포스코엔지니어링사옥, (주)자산유리 제공, Solaron P70-1 제품

9

주광 조명

주광 조명 예측하기

많은 자연광으로 공간들을 채광하는 것은 외부와 실내를 연결시켜 건물 사용자에게 항상 기분 좋은 변화를 가져다준다. 움직이는 구름의 모습은 즐거움을 가져다주고, 색의 변화를 만들어 내고, 시간의 경과를 알려 준다. 일사의 만족스러운 색조로 실내의 경치는 더 유혹적이게 된다. 눈부심이 없는 충분한 주광 조명은 언제나 환영받고, 종종 생산성을 북돋아 준다.

주광 조명은 특히 사무실 주광 주명에서 다시금 흥미로운 분야가 되었는데, 로이 기술로 인해 주광 조명이 비용 절감하는 일로 변화되고 있기 때문이다. 로이코팅은 다른 제품들과는 다르게 주광 조명 강도에 뚜렷하게 미치는 영향 없이 일사 취득을 낮출 수 있다. 그러나 로이유리를 사용할 때 주광 조명은 별도의 주의를 요한다. 로이코팅은 일사 취득과 창호 단열 문제를 해결할 수 있지만, 전통적인 채광 문제와는 상관이 없다. 오히려 사무실 내의 보통 로이유리보다 더 큰 유리로 처리한다면, 채광 원칙이 잘 이해되지 않는 한 눈부심과 배광 문제가 발생할 수 있다.

좋은 주광 조명 설계는 반드시 밝은 날과 흐린 날에 모두 진행되어야 한다. 창문은 (이 전 두 장에서 소개된 것처럼) 전망을 제공하는 동시에, 밝은 날에 열적 쾌적성을 보존하도록 알맞은 크기로 만들어지고, 밝은 날이 있을 것 같지 않다면 충분한 채광을 위한 창문의 크기를 조절하기 위해 흐린 날의 상황을 고려한다. 더 좋은 단열 기능을 하는 로이유리는 직접적인 일사 노출이 없는 경우에 충분한 주광 조명을 얻기 위해 확장된 창문을 통해 너무 많은 에너지가 손실되는 것에 대한 우려를 줄일 수 있다.

밝은 시간에 사무실을 채광하는 것은 대개 어렵지 않다. 어려운 것은 눈부심을 제거하고 고르게 배광하는 일이다. 이 장의 중간 부분에서 빛 수용에 대한 간섭 없이 눈부심 문제를 최소화하는 몇 개의 개선 방법을 제공한다. 일단 창문이 밝은 상황에서 업무가 진행되도록 설계된다면, 반드시 흐린 날에도 채광 성능이 확인되어야 한다.

다음의 도식법들은 실내의 어느 구역이 흐린 날에 추가적인 인공적 채광이 요구되는지 정하는 데 사용된다. 첫 번째 방법은 수직 창에만 적용된다. 두 번째 기술은 아트리움처럼 많은 경사 창이 있는 공간에 사용된다. 흐린 기후에 식물을 재배하기에 충분한 실내 채광이 있는지를 판단하는데 특히 유용하다. 언제든지 실내 채광 수준이 식물 재배를 위한 최소 수준을 초과하는 경우에 에어컨에 과부하 문제가 존재한다.

흐린 날에 수직 창을 통한 주광 조명

빛은 개구, 반사, 발산을 통해 조절된다. 정반사는 광택 표면을 통해 만들어진다. 정 반사성으로 반사된 일광을 사용하는 것은 대단히 어려운 일이다. 반사면은 반사된 빛이 정확한 곳에 있도록 움직이는 태양의 자취를 따를 수 있어야 한다. 게다가 반사 표면이 광학적으로 평평하지 않다면 반사는 균일하지 않다. 이러한 어려움들은 특히 흐린 날에 효과가 없는 것처럼, 주광 조명 작업하는 데 있어서 정반사의 소멸이 있을 수 있다(또한, 근본적으로 임의적인 흐린 날의 일광은 무작위로 반사한다). 오직 무광에 옅은 색의 표면이 빛을 편안하게 그리고 실용적으로 재지향한다.

그림 9-1에서 볼 수 있듯이, 구름을 통과한 주광 조명은 측면 채광 방(side-lit room)에서 세 개의 경로를 통해 한 점에 도달한다. 하늘의 둥근 면에서 온 확산 광은 방해물을 교차하지 않는 어느 선을 통해서든 한 점에 도달한다[하늘 요소, Sky Component(SC)로 표시]. 추가적인 천공 광은 가까이에 있는 구조로부터 같은 점으로 반사된다[외부 반사 요소, External Reflected Component(ERC)로 표시]. 마지막으로 처음 두 곳의 근원으로부터 온 빛과 땅에서 온 빛은 분산되어 방의 실내 표면에 반사되어 간접적으로 같은 점을 비춘다[내부 반사 요소, Internal Reflected Component(IRC)로 표시].

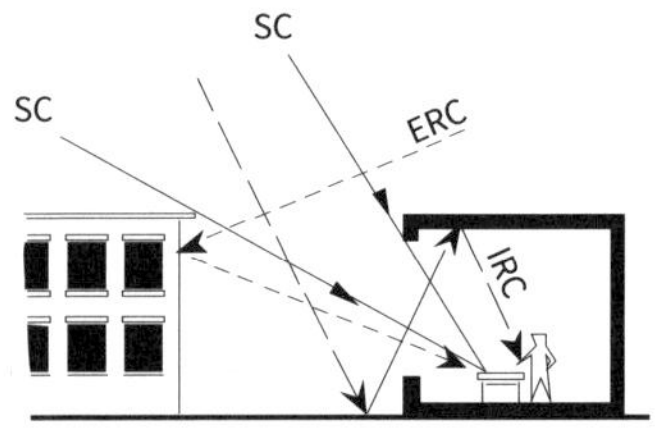

그림 9-1. 전체 일광 요소는 하늘 요소(SC), 외부 반사 요소(ERC), 내부 반사 요소(IRC)로 구성되어 있다.

조도(light levels)는 빛을 다시 전송하는 장치가 없는 전폭 창문으로부터의 거리가 늘어날수록 기하급수적으로 떨어진다(그림 9-2). 그림에 나타난 최대 길이의 창에 대한 조도(lighting level)는 주광률(daylight factor)로 나타난다(공간의 넓이가 깊이보다 클 경우로 가정한다). 이 주광률은 흐린 날에만 적용되고 장애물이 없는 수평적 표면에 있는 실외에 동시에 주어지는 조도에 의해 구분되는 실내의 지점에 수평면 조도로써 주어진다. 이는 백분율로 표현되고, 언제나 100% 이하다. 주어진 실내 지점에 대한 비율은 날씨가 흐린 이상 실외 조도가 변해도 불변으로 유지된다. 그래서 주광률은 하루에 주어진 어느 측정값에 대한 절대적 실내 주광 조명 수준을 예측하는 방법을 제공한다.

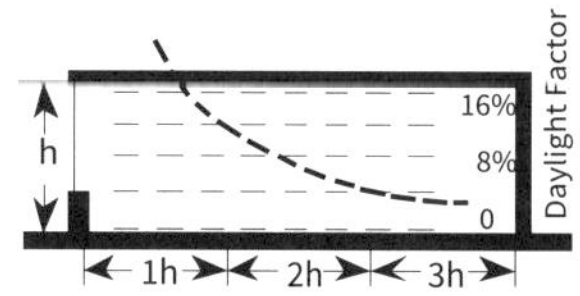

그림 9-2. 흐린 날 일광지수분포
(Derived from Daylight, International Recommendations for the calculation of Natural Daylight, Publication CIE No. 16 [E-3.2], Commission Internationale de l'Eclairage, 1970).

대개 내부 반사 요소(IRC)는 관측자가 창문으로부터 약간 몇 피트 정도에만 위치해 있을 때, 주광 조명에 하늘 요소(SC)보다 더 많은 영향을 준다. 흐린 날에는, 하늘 요소(SC)는 외부 반사 요소(ERC)보다 항상 크다.

실내 표면은 최대 배광을 위해 연한 색이어야 한다. 어두운색의 방에서 뒤쪽 가까운 곳의 주광률은 연한 색의 방보다 3배에서 4배정도 낮았다. 거의 한 벽면 길이에 걸린 창문과 연한 색의 표면을 가진 방에 흐린 날에도 충분한 조도를 위한 좋은 경험 법칙은 방의 깊이가 창문의 높이의 1.5배에서 2.5배 정도를 초과하지 않는 것이다. 주택을 위한 겨울철 주광율은 최소 2%가 되어야 하며, 일상적인 읽기와 같은 업무를 하는 사무실에서는 두 배, 제도 작업이나 기계 작업과 같은 장기적인 업무를 하는 사무실에서는 세 배가 되어야 한다. 이는 최소 실외 조도가 5390lux(500foot-candles)이라고 가정한다.

영국 연구 기지(British Research Station, BRS)는 흐린 날 하늘 요소(SC)를 예측하기 위해, 그림 9-3에서 모사된 것처럼 각도기를 설계했다. 이 작업은 자극 - 반응에 기초를 두었고, 인식 - 반응은 다루지 않는다. 한 사람이 상황을 흥미로운 것으로 지각해서 긍정적으로 반응하고 어느 낮은 조도도 알아채지 못할 수도 있다. 지각은 또한 명암에 의해 영향 받는다. 높은 조도는 어두운 벽이 있는 방에서는 소용이 없다. 그럼에도 불구하고 BRS 방식은 조도와 배광을 예측하는 합리적인 방법을 제공한다.

이 각도기는 건축 평면도와 단면도에서의 사용을 위해 설계되었다. 그 어떤 간편한 크기의 도면에도 효과가 있는데 주광 조명 현상은 축척과 별도로 일어나기 때문이다. 그림 9-4는 각도기가 천공의 평균 고도와 교정되지 않은 하늘 요소(SC)를 계산하는 부문에서 어떻게 사용되는지를 보여 준다. 그림 9-5는 창문 길이 보정률을 정하는 평면도에서 각도기

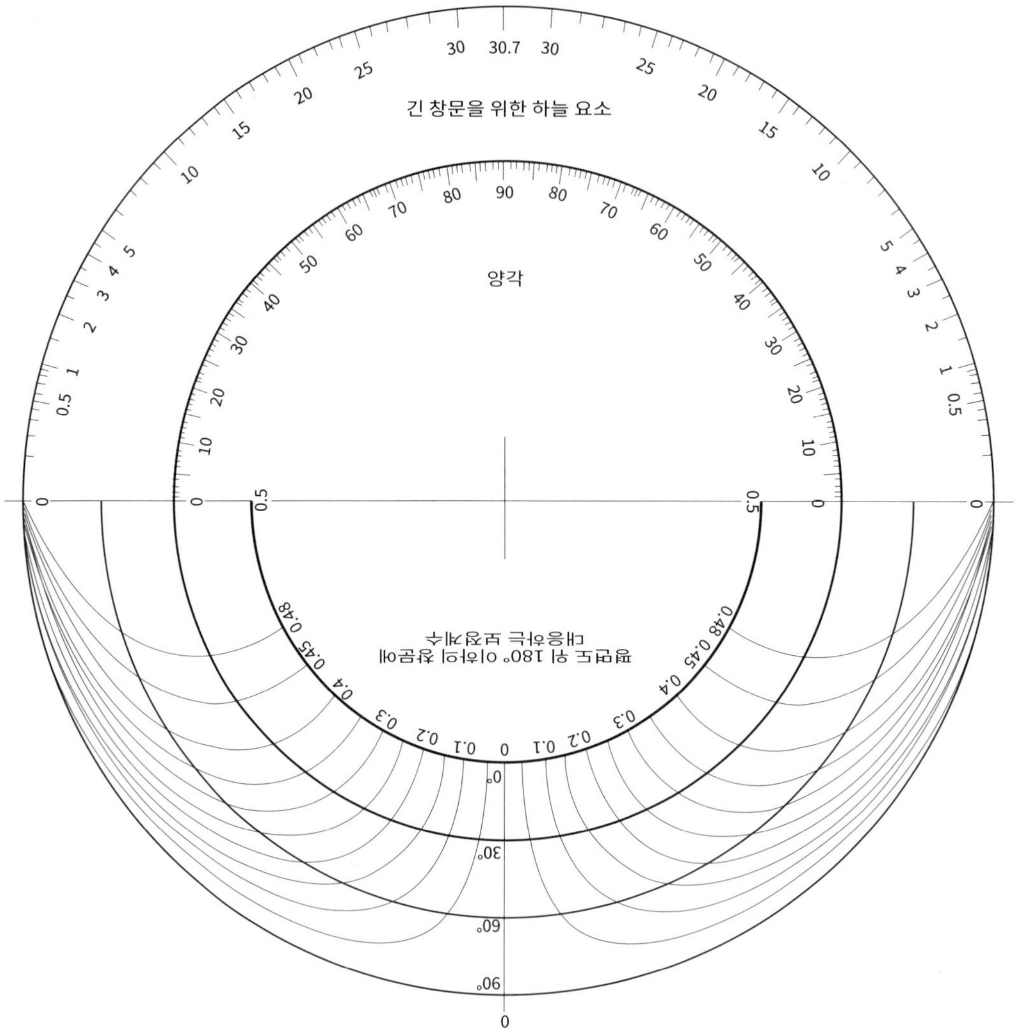

그림 9-3. 수직 창을 위한 BRS 하늘 요소 각도기(Adapted from the British Research Station, London, England).

의 사용법을 보여 준다. 그래픽 계산의 순서는 다음에 자세히 기술되어 있다.

창문이 통하는 한 단면도에서 방 안의 한 지점(그림 9-4에서 P점)을 선택한다. 그 점에서부터 하늘이 보이는 가장 높은 한계 치수와 가장 낮은 한계 치수까지 선을 그린다. 최소 한계 치수는 창틀 받침이나 주변의 건물이나 초목에 의해 정해진다. BRS 각도기의 중심을 지점과 겹쳐 두고, 아랫 부분을 바닥과 평행하게 둔 채로 상한 치수선이 각도기의 끝을 지나는 지점과 최소 치수 지점의 하늘 요소(SC) 값을 읽는다. 그림 9-4에 나와 있는 것처럼 두 값의 차이를 확인한다. 결과는 무한하게 긴 창문이 있는 방에서 선택된 지점의 하늘 요소(SC)가 주광률로 표현된다(이 예시에서는 1.85).

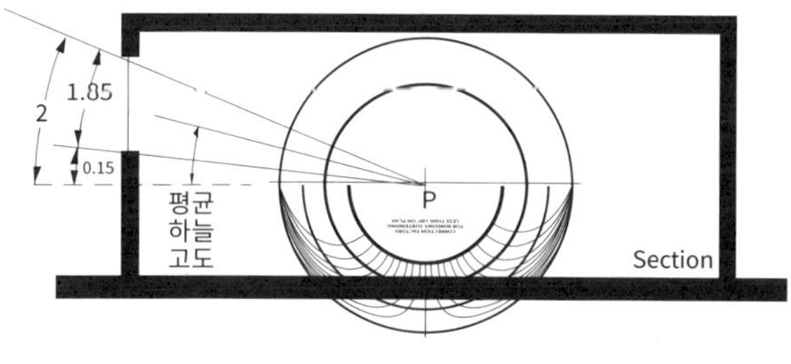

그림 9-4. 단면도에서 BRS 하늘 요소 각도기의 사용 예시

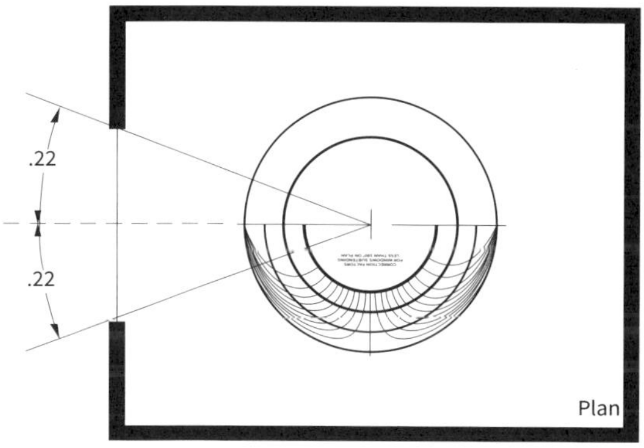

그림 9-5. 평면도에서 BRS 하늘 요소 각도기의 사용 예시

하늘 요소(SC)는 문턱받이 높이보다는 헤더 높이에 더 민감하게 영향받는다는 것에 유의해야 한다. 천정(zenith)은 흐린 날에 지평(horizon)보다 3배 더 밝다. 헤더가 높을수록, 천장 전망은 더 커진다.

실제 창문 길이에 대한 보정은 평면 표시에서 다른 각도기의 절반을 사용해서 확인할 수 있다. 단면도에서 계산을 끝내기 전에, 가시 천공의 평균 고도를 축척한 내부 반원의 눈금을 적어 둔다(이 경우에서는 19도). 방의 평면도에서, 가시 천공의 한계 치수를 고려한 시점에서부터 선을 그리는데, 이 한계 치수는 대개 창문 문설주(jamb)와 일치한다. 각도기의 아랫부분과 창문을 평행하게 둔 채로, 문제로 삼고 있는 점의 경계에 보정률(correction factor) 면의 중심을 위치시킨다. 동심 반원들 중 하나를 선택하기 위해 방금 구한 가시 천공의 평균 고도를 사용하고, 한계 치수가 평균 고도 반원을 지나는 방의 각 면에 대한 적절한 보정률을 정한다. 이 두 값을 더해서 전체 보정률을 구한다(예시에서 0.22 + 0.22 = 0.44). 보정된 하늘 요소(SC)를 구하기 위해, 전체 보정률과 첫 번째 단계에서의 하늘 요소(SC)를 곱해서 최종 주광률을 알아낸다(0.44 x 1.85 = 0.81). 한계 치수들 둘 모두 만약 문제로 삼고 있는 점이 창문의 면에서 멀다면, 각도기의 같은 사분면에 놓이게 된다. 이런 경우에는 전체 보정률은 각 보정률의 차이의 절댓값이 된다. 외부 반사 요소(ERC)은 대개 운량(cloud cover)하에 하늘 요소(SC)의 10% 정도로 추정된다.

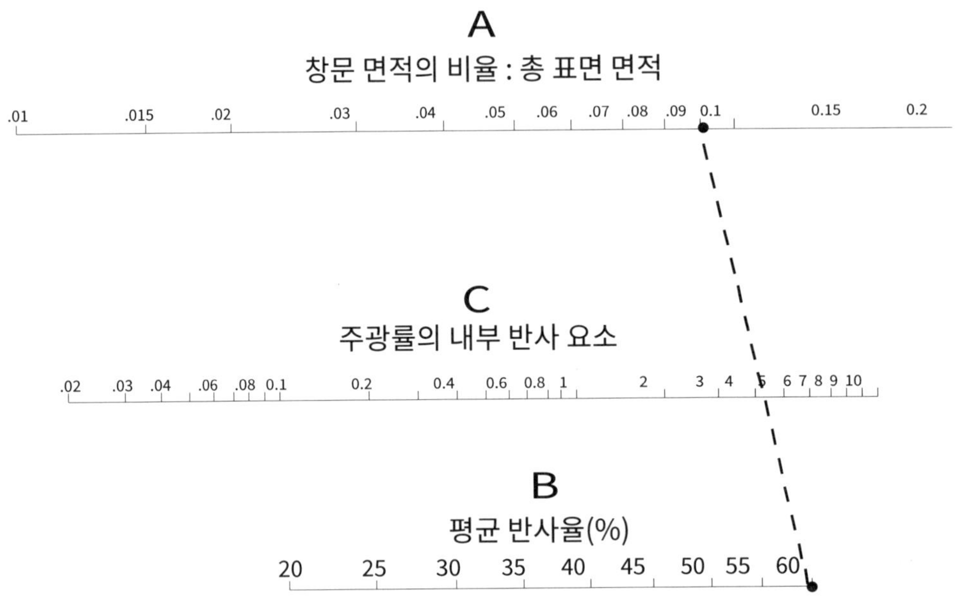

그림 9-6. 내부 반사 요소를 결정하는 노모그래프

측면 채광 방의 내부 반사 요소(IRC)는 그림 9-6에 있는 노모그래프를 따라 형성된다. 그림 9-6에서 B점으로 나타나는 평균 반사율은 먼저 방의 표면적의 물건들과 그 개별적인 반사율의 백분율 값을 더하고 나서, 그 총합을 전체 방의 표면적으로 나눈다. 창문은 표면적의 일부분으로 계산한다. 복층유리의 창문의 전형적인 반사율은 15%이다.

전체 표면적에 대한 창문 면적의 비율은 노모그래프상 두 번째 입력점(entry point)인 A점에서 형성된다. 내부 반사 요소(IRC)는 A와 B를 연결시키고, C 척도에서의 내부 반사 요소(IRC)를 읽어냄으로써 구해진다.

내부 반사 요소(IRC), 외부 반사 요소(ERC), 하늘 요소(SC)는 이후 합해져 선택된 지점에서의 주광률을 백분율로 나타낸다. 마지막으로, 창문의 투명도는 주광률과 창문의 주광 조명 투과율을 곱함으로써 처리된다. 다른 창문의 영향은 가산적이어서, 같은 지점에 다른 노출에 대한 주광률은 단순히 함께 합해진다.

선행한 방법은 창문 배치, 실내 반사율(interior reflectance), 실외 반사율(outdoor reflective)이 방의 조도에 영향을 주는 것을 보여 준다. 불투명 들창(overhang) 또한 방의 하늘 요소(SC)를 감소시키기 때문에 실내 채광을 떨어뜨린다.

그림 9-7은 흐린 날에 동일한 크기의 열려 있는 창문 배치 변화의 결과를 보여 준다. 높은 창문은 낮은 창문보다 더 나은 광투과(light penetration)를 가능하게 한다. 실내 채광 균일성은 창문이 천장으로 옮겨졌을 때 증가한다. 높고 연한 색의 천장이 배광을 돕는다.

높은 창문의 헤더가 좋지 않은 유일한 경우는 호숫가와 같은 곳처럼 강하고 반사된 지면 광이 있을 때이다. 낮은 창문이 가능한 가장 넓은 천장에 반사된 빛이 분배됨으로써 광 천장(luminous ceiling)을 보장하면서, 최대 채광을 제공하게 한다(그림 9-8). 유감스럽게도 낮은 창문은 광원(지면광) 근처나 눈 높이보다 아래에 놓이고, 이는 탁상 높이에서 눈부심을 증가시킨다. 이 점은 사무실처럼 업무를 위한 특정한 지역이 있는 것이 아닌 주택에서는 문제가 되지 않는다. 사무실 직원들은 또 다른 눈부심을 피하기 위해 기꺼이 다른 곳으로 이동해서 일할 수 없다.

종합 조도는 그림 9-9에서 알 수 있듯이, 두 번째 높은 창문이 반대편 벽에 위치했을 때 주로 흰색 방에서 막대하게 증가한다. 이 그림은 빛의 가산적인 특성을 보여 준다. 이 예시에서, 단 한 면에서의 주광 조명은 방의 깊이가 창문 높이의 2.5배까지 되는 경우에 충분한 주택용 조도(3의 주광률)를 제공하고, 방의 깊이가 창문 높이의 1.5배까지만 되어도 충분한 사무실용 조도(6의 주광률)를 제공한다.

실외 반사율과 실내 표면은 그림 9-10과 9-11에서 볼 수 있듯이, 방의 주광 조명 수준에 영향을 줄 수 있다. 실외 반사율의 큰 감소는 방의 뒷부분에서의 실내 반사율의 동일 수준 감소에 큰 영향을 주지 않는다. 그림 9-11은 또한 방의 뒷부분에서의 주광률이 표면이 매우 어두운색으로 마감 처리되었을 때, 급격하게 감소하는 것을 보여 준다. 참고 목적으로 실내 반사율은 그림 9-2, 9-9, 9-10, 9-12와 그림 9-11의 A 경우에서 확인할 수 있다.

그림 9-12는 불투명 들창(overhang)이 단 한 면에서만 채광이 되는 방에서의 조도를 크게 감소시킬 수 있다는 것을 보여 준다. 실제로 불투명 들창은 창문을 들창의 폭과 같은 거리만큼 뒷벽으로부터 옮긴다. 이 심각한 문제를 해결하기 위한 한 가지 방법은 외부 고정 지붕창(louver)을 사용해서 전체 하늘 요소(SC)를 차단하지 않고 여름 직달 일사를 막는 것이다. 연한 색의 반투명 섬유는 흐린 날에 빛을 들여 보내기 위한 불투명 들창을 대신해 눈썹 장치(eyebrow device)로도 사용된다.

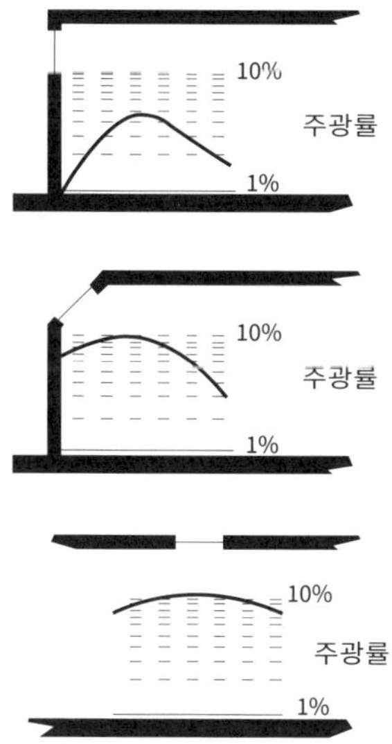

그림 9-7. 창문의 위치가 빛 분포에 영향을 준다. (Figures 9-7 through 9-12 are derived from Daylight, International Recommendations for the Calculation of Natural Daylight, Publication CIE No. 16 [E-3.2], Commission Internationale de l'Eclairage, 1970).

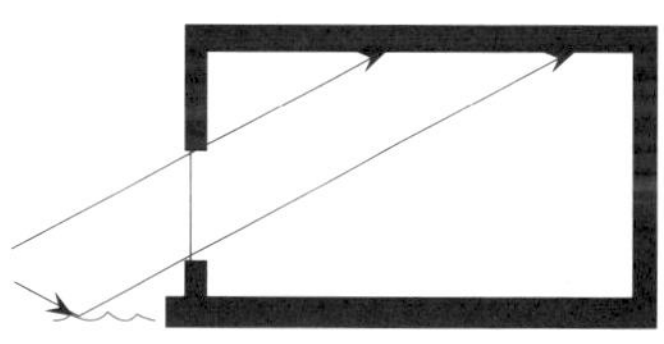

그림 9-8. 지면 반사광이 낮은 창문일 때 더 멀리 투과된다.

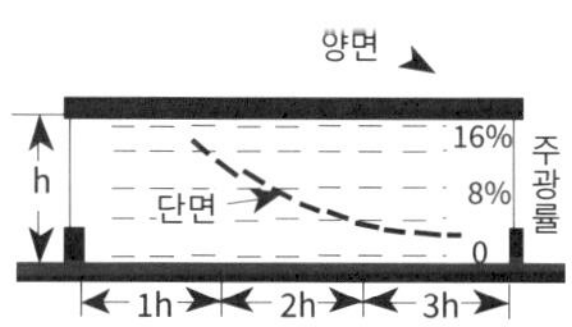

그림 9-9. 양쪽 조명과 한쪽 조명의 효과

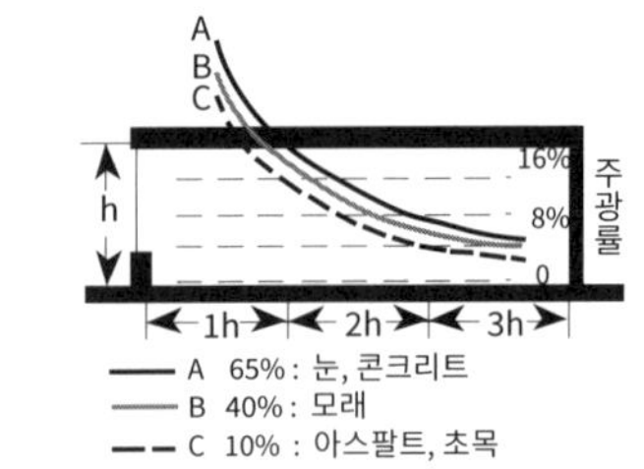

그림 9-10. 외부 표면의 반사도가 내부 주광 조명도에 영향을 미칠 수 있다.

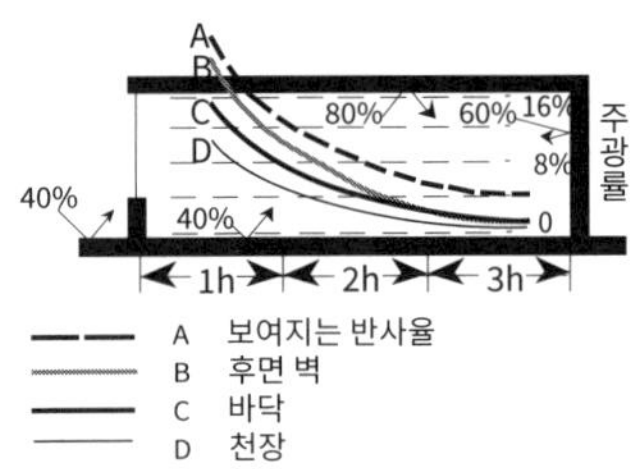

그림 9-11. 다양한 실내 반사도의 효과

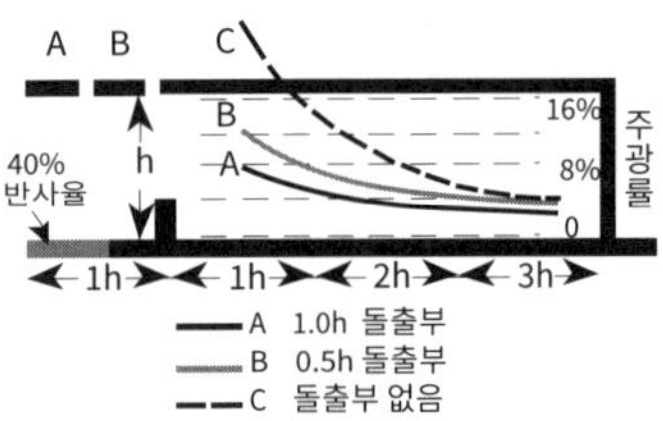

그림 9-12. 불투명한 돌출부의 효과

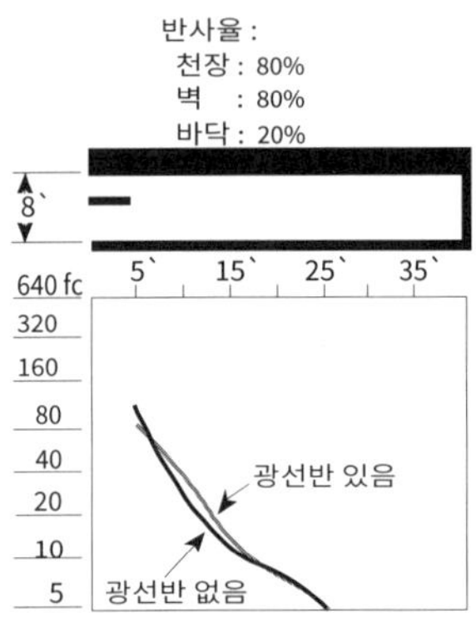

그림 9-13. 흐린 날 광선반의 효과 (출처: Lam, W.M.C., Sunlighting as Formgiver for Architecture, Van Nostrand Reinhold Company, New York, 1986).

광선반(lightshelf)는 주로 창문 근처의 과열점을 피하고, 밝은 날에 배광을 고르게 하기 위해서 사용된다. 광선반은 실제 무반사(antiglare) 장치이고, 눈부심 감소에 대한 부분에서 자세히 다뤄진다. 흐린 날에 광선반의 성능은 그림 9-13에서 알 수 있다. 실험 [18]은 다음과 같은 내용을 보여 준다:

- 위쪽 창문은 많은 채광을 제공한다.
- 낮은 창문은 채광을 거의 제공하지 않는다(낮은 창문이 밝은 날의 상황에서 가장 효율적일 수 있는 점과는 다르다).
- 광선반은 창문 근처의 채광을 상당히 감소시킴으로써 흐린 날의 채광 균일성을 개선시킬 수 있다. 방의 뒷부분의 조도는 광선반에 영향받지 않은 채로 유지된다.

사무실과 주택의 조도가 앞선 논의의 주광률 측면에서 추천되지만, 절대적인 조도 수치는 풋캔들이나 럭스 형식으로 여러 경우에서 요구된다. 이 수치는 그림 9-7에서부터 9-13까지 간접적으로 이용 가능하다. 이 그림에서 주어진 주광률은 실내 지평 채광에 대한 실외 지평 채광의 비율이어서, 주광률과 실외 지평 채광을 아는 것이 절대적 실내 채광 수준을 정할 수 있다.

평균적으로 흐린 날의 실외 조도는 그림 9-14에 나타나는 것처럼 태양 고도의 작용에 따라 지평 표면과 수직 표면에 대해 주어진다. 수직 표면에 대한 이해는 모든 수직적 표면에도 적용되는데, 이는 주어진 고도각의 하늘의 밝기가 흐린 날에 모든 방위 간도에 같기 때문이다. 그림 9-14와 9-15에 있는 데이터는 미 전역에 걸친 수많은 기상 관측소의 측정값들을 인용한 미국기상청의 출판물에서 발췌하였다.

외부 지평 조도 Eh는 평균적으로 흐린 날에 실증적 공식의 관점에서 지정되고 있다. [19]의 공식은 유럽의 다음처럼 주어진 관측 결과와 잘 일치한다:

$E_h = 300 + 21{,}000 \sin(\text{태양고도})$ [lux]

$E_h = 28 + 1951 \sin(\text{태양고도})$ [footcandles]

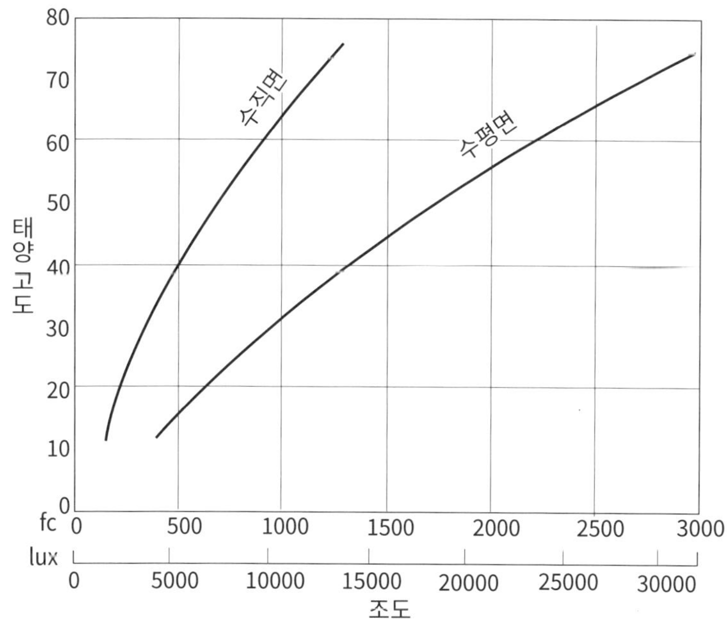

그림 9-14. 태양 위도의 기능으로서의 수직면과 수평면에 따른 가림막 없는 외부 표면의 조도 (출처: Stein/Reynolds/McGuinness, Mechanical and Electrical Equipment for Buildings, 7th ed., John Wiley & Sons, New York, 1986).

밝은 가을이나 봄의 하늘에 대한 실외 조도는 수평 표면, 그리고 수직 표면과 비례하여 태양 방위각으로 측정된 다양한 수직 표면에 대해서 그림 9-15에서 보여지고 있다. 이 곡선들은 가려진 창문의 경우처럼, 오직 하늘에서만 온 확산 조도를 보여 준다. 직사 일광은 태양과 수직인 표면에 110,000lux(10,000 foot-candles)까지 만들어진다. 밝은 하늘에 가장 어두운 부분은 태양으로부터 거의 90°고, 이는 낮 대부분의 시간에 지평

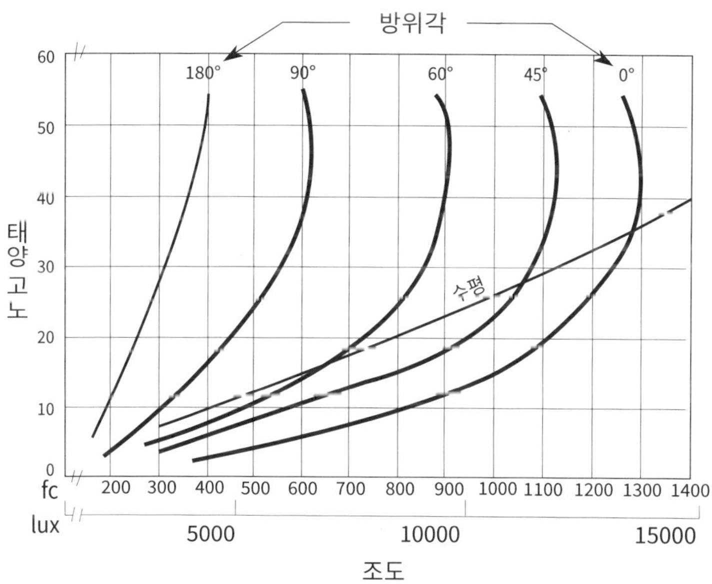

그림 9-15. 직사광선이 없는 맑은 봄날 또는 가을날의 수직면과 수평면의 외부 조도(출처: Stein/Reynolds/McGuinness, Mechanical and Electrical Equipment for Buildings, 7th ed., John Wiley & Sons, New York, 1986).

에 가까운 곳이다. 흐린 하늘은 푸른 하늘보다 더 밝으며, 구름 낀 하늘의 가장 밝은 부분은 천장이다.

그림 9-15는 참고용으로 제공되었다. 주광율 개념은 본래 흐린 날의 상황을 위해 의도되었고, 밝은 날의 조도 수치에 직접적으로 적용 가능하지 않다.

그림 9-14와 9-15에 언급된 태양 고도는 1년의 특정한 날에만 결정되는 것이 아니라, 지역의 위도에 따라서도 결정된다. 제6장에서 소개된 다양한 위도를 나타내는 태양 경로 도식들은 날짜와 관계없이 태양 고도를 정하는 데 모두 적용할 수 있다.

흐린 날에 경사 창을 통한 주광 조명

사람들을 위한 천창광 공간은 로이코팅이 된 천창이 사용될 때, 열적 불쾌적성을 없앨 수 있다. 주광 조명을 얻기 위해서는 창문보다 더 작은 천창이 필요한데 이는 천창광이 측광보다 더 밝기 때문이고, 천창은 자연스럽게 빛을 최적으로 분배하기 때문이다. 일반적으로, 로이 천창 지역이 바닥의 5%에서 9% 정도일 경우 – 만일 연한 색의 방안에 천창이 고르게 배광하고, 천장이 높은 경우 – 과열 없이 충분하게 하늘로부터 채광이 이루어진다. 만약 일반적인 유리가 사용된다면, 아무리 작은 개구여도 밝은 날에 방을 과열시킬 수도 있지만, 열을 반사하는 로이유리는 손쉽게 일사 취득 수준을 천창이 대체 설계되도록 할 정도의 조도 수준으로 감소시킨다. 물론, 천창을 일반적으로 통과하는 직사 일광은 눈부심 광원을 없애기 위하여 칸막이나 반투명유리로 억제되어야 한다.

공간은 주로 식물의 혜택을 위해 주광을 받기도 한다. 식물 주광 조명은 대개 아트리움이나 많은 경사 창이 있는 다른 공간에서 주로 사용된다. 구름이 많이 낀 상황에서의 천창광은 식물을 위해 가장 필요한 채광 환경이다. 하루 치의 불충분한 주광을 보충하기 위해 2일의 밝은 날이 필요하고, 식물 성장을 부양하는 어느 장소라도 주광 조명을 흐린 날에도 800에서 1000lux(80에서 100foot-candles) 유지를 제공해야 한다.

그림 9-15은 경사 창(45도 경사 이하)으로 주로 유리 시공이 된 흔하게 마주치는 공간에 대한 주광율 차트를 보여 준다. 이 차트들은 매사추세츠공과대학(MIT)에서 실시한 다양한 채광 모델 연구[10] 로부터 개발되었다.

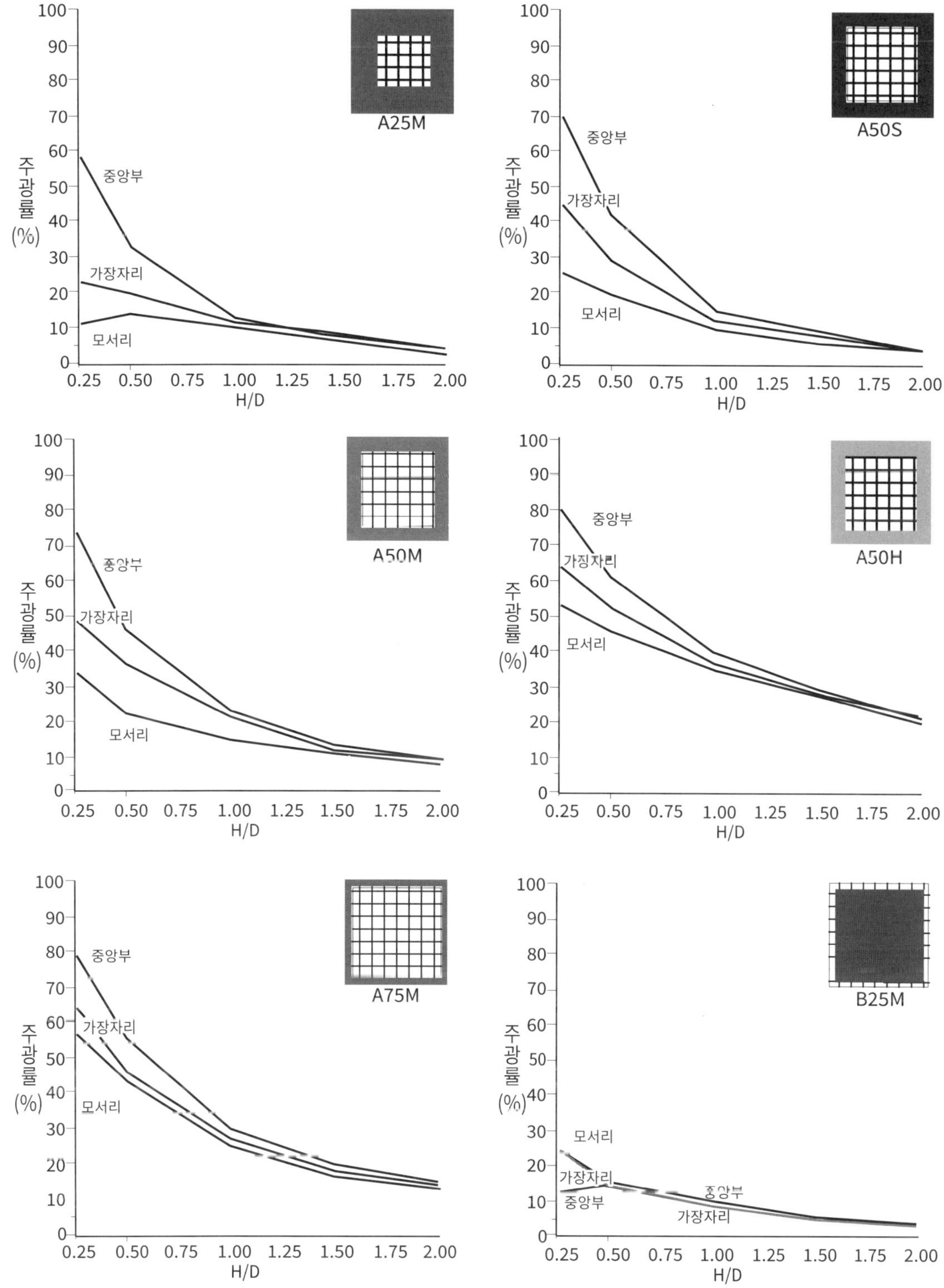

그림 9-16. 다양한 종횡비와 내부 반사도에 따른 바닥 채광정의 주광률 (Adapted from Gardestad, K., "The Living Atrium: Design Guidelines for Quality Atriums" M.S.Arch Thesis, MIT School of Architecture, Cambridge, Massachusetts, June 1986).

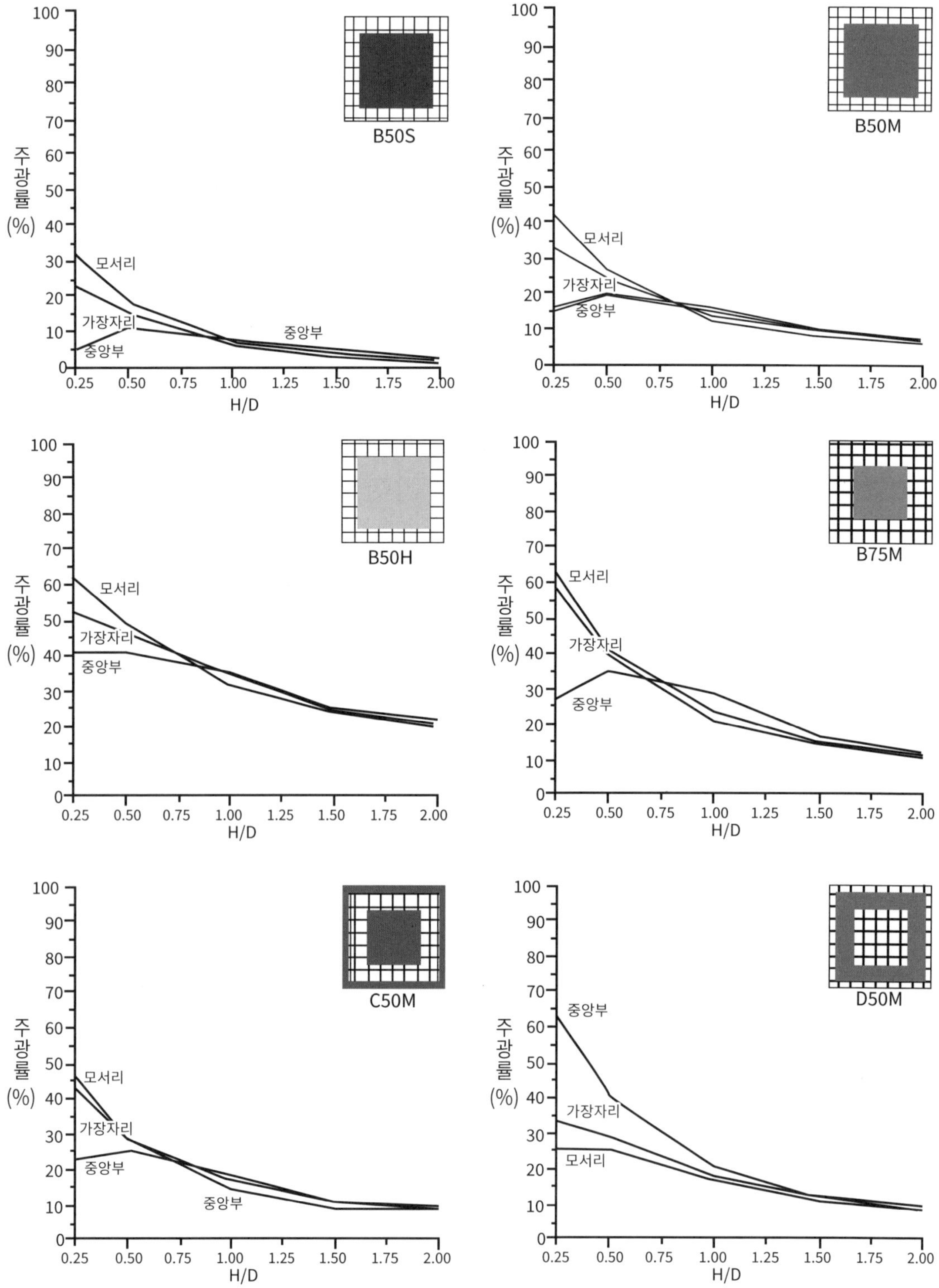
B50S
B50M
B50H
B75M
C50M
D50M
주광률 (%)
H/D
모서리
가장자리
중앙부
0
10
20
30
40
50
60
70
80
90
100
0.25
0.50
0.75
1.00
1.25
1.50
1.75
2.00

그림 9-16. (계속)

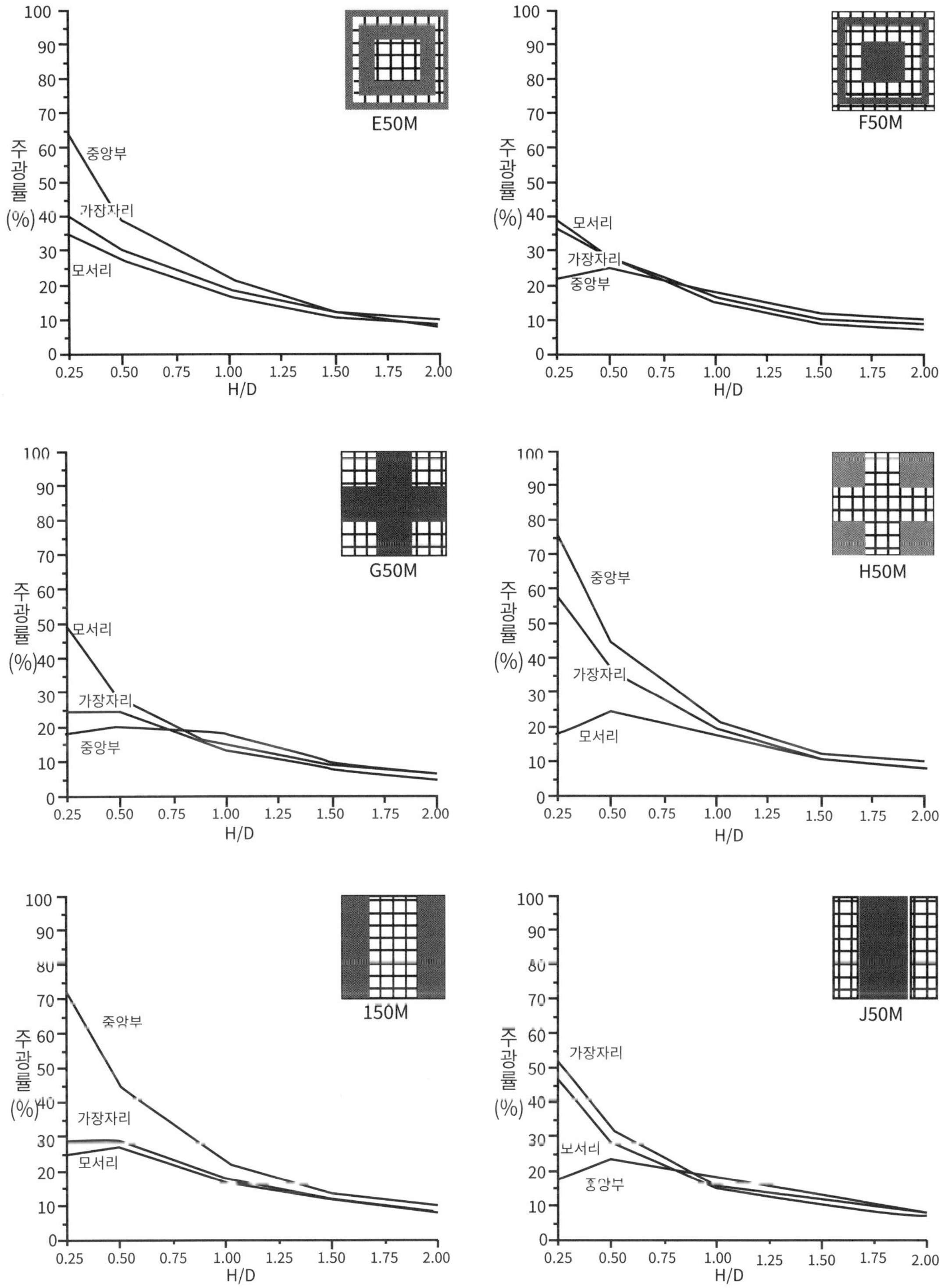
E50M
중앙부
가장자리
모서리
F50M
모서리
가장자리
중앙부
G50M
모서리
가장자리
중앙부
H50M
중앙부
가장자리
모서리
150M
중앙부
가장자리
모서리
J50M
가장자리
보서리
중앙부
주광률 (%)
H/D
0.25
0.50
0.75
1.00
1.25
1.50
1.75
2.00

그림 9-16. (계속)

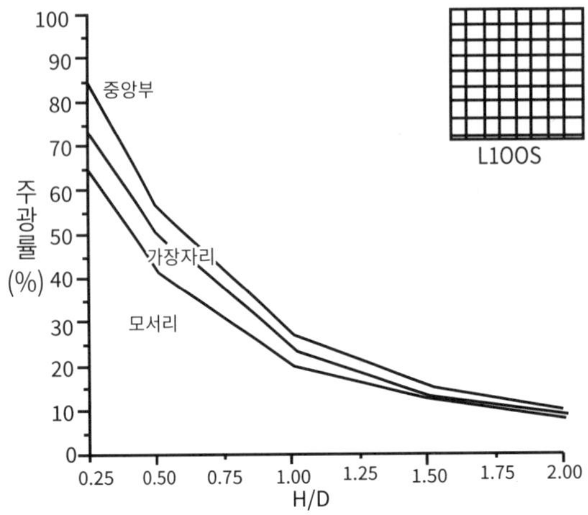
L1OOS
100
90
80
70
60
50
40
30
20
10
0
주광률 (%)
중앙부
가장자리
모서리
0.25 0.50 0.75 1.00 1.25 1.50 1.75 2.00
H/D

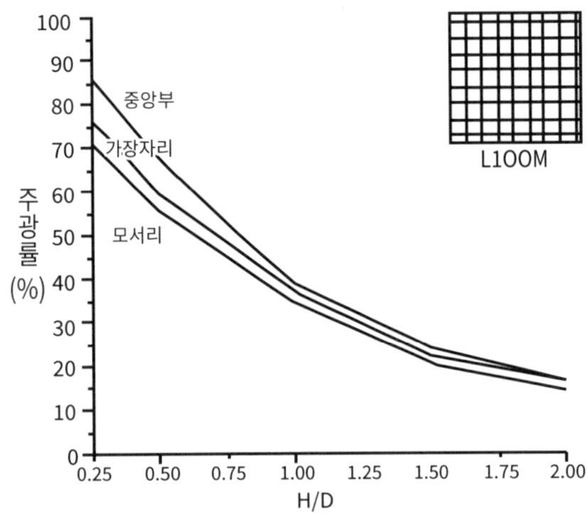
L1OOM
100
90
80
70
60
50
40
30
20
10
0
주광률 (%)
중앙부
가장자리
모서리
0.25 0.50 0.75 1.00 1.25 1.50 1.75 2.00
H/D

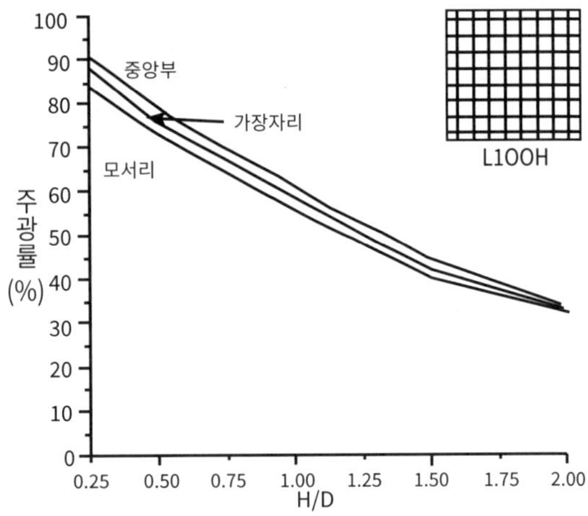
L1OOH
100
90
80
70
60
50
40
30
20
10
0
주광률 (%)
중앙부
가장자리
모서리
0.25 0.50 0.75 1.00 1.25 1.50 1.75 2.00
H/D

그림 9-16. (계속)

고르게 위치한 9개의 감광 장치는 모델의 정사각형 바닥에 설치되었다. 창문 개방은 언제나 바닥 면의 100%, 75%, 50%, 25%로 설정되었다. 채광정은 서로 다른 무광 종이로 덮여 있어서 서로 다른 내부 반사율을 모의 실험하였다. 검은색에서 흰색에 이르는 3개의 가리개(shade)가 벽과 천장 반사율을 위해 사용되었다(바닥은 항상 어두운 갈색으로 칠해져 있었다):

- 검은색에 가까운 색(차트에서 S로 분류됨) = 스팬드럴 패널(spandrel panel)이 유리로 이루어진 아트리움 사무실과 같은 유리로 된 공간에서의 반사율 중 15% 반사율을 보였다(아트리움을 둘러싼 창문의 유리는 거의 빛에 대한 블랙홀처럼 작용하였는데 이는 수직 창을 통해 들어오는 대부분의 빛이 절대로 재출현하지 않았기 때문이다).
- 중간(차트에서 M으로 분류됨) = 다량의 흙빛의 건물 자재의 반사율 중 40%의 반사율을 보였다.
- 흰색(차트에서 H로 분류됨) = 유리가 없는 병원의 흰색 표면에서 85%의 반사율을 보였다.

각 표는 지붕 평면도와 모델화된 변수들을 나타내는 세 부분의 코드가 수반되었다. 코드에 있는 첫 번째 글자는 유리 평면 모양을 나타내고, 중간 숫자는 지붕 개구도를 나타내고, 마지막 글자는 벽과 천장 반사율을 나타낸다. 예를 들어 A50H라는 코드는 A 모양, 50%의 지붕 개구도, 높은 반사율의 H를 나타낸다.

아트리엄 양상 비율(아트리엄 깊이에 대한 높이로서 주어짐, H/D, D가 채광정의 최소 평면 기준일 때)은 표에서 수평 축으로써 활용된다. 빛을 바닥까지 끌어내리는데 신경 쓰는 대부분의 아트리움은 0.5에서 2.0 사이의 H/D 비율을 갖는다.

그래프의 수직 축은 주광률을 나타낸다. 공간에 대한 실제 주광률은 그래프에서 주어진 주광률과 측면 창의 주광 전달률을 곱해서 구한다. 이 수치와 그림 9-14에 있는 흐린 날 지평 조도를 곱하면 채광정 바닥에 있는 목록화된 지점에 대한 절대 조도가 구해진다. 그림 9-17은 각 분류된 곡선이 평면도 어느 곳에 위치한 지를 보여 준다.

그림 9-17. 모델링한 아트리움 평면도에서 광센서의 위치

주어진 실내 반사율에 대하여, 조도는 일단 H/D가 1.0에서 1.5보다 높다면, 일반적으로 바닥 위치와는 관계가 없다. 높은 반사율과 큰 개구는 다른 조도 사이에 있는 간격을 빨리 좁히려고 한다. 이 연구는 빛이 고르게 분배되는 한, H/D가 2.0에 가까워질 때까지, 전체 조도가 구경비

설계
계산

에 비례하지 않는다는 것을 보여 준다. 그래프들은 또한 중간 반사율을 가진 채광정의 조도가 검은색에 가까운 채광정의 조도보다 급격하게 높지 않다는 것을 보여 준다. 마지막으로, 보정(interpolation)에 의해 빛이 바닥에 도달하기 전에 깊이 있는 채광정(H/D가 2.5 이상)이 빛의 대부분을 흡수하는 것을 볼 수 있다.

고르게 분배된 천창은 주로 주광률을 정확하게 예측하는데 필요한 간단한 경험 법칙들로 한 층의 공간에서도 고른 빛을 만들어 낼 수 있다. 다음 설계 경험 법칙 [17]은 연한 색의 공간에 대한 평균 겨울철 주광률을 알려 준다:

수직 창:

$$DF_{ave} = 0.20 \times (\text{skylight glazing area/floor area})$$

45° 경사 톱니 지붕:

$$DF_{ave} = 0.33 \times (\text{skylight glazing area/floor area})$$

수평 천장:

$$DF_{ave} = 0.50 \times (\text{skylight glazing area/floor area})$$

여느 때처럼 주광률은 실제 주광률을 구하기 위해 유리 주광 투과율이 곱해져야 한다. 같은 공식이 밝은 겨울날에 북쪽, 동쪽, 서쪽에도 사용될 수 있어야 한다[17]. 여름에는 더 많은 빛과 열이 있을 수 있어서, 열 반사 로이유리 사용은 의무화되고 있다.

눈부심 감소

대개 창문을 통해 들어오는 실내 주광 조명이 충분하면 원치 않은 눈부심이 발생하기도 한다. 이 문제는 로이유리로 교체함으로써 해결되지 않고, 우수한 건축적 세부 장치를 박식하게 적용함으로써 해결된다.

눈부심 문제는 대부분 밝은 날 나타나지만, 흐린 날도 약간의 눈부심 현상이 발생할 수도 있다. 이 부분에서 다룰 다양한 눈부심 형태는 측광 방과 관련이 있다. 천정의 주광 광원이 윤이 나는 바닥에 반사되고, 물질을 가릴 때 나타나는 종류의 눈부심은 사무실 주광 조명 구조에서는 일반적으로 나타나지 않는다.

색다른 형태의 눈부심은 방해적 현휘 눈부심(disability glare)인데, 이는 크고 밝은 광원 주변의 지역에 흐릿한 시야를 유발한다. 밝은 빛은 눈 안에서 옆으로 분산되고, 시야 전역에 흐릿함을 드리운다. 이런 현상은 특히 노년층에서 뚜렷한데 이는 그들의 체내의 안구 유동체가 탁해지게 되고, 더 많은 빛 분산을 일으키기 때문이다. 큰 하늘 영역을 바라보는 창문은 이러한 형태의 눈부심을 만들어 낼 수 있다. 방해가 되는 눈부심은 개구와 명암을 감소시키거나 더 많은 창문으로 실내 조도를 상승시킴으로써 극복된다.

건물 내에서 마주치게 되는 가장 흔한 형태의 눈부심인 불쾌 현휘(discomfort glare)는 시선 상에 밝은 광원이 더 어두운 사물에 맞서 비춰졌을 때 발생한다. 불쾌 현휘는 시력을 손상시키지는 않지만, 하늘 영역이 어두운 중간 선대(mullion)나 틀, 또는 창문에 인접한 다른 어두운 표면에 맞서 비쳤을 때 발생한다. 한 사람이 관측자와 창문 사이에 서 있을 때 볼 수 있는 사람 얼굴의 실루엣은 불쾌 현휘의 한 예시이다. 어두운 지역에 비치는 무의미한 여러 조각의 햇빛 또한 같은 문제를 일으킨다. 일반적으로 불쾌 현휘를 피하기 위해서는 측정된 조명 강도(light intensity) 비율은 시야에서 10대 1보다 낮아야 한다.

눈부심은 단순한 자극 현상이 아닌 지각 현상이기도 하다. 만약 밝은 지역이 시각적인 즐거움을 준다면 높은 명암은 더 이상 불쾌한 일은 아니다. 밝은 햇빛이 비치는 통로는 공간을 반짝이게 만들 수도 있지만 또한 다른 이에게는 눈부심을 야기함 수도 있다.

일반적으로 방의 표면과 실외 풍경의 차이는 실외에서 실내로 밝기의 점진적인 이행을 만들어 내는 창문 근처의 밝은 표면을 사용함으로써 최소화될 수 있다. 반투명 물질은 개방을 더 밝게 하고, 착색 유리는 흐린 날씨에 실내를 우울하게 보일 수 있게 하기 때문에, 오로지 맑은 유리만 사용되어야 한다. 코너나 측면에 있는 창문은 방의 뒷부분에 빛을 옮기고 명암 비를 감소시키도록 사용된다.

창틀(Reveal)

창문은 단순히 날씨를 알아보기 위한 벽의 가운데에 끼워 넣는 것보다는 연한 색의 벽에 맞서 위치해야 한다. 실내 벽은 큰 창틀과 같은 역할을 하는데, 이는 중간에서 반사된 빛으로 밝아진다. 이와 같은 상황이 불가능할 때는, 연한 색의 사면 창틀(그림 9-18)이 창의 가장자리에 사용되어 밝은 실외에서 어두운 실내로의 이행을 더 쉽게 한다. 중간 선대(mullion)는 창문 그 자체의 명암을 줄이려면 흰색이 되어야 한다.

그림 9-18. 빗쪽매 창틀은 밝은 외부와 어두운 내부의 대비를 완화시켜 준다.

눈부심 문제는 대개 맑은 날 악화된다. 다량의 일광이 평탄한 바닥, 또는 더 심하게 흰색 벽에 많은 공간에 일광이 내리쬐는 경우에는 공간의 시각적 불쾌적성이나 열적 불쾌적성을 증가시킨다. 이 문제를 피하는 한 가지 방법은 경치를 흥미롭게 만드는 것이다. 이 문제를 극복할 또 다른 방식은 천장에 일광을 반사시키거나, 방해판(baffle)을 통해 일광을 분산시킴으로써 일광을 없애는 것이다.

베네시안 블라인드(Venetian Blinds)

반대로 된 베네시안 블라인드는 만약 블라인드가 넓은 선으로 보이기보다는 장막으로 보일 만큼 간격이 충분히 좁다면, 산광기(light diffuser) 만큼이나 효과가 있다. 블라인드의 윗면은 분산시키기보다는 거울처럼 빛을 반사해야 하고, 그러면 지붕창(louver)은 강한 광원처럼 보이지 않는다. 블라인드 날의 밑면은 무광 마감이 되어야만 빛이 거울처럼 눈에 반사되지 않는다. 지붕창이 일단 충분히 작다면 불완전한 반사 표면을 갖고 있어도 별 상관이 없다. 그래서 흠이 있는 여러 개의 과열점들보다 천장에 있는 동일한 영역에 많은 반사가 합쳐진다.

이상적인 산광기는 다음과 같은 사항으로 이루어져야 한다.

- 외부에 대한 감소되지 않는 시야를 제공함
- 광원이 되지 않고 빛을 옮김
- 빛을 고르게 재분배함
- 일사 취득이나 조도에 영향을 주지 않음
- 환기가 가능함

물론, 모든 산광기가 위 목록에 있는 요구사항을 만족시키지 않는다. 사실은 좋은 산광기는 아직 설계되지 않고 있다. 무늬가 있는 유리는 작은 면 구조가 태양을 천 개의 작은 이미지로 분해할 때, 눈부심을 일으킬 수 있다. 반투명유리는 투명도에 따라서, 세 가지 문제 중 한 가지 문제로 시달릴 수 있다. 플라스틱으로 강화된 섬유유리(fiberglass)와 같은 거의 투명한 산광유리는 태양 면(sun disk)의 규모를 부정적으로 크게 키울 수 있다. 만약 지면 창 같은 곳에서 산광이 증가하면, 태양 면은 유리 전체 영역으로 퍼지고 창문은 참을 수 없을 만큼 밝아진다. 만약 반투명도가 감소되어 밝기를 감소시킨다면, 주광 조명 조도(그리고 때로 바람직한 일사 취득)는 말끔하게 낮아진다.

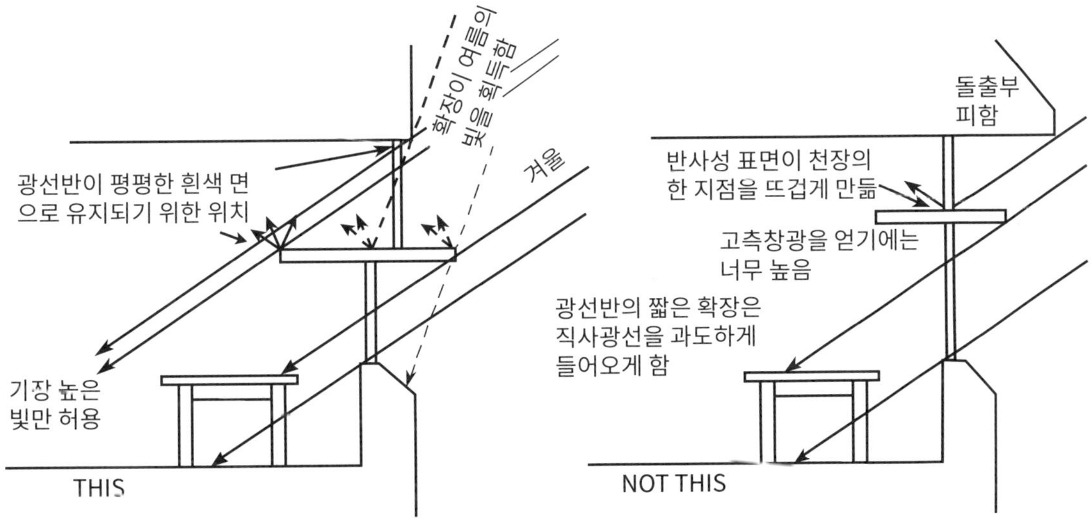

그림 9-19. 바람직한 광선반 설계 요소

좁고, 반대로 된 베니션 블라인드는 창문에서 빛을 만들어 내지 않고, 거의 수평적으로 펴졌을 때 시야를 방해하지도 않기 때문에 이상적인 산광기에 가까이 있다.

광선반(Lightshelves)

오버헤드 광선반이나 한두 개의 큰 지붕창 또한 효과가 좋다. 그러나 거대한 장치는 외관의 완전한 부분으로써 주의 깊게 설계되지 않으면 고압적인 느낌을 준다. 광선반은 반사된 빛의 활용을 최적화함으로써 작용한다. 적절한 광선반 설계는 광선반의 높이, 폭, 마감, 전체 기능을 하기 위한 유리 위치를 고려해 주의 깊게 소정된다.

그림 9-19는 바람직한 광선반(또는 반사 유리 블록이나 큰 지붕창) 설계의 요소를 보여 준다. 광선반은 천장의 대부분의 빛을 반사할 만큼 바닥에 가깝게 놓인다. 물론 이 광선반은 윗틈(head room)과 문과 다른 구조에 대해 간격을 제공해야 하고, 따라서 천장은 높고 흰색으로 칠해지는 경향이 있다. 광선반 설계는 장소의 위도에 따라 크게 좌우된다. 광선반의 앞에서 뒤까지의 심도는 밝은 날에 방의 대부분을 덮을 수 있고, 배광을 고르게 할 만큼 충분히 커야 한다. 일부 일광은 햇빛이 비추는 넓은 지역이 작업 구역에 비추지 않는 한, 방에 강도 높게 들어올 수도 있다. 높은 채광창(clerestory) 구역을 통한 빛 습득은 돌출부를 피함으로써 높은 강도로 유지된다. 외관을 지나는 광선반을 확장시키는 것은 고측창에 더 많은 빛을 잡아 두고, 이로 인해 대부분의 주광 조명 작업이 가능

해진다. 광선반을 아래로 기울이는 것은 낮은 창에 대한 추가적인 그늘을 가져다 주지만, 높은 채광 창을 통한 빛의 이동은 불가피하다. 뒤로 기울이는 것은 이 교환을 거꾸로 하게 된다. 낮은 창문은 광선반의 바깥 가장자리와 상대적인 위치에 끼워 넣어진다면, 온대 기후나 고온 기후에서 더욱 많은 열을 막을 수 있다. 높은 채광 창은 가장 가능한 멀리 외부에 설치되어야 하며, 이로 인해 실내의 대다수 광선반은 깨끗하게 유지될 수 있다.

광선반의 내부와 외부 상위 구역 모두의 반사율은 거울처럼 반사해서 천장에 시각적 열점을 만들어 내는 표면을 사용하지 않더라도 충분히 높아야 한다. 무광 표면은 매우 효과가 있지만, 반광택 표면이 청소하기에 더욱 쉽다. 광선반의 바닥 표면은 실내 조명의 균형을 맞추도록 마무리된다. 어두운 마감은 과한 지면 반사 광을 감소시키고, 밝은 마감은 대비 현휘(contrast glare)를 감소시킨다.

광선반은 내구성이 있고 쉽게 유지되는 건축 자재로 지어진다. 그러나 추운 기후에 응결 문제를 피하기 위해서는 차단 기능이 있어야 한다. 광선반은 스팬드럴, 작업 통로(catwalk), 덕트 인클로저(duct enclosure), 스프링클러 인클로저(springkler enclosure)와 같은 다른 기능을 제공할 수도 있다. 조각적 형태가 어떻든 간에 광선반은 강한 지평적 요소로 남아 있으며, 이는 건물 외관 모습에 큰 영향을 준다.

광선반은 지면 반사율이 40% 이하인 지역에서 밝은 날에 최적의 기능을 발휘한다(잔디로 덮인 지역에서 지면 반사율 약 30%). 광선반은 방의 앞쪽을 가림으로써 눈부심을 감소시키지만, 더 중요한 것은 방의 뒤쪽의 조도를 끌어올림으로써 일광이 가득한 방의 배광(그리고 태양열)을 고르게 한다는 점이다. 그림 9-20은 흰색 벽과 천장으로 마감된 모형 공간[18]에서 다양한 깊이의 광선반이 있을 때와 없을 때의 조도를 보여 준다. 그림의 왼쪽에서 태양이 지면으로부터 45°에 위치해 있고, 측정된 공간의 장소에 직접적인 태양은 없다. 외부 지면은 어두운색으로 되어 있어서 지면 반사는 중요한 역할을 하지 않는다. 20 발자국(foot mark)에서의 조도는 광선반을 사용할 때 천장에 맞고 튕겨나가는 빛 때문에 두 배 정도 높다. 조도는 방의 앞쪽에서 평소보다 낮아지는데 이는 광선반에 의해 발생하는 그림자 때문이다.

광선반은 지면 반사가 높을 경우 방 뒤편의 조도에 영향을 주지 않는다. 지면광의 상승은 광 천장(luminous ceiling)을 만들어 내는데 이는 광재 전달 장치에 대한 수요를 무효화한다.

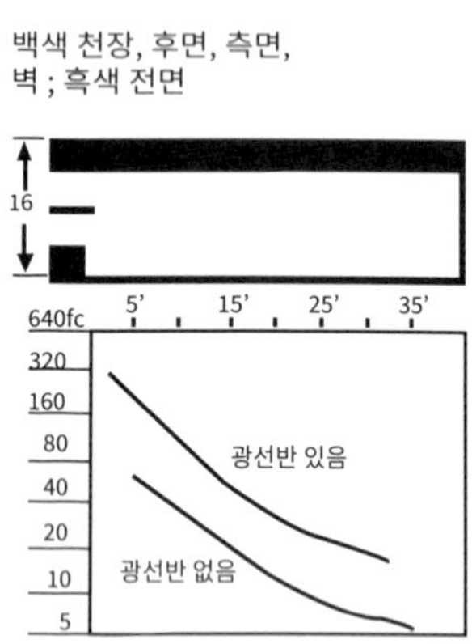

그림 9-20. 다양한 깊이의 광선반의 유무에 따른 맑은 날 내부 조도 (참고: Lam, W.M.C., Sunlighting as Formgiver for Architecture, Van Nostrand Reinhold Company, New York, 1986).

아트리움 루버(Atrium Louvers)

분산되는 주광 조명은 특히 사무실로 둘러싸인 아트리움에서 중요하다. 대부분의 직사 일광은 반드시 사무실로부터 차단되어야 한다. 아트리움을 마주한 각 사무실의 창문을 가로막기보다는 하늘로의 시야를 방해하지 않는 동시에, 아트리움 지붕을 덮은 경사 창에서 일광이 고르게 분산되는 것이 좋다. 이 방식은 전형적으로 근처 경사 창에 지지한 고정된 수직 지붕 창이나 개폐 가능한 수직 지붕 창에 적용된다(외부 설치는 눈이 오는 기후에는 효과가 없고 강한 풍하중을 견딜 수 있어야 한다). 연한 색의 지붕 창은 각이 져서 둘러싼 사무실의 개구부가 그늘지는 동시에 아래에서 하늘을 볼 수 있도록 설치해야 한다. 고정된 지붕 창은 아트리움의 긴 축이 남–북이나 동–서로 이어진 데서만 효과가 좋다. 동–서 방향에서는, 지붕창은 아트리움의 길이만큼 설치되고 바닥으로부터 직각을 이루고 있어서, 바닥에서부터 하늘에 대한 시야가 확보된다. 지붕 창에 의해 형성된 개구부를 이용하는 태양 광선의 프로파일각(profile angle)은 거의 하루 내내 일정해서 아트리움 벽을 가리기에 수월하다. 비록 태양이 정오에 아트리움 지붕의 양면을 통과한다 할지라도 아트리움 북쪽 일부에만 짧은 시간 동안 직사광이 유입된다.

유감스럽게도, 지붕 창은 상부 구조가 그 무게를 견뎌야 하고, 유리로 지지되어야 하기 때문에 매우 비싸다. 그림 9-21은 대안을 보여주는데, 이는 남–북 방향으로 이어진 일부 상업적 아트리움에서 저자에 의해 성공적으로 사용되고 있는 방식이다. 흰색의 지붕 창은 가림 장치로써 인접한 지붕 창 사이의 틈에 비례하여 넓은 폭을 가지면서 두 겹으로 구성되어 있다. 더 중요한 것은, 여분의 폭이 경량 지붕 창을 접착하는 것을 가능하게 한다는 점이고, 이는 측면 창에서는 지붕 창이라기보다는 중간 선대(mullion)와 비슷하다. 그래서 지붕 창 상부 구조의 높은 비용을 절감할 수 있다. 중간 선대(mullion)는 넓은 면에 부착된 흰색 플라스틱 셀룰러 폼을 가진 할로우 비닐(hollow vinyl) 돌출부이다. 스펀지는 중간 선대와 유리를 고정시키기 위해 감압 접착제로 작업이 이루어진다. 스폰지는 플라스틱과 유리의 다른 열 팽창 비율을 보완하기 위해 필요하다. 차양은 아트리움의 에어컨 부하를 낮추기 위해 언제나 요구된다.

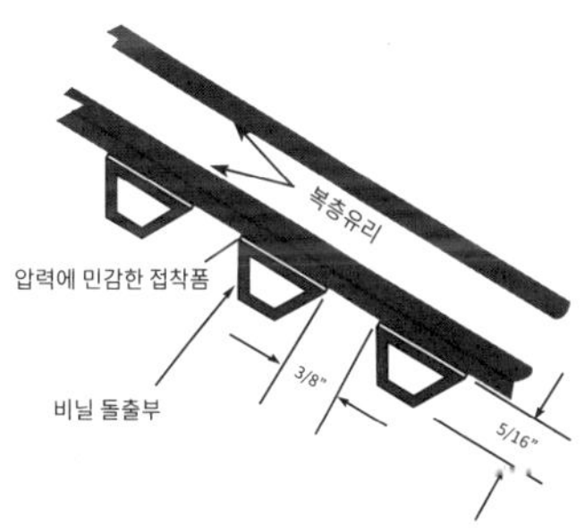

그림 9-21. 차양과 눈부심 감소를 위해 아트리움 유리 아래에 부착된 비닐 돌출부

대개 필요 이상의 주광 조명은 대부분의 측면 창이 아트리움 지붕에 형성될 때 유효하다. 설계자는 중간 선대(mullion)가 서로 가깝게 위치하지 않아 공간이 어두워지는 것을 설명하기 위해 이 장 앞에서 소개된 아트리움 주광 조명 도표를 사용할 수 있다(차트에 있는 주광률과 유리 영역에

대한 중간 선대 유효 범위의 시간을 잰 유리 투과율을 곱한다). 중간 선대는 반드시 투명한 로이유리가 사용되어야 하며, 이로 인해 흰색 스펀지에 반사된 빛이 다시 밖으로 반사될 때 유리를 뜨겁게 만들지 않는다. 중간 선대는 작은 창틀과 같은 기능을 하는 사다리꼴(또는 더 나은 것은 반원 교차 섹션)의 모양을 가져서, 빛이 중간 선대에 눈부시게 강한 빛을 만들어 내지 않은 채로 공간에 익숙해지도록 한다. 2층 높이보다 높은 아트리움의 채광 현상은 중동의 상점가의 길을 이어주기 위해 사용된 대나무발을 통해 걸러지는 빛을 연상시킨다.

자외선 공격에 굴복하게 되는 예술 작품의 전시나 섬유에 대한 걱정이 있는 큐레이터나 집주인에게 있어서 로이유리의 이점 중 하나는 대부분의 로이코팅의 특별히 낮은 자외선 투과율이다. 로이유리를 통해 들어온 잔존 자외선의 대부분은 처음으로 부딪히는 물체에 흡수된다. 이러한 이유로 박물관을 설계할 때는 자연채광하는 갤러리에 일반적으로 도달하는 모든 직사 일광을 막기 위해서는 지붕 창이나 깊은 창틀이나, 그밖의 다른 차양 장치가 사용된다. 과거에는 내구성이 높은 건축물이 자외선의 영향에 의해 예술품보다 더 빨리 노화되었다. 지금은 일부 로이코팅이 건축물마저도 구해낼 수 있다.

물리적 모형(Physical Models)

실내 주광 조명 현상을 예측하는 가장 좋은 방법은 모형을 설계해 노출계로 조도를 측정하는 것이다. 채광 현상의 모든 측면은 규모와 심휘광 채광 조건과는 무관하다.

실제 공간의 부족으로 축척 물리적 모형은 눈부심을 연구하는 데만 적용 가능하다(컴퓨터 모델은 아직 이 작업 수준까지 이르지 못했다). 모형은 정성적 조사를 위해 축척 공간 안에 눈이나 머리가 들어갈 만큼 충분한 공간이 있어야 한다.

주광 조명 강도는 표면 반사율과 반사성에 의해 영향을 받아서, 모형 내부는 실제 물건들의 합당한 복제품이어야 한다. 이 목표는 성취하기 어려워서, 다음에 소개되는 규칙들을 지키는 것이 결과를 확실히 하는데 충분한 부합성을 보증할 것이다.

- 창문 중간 선대(mullion), 창틀(reveal), 문틀(sill)을 정확하게 모형화할 것. 이 표면이 첫 번째 빛을 만들어 냄.
- 축척 수준의 변화와 실내 공간 분할을 모형화할 것. 가구가 중요하

게 배광량에 영향을 주지 않는다면 모형화될 필요는 없음.

- 실내 표면에 정확한 반사율과 반사 마감을 할 것. 색도와 채도는 상관없지만, 밝기 정도는 영향이 있음. 실내 반사 요소는 창문에서 거리가 먼 실내 조도에 가장 큰 영향을 가짐.
- 모형이 실외에서, 열린 채로 실제 장소의 모형과 비슷한 지면 반사율을 보이도록 확실히 할 것. 근처 건물들은 대부분의 광원을 감소시킴. 모형은 강풍을 견딜 수 있어야 함.
- 나무나 근처 건물과 큰 외부 장애물은 2차원 사물로 모형화할 것. 이웃한 큰 물체들은 빛을 가림.
- 평범한 개구를 덮지 않은 채로 투명유리창을 모형화할 것. 모든 검침은 실제 창문 투과율의 결과 수치를 곱함으로써 보정됨. 반투명유리는 동등한 분산 특질을 가진 모조지(vellum)로 모형화될 수 있음.
- 공간을 모형화하기 위해 절대로 흰색 폼코어(Foamcore)가 덮인 것과 같은 반투명 물질을 사용하지 말 것. 빛이 통하지 않는 접합부는 검은 테이프를 사용할 것. 천장과 바닥 물질을 통해 빛을 들이는 것은 거짓된 결과의 일반적인 원인이 됨.
- 모형과 노출계를 정확하게 수평적으로 유지할 것. 분산 하늘 요소(diffuse sky component)는 천장에서 가장 강해서, 모형에도 역시 천장은 오버헤드에 놓여야 함. 평면도에서 모형을 밝은 날 여러 번 회전시켜서 다양한 태양 각에 모의실험을 진행함.
- 정확한 주광률로 결과를 구하기 위해 두 개의 노출계를 사용해 흐린 날의 실내 채광과 실외 채광을 동시에 측정할 것. 주광률은 동시적인 실내, 실외 결과에 영향을 받음.
- 낮일 시연 근처에 물체를 흔들 때, 어떤 그림자도 인지되지 않는다면, 그날을 흐린 날로 간주할 것. 주광률 개념은 오직 흐린 날에만 적용한다. 측정값은 태양 정오 전 4시간 안으로 수집되어야 너무 낮은 빛으로부터 온 가짜 정보를 피할 수 있음.

주광 조명 모형은 외형적으로 검침에 영향이 없다는 선반을 제외하면, 프레젠테이션 모형으로도 매우 좋은 기능을 한다.

유리의 주광 조명 투과율 검증하기

제조사들이 그들의 로이 제품의 주광 조명 투과율의 목록을 제공함에도 불구하고, 이 분야에서 여러 번 출판물들을 확인할 필요는 있다. 간단한 50달러짜리의 아날로그 럭스, 풋캔들 조명계가 이 작업을 간단히 한다(사진 조명도계는 쓸만한 결과를 주지 않는다).

한 면이 0.30m(1피트) 큰 유리 샘플을 구하거나 일광에 휩싸인 비슷한 창문을 설치한다. 일광에서 유리를 시험한다. 조명계를 태양에 겨누고, 고정시켜서 조명계의 고도가 측정 동안에 고정된 채로 유지되게 한다(측정값은 비례적으로 나오기 때문에 정확하게 조명계와 태양을 맞출 필요는 없다). 조명계와 태양 사이에 아무것도 없을 때 조명계의 광도를 기록한다. 빠르게(태양이 이동하거나 주위 광도가 변하기 전에) 유리를 조명계와 태양 사이에 위치시켜서 유리가 탐지기와 평행하도록 하고 측정계와 틈이 거의 없게 한다(이 방식이 조명계가 '바라보는' 빛만 유리를 통해 전송되는 빛이기 때문이다). 첫 번째 값으로 이 값을 나누어서 주광 조명 투과율을 구한다. 두 번 이상의 측정값 세트를 구하고 결과의 평균을 구한다.

로이 색상과 검출

모든 코팅된 유리의 경우처럼 로이코팅은 특정 조건에서 창문(fenestration)에 색을 입힌다. 부드러운 코팅과 두껍고 단단한 코팅과 같은 종류의 로이코팅은 반사된 빛에 독특한 파스텔 색의 요소를 더한다. 예외는 신(新) 파이롤리틱 코팅(new pyrolytic coating)인데, 이는 투과되거나 반사된 빛에 거의 색을 더하지 않는다. 따라서 코팅된 유리의 정확한 색은 창문이 어두운 배경에 자연 주광 조명이 비춰졌을 때만 의식된다. 로이코팅 유리는 색에서 균일할 뿐만 아니라 주어진 제조사의 생산 샘플을 통해서도 균일하다. 색 부조화는 서로 다른 제조사의 샘플이나 로이유리를 섞었을 때만 발생할 것으로 예상된다.

제7장과 제8장은 올바른 창문 표면을 코팅하는 것이 얼마나 중요한지를 보여 준다. 비(非) 파이롤리틱 코팅(nonpyrolytic coating)에서 반사된 빛이 보이는 색 분리(color shift)는 유리 조립 공정에서 코팅되는 면의 위치를 정하는데 유용하다. 분필이나 담배와 같은 연한 색의 원기둥을 유리 표면에 수직적으로 잡고 다양한 반사에 주목하는 것이다. 다양한 유리에서

좁아지는 표면적은 원기둥의 감소된 이미지를 물체와 표면의 거리에 따라서 반사할 것이다. 로이 표면에서 나타나는 반사는 숨길 수 없는 색으로 나타날 것이고, 대개 파스텔 풍의 파란색이나 노란색의 색조로 나타난다.

신 파이롤리틱 코팅의 존재를 결정하는 것은 쉽지 않다(오래된 중급 방사 열분해 유리는 검출하기에 매우 쉽다 – 휘발유가 희석된 무지갯빛 유막처럼 보인다). 파이롤리틱 코팅에 의해 생성된 유일한 대규모 시각적 효과는 밝은 빛에 실외에서 보았을 때, 엷은 표면 연무(haze)뿐이다. 창문은 더러운 물로 닦인 것처럼 보인다. 이 효과는 작은 코팅된 유리에서는 검출하기 거의 불가능하다.

파이롤리틱 코팅의 존재를 결정하는 가장 확실한 방식은 기능 적외선의 열 반사나 전기 전도 전류로 실험을 하는 것이다. 첫 번째 실험은 단판유리에만 효과가 있지만 어떠한 기기 장치가 필요하지는 않다. 두 번째 실험은 저렴한 옴계(ohm-meter)를 필요로 하는데 이 실험은 복층유리에서도 효과가 있다.

적외선 반사를 검출하는 것은 외풍이 없는 장소에서 높은 강도의 백열등만 있다면 어떠한 기기 장치도 없이 쉽게 달성할 수 있다. 코팅된 유리를 뜨거운 거울이라고 생각해 보자. 먼저 한 면을 잡고, 다른 면 아래에 백열등을 두어서 최대량의 빛(그리고 열)을 당신의 얼굴에 반사시키게 한다. 당신의 얼굴은 대류성 상승 기류로부터 떨어진 램프 아래에 둔다. 유리 한 면이 주목할만한 반사된 온기를 당신의 얼굴에 만들어 낼 것이고, 다른 면은 인식할만한 차이를 만들지 못할 것이다.

저렴한 전기 저항 옴계에 대한 투자는 단판유리에 실험하는 일을 더욱 용이하게 만든다. 두 개의 전류계를 한쪽은 유리의 면에 두고 다른 쪽은 정반대 자리에 두고, 측정된 전기 저항값을 파악한다. 반대 면에서도 이 과정을 반복한다. 두드러지게 낮은 저항이 있는 면은 파이롤리틱 코팅이 되어 있는 면이다. 이 실험은 모든 종류의 노출 로이코팅에 효과가 있다.

필킹톤(Pilkington)사는 손에 들고 쓰는 단판유리와 복층유리의 파이롤리틱 코팅의 존재를 검출하는 측정계를 판매하고 있다.* 이 측정계 없이 포장된 복층유리의 파이롤리틱 코팅의 소재를 실험하기는 어려워졌는데, 이는 단열 처리된 유리가 시험 중에 창틀에서 일시적으로 제거되어야만 하기 때문이다. 다음의 실험은 전통적인 엣지 스페이서(edge

* 역주 : 현재에는 실용적으로 판매되는 다양한 검측 장비로 손쉽게 코팅의 종류를 정확히 진단할 수 있다.

사양

spacer)와 이중 유기적 마감이 있는 – 테이프 처리나 용접된 면이 온전하게 남아 있는 경우 – 단열 유리에 대해서 효과가 있다.

이중 유기 밀봉제(double organic seal)은 엣지 스페이서(edge spacer) 위에 유리 주변을 돌아가는 실란트 밴드를 통해 보이는 실란트의 다른 색에 의해 증명된다. 내부의 실란트는 대개 외부 실란트보다 더 어둡다. 가장자리 마감에서 코팅을 일부 제거하는 소프트 코팅과는 다르게, 부식방지 파이롤리틱 코팅(corrosion-proof pyrolytic coating)은 그대로 남아 있어서, 유리의 가장 끝부분에도 코팅이 된다. 외부 밀봉은 기계적 강도를 제공한다. 밀폐된 가스를 가둬두거나 수증기를 내보내기 위한 가스 차단 기능으로써는 작용하지는 않는다. 2차 마감 실란트는 mm 단위 또는 옴계 전류 측정기로 표시되어 엣지 스페이서 옆에 위치한 유리 표면에 단단히 장착되어 있다. 두 번째 측정기는 창문의 반대편 가장자리의 같은 유리 표면에 위치시켜 코팅이 존재하는지 확인할 수 있다. 큰 저항이 나타나게 되면 다른 판유리로 시도한다.

타임스퀘어, (주)자산유리 제공, Solaron P70-7 제품

10

사양(Specification) 가이드라인

로이유리 코팅의 사양 설명서

이전에는 다양한 로이유리의 차이점을 보여 주는 주요 변수들에 대해 다루었다. 이번 장에서는 지침 사양을 제시하며 이러한 정보들을 공식적으로 요약할 것이다. 이 지침은 성능에 따라 쓰임이 다른 로이유리들의 기획 지침서를 준비하는 데 도움이 되는 것이 목적이다. 이번 장에서는 사양이 광범위하기 때문에 특정한 제품을 위한 기술적인 사양 작성이나 제조사의 지침에 따라 일하는 데도 유용하게 쓰일 것이다.

대표적인 유리 설명 부분의 각 조항은 그 조항이 전형적인 유리의 사양과 어떤 차이점이 있는지에 대해 논의된 개요로 이름 붙여져 있다. 나열된 정보들은 단순히 사양만을 의미하지는 않는다. 그 단락과 인접한 페이지 수 윗부분의 색인 표시는 독자들에게 관련된 페이지를 알려주는 역할을 한다.

이 지침은 실제 북미의 사용에 기반을 두었고, 결과적으로 이것은 건설 시방 기준을 따른다. 일부 설명은 미국의 로이유리 건축 전문 기준 사양을 따른다.

이 장은 단판유리, 로이 단열유리판과 마감, 그리고 보수용 필름의 경우에 유리와 필름의 결합에 대해서만 다루며 창 개방과 관련된 항목에 대해서는 다루지 않는다. 다음 단락은 정보 전달의 목적으로 쓰여졌으며 사양 부분에서 단순히 삽입된 부분은 아니다.

* 역주: 최근 기술의 급격한 변화 및 개발에 의해서 표준 시방서는 많이 업데이트되었다. 참고용으로만 부착한다.

파트 1. 일반 사항

요약 전반

담당자는 다른 부분의 관련된 작업에 관해서는 전통적인 유리에 쓰였던 참조 자료를 동일하게 적용하여야 한다. 로이유리의 기계적인 측면도 일반적인 유리와 동일하기 때문이다.

HVAC의 영향을 다룬 내용을 보려면 50, 66, 91, 92, 105, 106 그리고 113 페이지를 참고하라

로이유리는 제품의 월등한 채광 성능이나 열 쾌적성 때문에 다른 높은 성능의 유리처럼 조명, 난방, 환기, 차양, 그리고 냉방과 관련된 부분에 영향을 줄 것이다. 기계 장비 담당자들은 로이유리가 사용될 때 이런 점을 인식하고 있어야 한다.

참조 사항 전반

미국 건축협회의 로이 전문 기준과 제조사의 문헌을 참조하여라.

정의

방사율의 수치 정의는 영국의 1990 건축 법규 편람에 따른다. 북미 건축 법규에는 비교할만한 정의가 존재하지 않는다. 방사율 0.20 대신 0.23에서 0.29를 사용하는 것은 개선 필름에도 적용된다. (페이지 61 참고)

저방사 유리(로이유리): 방사율이 0.20 미만인 코팅 유리

방사율: 표면이 장파장 적외선(실내 온도 적외선 열 에너지)을 방출할 수 있는 능력을 측정한 값. 방사율은 0(적외선 방사가 없을 때)에서부터 1(적외선을 100% 방사할 때)의 값으로 표시한다.

유리에 로이코팅을 하는 세 가지 유형: 저온 진공 증착, 고온 진공 증착, 파이롤리틱 증기 증착

페이지 52 참고

저온 진공 증착 유리:
제조사의 표준 증착 공정에 따라 얇은 금박이나 금속 산화주석으로 코팅된 적어도 하나 이상의 유리판(유리, 간봉된 유리판 안의 폴리에스테르 필름, 개선 필름)을 말한다.

고온 진공 증착 유리:
제조사의 표준 증착 공정에 따라 내구성과 안정성이 높은 두꺼운 금박이나 금속 산화주석으로 표면을 코팅한 적어도 하나 이상의 유리를 말한다. 이 코팅은 현재 흔히 쓰이지는 않는다.

페이지 63 참고

파이롤리틱 코팅 유리:
제조사의 파이롤리틱 공정에 따라 내구성과 안정성이 높은 금속 산화주석 코팅을 표면에 입힌 적어도 하나 이상의 유리를 말한다. 제조나 열처리 과정에서도 파이롤리틱 공정을 사용한다.

페이지 62 참고

시스템 설명

코팅된 단열 유리나 필름에 기대되는 성능의 특징은 제조사에 의해 발표된 자료에 기반을 둔 명목 값이다.

제조사는 공식적인 성능 수치를 표준화하지 않았다. 중앙 유리의 열관류율이 기준이다. (페이지 75-76 참고) 유럽이 제조사들은 때때로 태양열 취득을 차폐계수보다 총 태양 투과량의 관점에서 특징짓는다. (페이지 51 참고) 일부 제조사들은 주광 조명 반사도를 생략한다. 추가적인 정보는 요청 시 제공된다.

성능 특성:

가시 광선 투과율: ______________________

차폐계수: ______________________

외부 반사율: ______________________

일반 값을 보려면 표 7-4와 8-6을 참고하라

여름철 COG의 U값: ______________________

겨울철 COG의 U값: ______________________

일반 값을 보려면 표 5-1~5-4, 7-4 그리고 8-6을 참고하라. COG란 중앙 유리를 의미한다. (페이지 51 참고) COG나 평균 성능을 선택하라. (이를 다룬 페이지 70-71 참고)

여름 평균 열관류율: ______________________

단위 치수 ( )에 기반: ______________________

겨울 평균 열관류율: ______________________

단위 치수 ( )에 기반: ______________________

제출

제출된 제품 데이터는 명시된 요구와 일관되어야 한다.

다층 간극 밀봉 판 일부는 꽤 두껍고 그에 맞는 장착 방식이 필요하다. (페이지 34 참고)

다른 부문의 시공도는 설치와 간봉의 호환 가능성을 중점으로 검토되어야 한다.

색을 다룬 페이지 49와 156을 보아라. 설계자들이나 소유자들은 연색성을 위해 예정된 틀의 실물 모형을 점검해야 한다.

표본들은 현장 검증, 연색성과 색 균일도를 검토하는 데 필요하다.

표준 실험을 위해 ASTM E 774 Class A나 동등 값을 사용하라.
* 역주: 현재 ASTM E 2190 으로 개정됨.

독일 서부 기준 DIN 52293이나 동등 값을 사용하라

전통적인 유리의 참조 기준이 적용된다. 복층유리: 건조 공간을 용봉하는 유기적으로 간봉된 유리판으로 이루어진 선조립된 판은 _____________을 따른다. 공기를 제외한 가스가 주입된 유리판에서는 유기 마감 누출률은 _____________에 따라 결정된다.

품질관리 제출은 평범한 유리에 사용되는 동일한 테스트에 기반을 두다.

품질 보증

로이유리의 기계적인 특성이 일반적인 유리와 동일하기 때문에 일반적인 유리와 동일한 자격, 증명, 모형이 로이유리에도 적용된다. 덧붙여서 로이유리판은 다른 유리판처럼 설치된다.

운반, 저장, 취급

로이 복층유리는 가장자리 간봉이 손상되지 않도록 주의해야 한다. 수령 시 굳어 있지 않아야 하며, 물기가 있는 건 건조시켜야 한다. 모든 구성체는 직사광선을 피해 건조하고 환기가 잘되는 상태에 있어야 한다. 저장 온도가 66℃를 넘으면 안 되며, 만약 이를 지키지 않으면 가장자리 간봉과 부착된 폴리에스테르 필름이 손상될 수 있다.

사업/입지 조건

환경적인 요구사항은 일반적인 유리와 동일하다.

차례와 일정

담당자는 제조사에 이용 가능성을 확인해야 한다. 특히 새 제품일 경우에는 더욱 그러하다.

로이 기술은 제일 최신의 생산 공정에서 지연이 있을 만큼 빠르게 발전하고 있다. 열처리 로이유리는 코팅 유형에 따라 추가적으로 지연될 수도 있다. (이 장의 파트 2의 내용 참고)

품질 보증

대부분의 로이유리는 일반적인 유리와 동일한 품질 보증서를 지닌다. 왜냐하면, 동일한 가장자리 간봉이 사용되기 때문이다. 품질 보증은 광범위하게 변화하지만, 일부의 다층 갭 유리판과 보수용 필름에 한해서만 그러하다.

유지 보수

유지 보수는 마손 방지 세제와 도구를 이용해 청소하는 보수용 필름을 제외하고는 보통 일반적인 유리판과 동일하다.

파트 2. 제품

제조사들

대부분의 주요 유리 제작자들과 몰 코팅 제작사들은 로이 제품을 생산한다.

유럽과 북미의 모든 주요 로이 제조사들은 부록 A에 기재되어 있다.

재료

일반적인 유리판에 지정된 열처리가 로이유리에도 동일하게 적용된다. 저온 진공 증착 방식으로 코팅된 유리는 코팅이 적용되기 전에 반드시 템퍼링 과정을 거쳐야 한다.* 반면에 파이롤리틱 방식으로 코팅된 유리는 템퍼링 과정을 차후에 거칠 수 있다.

* 역주: 현재의 기술은 진공 증착 방식의 소프트 코팅도 열처리를 할 수 있다.

비록 색 균일도가 주어진 로이코팅 유형에 따른 제조사의 생산을 통해 동일하게 유지된다고 할지라도, 색 정합은 각각의 제조사마다 다를 뿐만 아니라 같은 제조사의 종류만 다른 로이 유형에서도 다르게 나타난다.

외부 평면 창이나 맞댐이음창 적용을 고려할 경우에는 실란트의 자외선 차단율을 항상 체크하라. (페이지 35 참고)

특정한 로이 복층유리 제품에 사용되는 유기 가장자리 간봉은 외부의 플러시 유리(flush glazing)와 맞댐 이음(butt-joint) 유리에는 적용할 수 없다.

생산 단위

로이코팅 유형 ______________________________(저온 진공 증착 공정, 고온 진공 증착 공정, 파이롤리틱 공정 또는 제조사 표준 공정을 거친 유리나 폴리에스테르 필름)

외부로부터의 각 유리판의 두께, ______×______ (일반적으로 부하 상태에 따라 달라지는 상업용 복층유리의 경우에는 6mm×6mm) 로이 제품에는 추가적인 하중 기준이 존재하지 않는다. 내부에 장착된 폴리에스테르 필름의 두께는 고려되지 않는다.

내부 필름이 추가적인 간극을 만들기 위해 사용되지 않는 경우에는, 보통 하나의 가스 공간(페이지 54 참고)

주입되는 가스에 따른 페이지 44에 최적의 간극 공간을 참고하라. 일반적으로 각각의 간격은 동일하다.

공기는 상업적인 적용에 있어서는 흔하게 주입된다. 다른 이용 가능한 주입 가스를 보려면 페이지 41을 참고하라.

표면은 외부로부터 내부로 숫자가 매겨진다. 다음 문장만 머릿속에서 지워라. 코팅 표면 넘버 1은 저온 진공 증착 코팅이 불가능하고, 부식 차단 파이롤리틱 코팅에 사용될 때에도 추천되지 않는다. (페이지 94)

가스 공간의 수: ______________________________

외부로부터의 가스 공간의 두께: ____________×____________

가스: ______________________________

외부 판: <u>#2면에 코팅된 색상 플로트 유리</u> 또는 <u>#1면에 코팅된 색상 플로트 유리</u>

색상 유리: ________________________________

열처리: ________________________________

일반적인 착색은 표 5-1, 5-2 그리고 7-4를 참고하고 'clear' 투명이라는 개념을 구체화하라.

담당자는 제시된 강화유리나 완전히 템퍼링된 유리 중 하나를 사용해야 한다. 저온 진공 증착 코팅은 파이롤리틱 코팅이 선템퍼링이 가능한 반면 코팅 후템퍼링이나 열처리가 불가능하다. (페이지 56와 62 참고)

* 역주: 현재는 진공 증착 코팅도 가능하다.

내부 판: <u>코팅되지 않은 투명한 플로트 유리</u> 또는 <u>#3면에 코팅된 투명한 플로트 유리</u>

열처리: ________________________________

(위와 같은 식 사용)

다음 문장을 잊어라. 코팅 표면 넘버 3은 바람직하지 않다 (페이지 91과 111 참고) 두 개의 로이 표면을 마주 보게 하는 것은 내열성이 두 번째 코팅에 의해 두드러지게 개선되지 않기 때문에 필수적이지는 않다.

실링 시스템: ________________________________

스페이서 재료: ________________________________

(일반적으로 알루미늄이나 아연 도금강 혹은 제조사의 기준에 따라 달라진다.)

페이지 34에 제시된 이중 밀봉은 제작자의 설계에 따라 좌우된다. 외부 평면창이나 맞댐이음 유리 적용을 고려한다면 항상 유리 제조사의 실란트 자외선 차단율을 체크하라. (페이지 35 참고)

스페이서 마감: ________________________________

(일반적으로 알루미늄에는 투명 양극 산화 마감이나 압연 마감을 사용한다; 알루미늄 스페이서의 착색 양극 산화 마감에 있어서는 일부의 제조사에서만 처리 가능하다.)

흡습제: ________________________________

(담당자는 제조사의 기준을 사용해야 한다. 몰리큘라 시브(molecular sieve)나 실리카 겔 혹은 두 개를 혼합하기도 한다.)

로이코팅은 색차가 없애야 한다.

필름은 __________로 유리에 부착되어야 한다.

이 단락은 보수용 필름에만 적용된다. 일반적으로 일시적으로 접착력을 감소시키는 덧코딩에 방수 접착제 또는 압감 접착제를 사용한다. (페이지 38 참고)

장비, 구성 요소, 보조 부품

특별한 장비, 구성 요소 또는 보조 부품은 필요하지 않다.

가공

특별한 내성이나 마감 처리는 필요하지 않다.

품질관리

로이 코팅의 성능 확인은 두 가지로 분류해서 확인한다.

1) 검사: 매우 투명한 로이코팅의 위치를 결정함
2) 확인: 제조사가 공개한 성능 데이터를 확인함

페이지 156과 157 참고

로이코팅의 위치는 실제 적용 시 시각적으로 또는 정확한 측정에 의해 결정할 수 있다.

열관류율 결정 방식은 창문 중앙의 온도 강하와 창문의 실내 면에 부착된 물질의 열관류율을 비교를 바탕으로 한다.(페이지 78 참조)

로이 단열 유리의 열관류율은 표준 단열 물질과 창문 단열 가치를 실제로 비교함으로써 대략적으로 검증할 수 있다. 담당자는 더 정확한 결과를 얻고 싶다면 독립적인 시험 연구소에 표본을 보내야 한다.

페이지 155와 156 참고

일광 투과율은 야외에서 조도계에 의해 결정된다.

차폐계수는 독립적인 시험 연구소에서 결정되어야 한다.

파트 3. 실행

요약

건설 사양 연구소의 시공, 준비, 설치, 현장 품실관리, 조질, 청소, 설치, 유지 보수는 전통적인 유리와 동일하게 적용된다.

특히 유용한 설명은 현재 기술의 한 부분일 뿐이므로 담당자들은 항상 제조사의 현재 상태를 검증해야 한다.

(사)한국선급협회 사옥, (주)자산유리 제공, Solaron P100-5 제품

11

미래

소프트 코팅과 하드 코팅 중 어떤 것이 우세해질까?

이 책은 각 로이코팅의 유형이 적용 방식에 따른 탁월한 점과 부족한 점을 설명한다. 그러나 기술이 발전함에 따라 각각의 로이 유형은 그들의 경쟁 유형과 비교했을 때 최적의 특성을 획득할 것이다. 이 경쟁에서 완벽한 코팅 성능과 시장 경쟁력을 갖춘 최후의 승자가 나타날 것인가? 답은 앞으로의 사회가 어떤 산업에 비중을 둘 것인지에 따라 달라질 것이다.

유리 생산자들은 끝내 파이롤리틱 코팅이 살아남을 거라고 자연스레 느낀다. 소프트 코팅 생산의 경우, 코팅을 위해 유리를 다른 라인으로 이동시키는데 파이롤리틱 공정이 한 라인에서 이루어지는 것을 생각해 보면 이것이 더욱 경제적이기 때문이다. 이러한 사실과 파이롤리틱 코팅 유리의 차후 템퍼링 특성은 이 제품이 가격 경쟁력만을 고려했을 때는 결국엔 살아남을 것이라는 뜻이다. 덧붙여서 이러한 온라인(on linc) 제조 방식은 비록 지금의 생산량이 중간 정도일지라도 이론적으로 불가피하게 치솟을 로이유리의 수요량을 감당할 수 있다. 그러나 파이롤리틱 공정이 강력한 경쟁자가 될 수 있는 진짜 이유는 주요 유리 제조사가 이를 생산할 뿐만 아니라, 막대한 시장 경쟁력을 점하고 있기 때문이다. 현재의 보편적인 유리 판매력은 미래의 하드 코팅 유리의 판매력이 될 것이다. 세계의 대부분의 주요 유리 제조사는 일렬 코팅 방식을 채택하기 시작했다.

진공 코팅 방식을 사용하는 다른 제조사들은 물론 이와 다르게 느낀다. 일부 태양 난방 기구를 제외하고는, 오프라인(off-line) 코팅과 롤 코팅된 제품들은 특히 코팅의 매개변수가 쉽게 변화한 이래로 분명히 언젠가 파이롤리틱 코팅을 넘어설 것이다. 이러한 내재적 유연성은 소프트 코팅 제품들이 쉽게 다양한 시장과 기후에 적합하게 맞춰질 것이라는 것을 의미한다. 온라인(on-line) 생산 시설은 한 유형의 코팅에서 다음 유형으로의 신속한 전환이 불가능하다. 게다가 생산량이 이미 정해지고, 점점 증가하는 추세이다. 왜냐하면, 소프트 코팅 산업이 최근에 전기전도 자동차 앞 유리 시장에 진입하였기 때문이다. 게다가 파이롤리틱은 소프트 코팅에서는 가능한 낮은 차폐계수/높은 일광 투과량의 바람직한 결합의 요구를 충족시키지 못한다. 이러한 특성은 이미 지적을 받아온 점이다. (차폐계수가 0.50이고 일광 투과량이 63%인 파이롤리틱 코팅을 거친 단판 유리는 기능을 향상시키기 위해 개발 중이다. 이 개발은 특히 전통적으로 단일 유리를 사용하는 더운 기후의 주거자들에게 매력적인 선택권이다.)

간단히 말하면 어떤 것이 미래에 우세할지 말하는 것은 너무 이르다. 모순적인 것은 아마 제일 큰 시장이 건축 시장이 아닌 자동차 앞 유리 시장이 될 지도 모른다는 것이다.*

새로운 아킬레스건 – 엣지 스페이서와 창틀

로이유리 성능은 꾸준히 개선되어 왔고, 따라서 오늘날의 소형 창문의 경우에는 창틀과 엣지 스페이서를 통한 열 손실이 거의 창문 유리 자체를 통한 열 손실과 비슷하다. 분명히 엣지 스페이서와 대부분 오늘날의 창틀은 온열적인 성능을 더욱 개선시킬 필요가 있다. 그렇지 않으면 로이유리만이 가지는 장점이 퇴색해 갈 것이다.

다중 로이코팅 중합체를 사용하거나 제조하는 두 개의 회사는 이미 열 성능이 뛰어난 가장자리 밀봉제를 개발했다. 이것은 주입된 가스를 효율적으로 함유하고 있으며 탄성도 유지한다. (4장 참고) 이외의 것들은 좀 더 단순하고 덜 비싼 해결책에 적용할 수 있다. 오늘날의 제품도 약간의 수정을 거쳐 적용할 수 있다는 점을 감안해서라도 말이다.

이러한 제품의 대표적인 예시는 Tremco사의 스위글 스트립(Swiggle Strip)이다. 이것은 금속 물결 모양의 스트립에 대해 건조시킨 부틸 캐스트(cast)이다. 이 물결 모양의 스트립은 일반적인 압축력이 있는 상황에서 유리에

* 2017년 현재 로이코팅유리 시장의 승자는 소프트 코팅유리이다. 소프트 로이코팅은 과거 단점으로 지적되어 온 강화 열처리 후처리 불가, 다소 높은 가격을 기술의 발전과 대량 생산 체제를 구축하여 상당 부분에 걸쳐 이를 극복하였다.

간극을 내는 기계적인 업무를 수행한다. 아주 적은 열이 이 간극을 메운다. 왜냐하면, 거기에는 오늘날 상자 모양의 금속 엣지 스페이서의 경우처럼 열 핀으로써의 기능을 하는 금속 면이 없기 때문이다. 이 설계는 유리와 스페이서에서의 다양한 온열계수의 확장성을 설명할 만큼 충분히 탄력적이다. 금속은 대부분의 부틸을 통한 가스 이동을 멈추게 한다. 그러나 안타깝게도 그것들 모두를 멈추지는 못한다. 일부는 유리와 스트립 사이의 경계를 살짝 스치면서 침투한다. 따라서 부틸은 일반적으로 유리에 침투해서 결로 현상을 일으키는 수증기를 흡수하여 방습 기능을 한다. 가스 침투 문제는 Southwall Technologies사가 이전에 그들이 다층 로이 필름에 사용한 경계 포장 기술(barrier wrap technique)로 해결할 수 있다.

이 연구는 열 차단, 가스 침투 차단, 그리고 기계적 스페이서의 거의 불가능해 보이는 기능을 수행하는 저렴한 동종 물질에 관한 것이다. 이 물질은 동시에 유리와 동일한 확장성 계수를 가지고 있어 가장자리 간봉이 손상되지 않는다. 오늘날 시장에 나와 있는 섬유 유리 스페이서는 이러한 조건을 충족시키지 못한다. 하지만 항공우주산업에서 촉망받는 새로운 물질이 나타나고 있는데 그것이 바로 폴리머-세라믹(polymer-ceramic)이다.

폴리머 세라믹은 두 물질의 특성 사이에 있는 어떠한 특성의 결합이라도 수용하는 공학 물질이며 폴리머와 세라믹의 결합 비율에 따라 결정된다. 폴리머와 세라믹은 엣지 스페이서의 문제를 각각 해결할 수도 있지만, 둘을 합치면 스페이서의 모든 문제점을 해결할 수 있다. 아마도 이 새로운 물질의 가장 촉망받는 특성은 이미 예견된 접착 방식일 것이다-탄력성 있는 물질은 유리에 용접할 수 있다. 연구는 이 물질에 대한 연구를 막 시작한 단계라서 기적을 바라기엔 여전히 시간이 필요하다.

창틀을 통한 열 손실은 엣지 스페이서를 통한 열 손실과 비슷하다. 오늘날의 열 차단 금속 들은 과도한 열 손실을 막기 위해서가 아니라 정말로 결로 현상을 막기 위해 설계되었다. 나무 틀은 평범한 복층유리만큼의 단열성이 있다. 나무나 금속보다 개선된 성능의 단열재는 로이 창문과 벽의 발전 속도를 맞추기 위해 필수적이다.

유럽인들은 반응 사출 성형(reaction injected molding) 기술을 이용해 높은 성능의 나무 틀을 개발시켜 왔다. 이 기술은 우레탄(또는 불연성 페놀)으로부터 단계적 밀도의 폼 프레임(foam frame)을 만드는 것을 가능하게 하여 외부는 밀도가 높고 마손을 차단하기에 충분히 단단한 반면에 내부의 투과성과 열류 차단성은 증가시켰다. 이 틀은 특히 외부 온도가 올라갔을 때 치수 안정성을 유지하기 위해 내부의 세로 철골과 함께 쓰여 강화되었다. 이 틀은 표본이 된 주거자가 창의 내측부에 플라스틱처럼 보이는 것을 싫어하는지 알아보기 위해서 미국의 고급 주택 창문 시장에 시험 판매되었다.

미국의 주거용 창문과 틀 제조사들은 무엇보다도 유지 보수 비용이 적고 질 좋은 제품의 수요가 있는 시장을 선점했다. 왜냐하면, 북미에서 에너지 절약에 대한 수요가 일시적으로 사라졌기 때문이다. 그 동안에 미국의 목제연구소(Forest Products Laboratory)*는 나무와 플라스틱 합성 틀에 관한 연구를 계속했던 반면 일반적으로 플라스틱 장식이나 단열재 같은 다른 건축물 부품을 제작하는 회사들은 혁신적인 제품들을 시장에 내놓기 시작했다.

한 예시로는 Owens-Corning-Fiberglass사가 최근에 그들의 섬유유리 틀을 가지고 창문 시장에 진입한 것이다. 밀도가 높은 섬유유리의 중심부는 1.41W/°Km^{2}의 열관류율을 가진 단열재로서 기능한다. 그 기계적 강도와 마감 외피는 섬유유리 중심부에 완전히 부착되어 있는 젤 코팅유리 강화 폴리에스테르 피막에 의해 정해진다. 외부 물질은 일반적인 섬유유리의 외피와 동일한 외형과 강도를 가지고 있다. 하지만 이 물질은 나무처럼 확장성의 온도계수가 동일하도록 형성되었다. 이는 이 틀이 오랫동안 유리 코팅과 잘 맞아 왔다는 것을 보증한다. 외피 중심부에서의 접착이 강화된 여분의 섬유 유리 덕에 치수 안정성은 꽤 높았다.

이 모든 것이 어디서 끝날까?

로이 성능은 이론적 경제적인 한계에 도달하고 있다. 소프트 코팅 방사율은 10%에서 3%로 낮아졌다. 더 이상의 감소는 유리의 열 차단성을 눈에 띄게 개선시키지는 못할 것이다.

이전의 투명 복층유리의 일광 취득이 2%에서 3%였다면 파리롤리틱 코팅은 이를 4%까지 올렸다. 태양열 난방 기구에 있어서 4%의 차폐계수 증가는 중요하다. 그러나 파이롤리틱 기술은 이후의 차폐계수의 눈에 띄는 개선에 있어서는 별 도움을 주지 못했다.

사무용 건물에서 바람직한 낮은 차폐계수, 높은 일광 투과율의 결합은 새로운 성능의 기준에 도달해 왔다. 소프트 코팅 기술로 가능한 가장 낮은 차폐계수는 현재 일광 투과율이 60%일 때 38%이다. 이 일광 투과율에서 이론적으

* 매디슨, 위스콘신

로 가장 낮은 차폐계수는 21.6%이기 때문에 개선의 여지는 여전히 존재한다. 나아가 이 영역의 발전 방향은 더 예리한 근적외선 차단 성능이 있거나 일광 투과율을 높게 유지하며 열 흡수율이 개선된 로이유리 코팅에 달려 있다.

로이의 성능이 절정에 달하고 있는 지금, 지구상에 로이 기술을 넘어서는 유리 기술이 존재할까라는 의문점이 생긴다. 두 후보가 종종 잠재력을 가지고 있는 것으로 인용된다: 최대의 열 저항값을 가진 진공 유리창과 개선된 일광 취득 조절력을 가진 전기 변색 유리창이다. 지금까지는 두 후보들은 논쟁거리만 안겨 주었다.

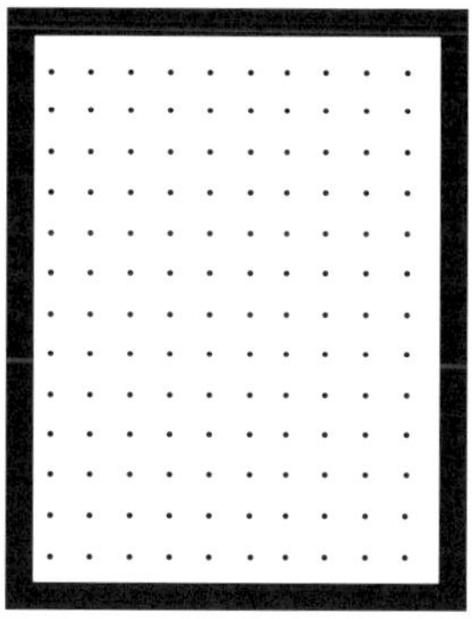

그림 11-1. 5x5 격자판에 배열된 3mm의 유리 스페이서 점을 보여주는 56x71cm의 진공 처리된 창문

진공유리

복층유리에서의 대류성 열 손실은 만약 대기 공간이 진공 상태일 경우에는 완벽하게 없어진다. 물론 그 유리가 내부적으로 지지대가 있어야 할 것이다. 그렇지 않으면 기압이 유리를 산산조각낼 것이다. 한 가지 접근 방식은 내부 유리 표면의 5cm의 격자판에 유리구슬을 배열해서 지지대를 제공하는 것이다(표 11-1). 현재의 연구는 이 접근 방식이 적외선 열 손실을 차단하는 성능 좋은 로이코팅이 적용된 복층유리에서 1.8m²°K/W의 열 저항값을 달성한다는 사실을 보여 준다. 그 열 저항값은 높지 않은데 그 이유는 유리구슬들과 가장자리 간봉 사이의 열교 현상이 열 손실의 메커니즘이 되었기 때문이다.

고진공은 창문을 실용적으로 만들기 위해 20년 넘게 유지되었다. 단지 모든 유리 마감이 오늘날에는 그 기능을 하고 있던 것이다. 레이저는 붕규산 유리를 적절하게 간봉하기 위해 실험적으로 사용되어 왔다. 대부분의 소프트 로이코팅은 레이저 용접의 높은 열을 감당하지 못한다. 비록 파이롤리틱 코팅은 이런 맹공격을 견뎌낼 수는 있지만, 방사율이 진공 창문에 쓰일 만큼 충분히 낮지 않다.

유리의 제한된 강도 때문에 또 다른 문제가 발생한다. 유리는 유리구슬의 방향을 바꿔서 산만한 반사를 야기한다. 구슬의 촘촘한 간격은 이러한 광학적 왜곡을 최소화시키지만, 열교 현상과 시야 방해를 증가시킨다.

대기 충돌을 견딜 또 다른 접근 방식은 두 개의 유리판을 거의 투명한 오픈 셀 발포 단열재와 떨어트린 채로 고정하고 있는 것이다. 이 진공 상태는 그 발포 단열재 안의 모든 초미세 셀을 소개시켜서 대류에 의한 열전달이 발생하지 않는다. 적외선에 의한 열전달은 아주 미세하다. 왜냐하면, 발포제 안의 두 셀 사이의 적외선 교환이 계속해서 약화되기 때문이다.

대부분의 발포제는 투명하지 않다. 물론, 에어로겔이라 불리는 특이한 발포제는 거의 투명하다. 에어로겔은 기포분율이 99%인 미소공성의 실리카 물질이다. 이것은 반투명하다기보다는 (살짝 흐릿하긴 하지만) 반사성으로 투명하다. 왜냐하면, 기공 직경이 빛의 파장보다 작기 때문이다. 엄청나게 작은 직경의 기공은 빛을 분산시킬 수 없다. 왜냐하면, 상대적으로 큰 파장이 그곳으로 밀려들어 오기 때문이다. 그 물질에 있는 실리카의 양은 너무 낮아서 발포제가 진공 상태가 되었을 때는 열교 현상이 문제가 되지 않는다. 공기의 90%가 제거되었을 때 2.5cm의 물질에서 3.6m²°K/W에 도달하는 것이 가능하다.

에어로겔은 큰 사이즈로 만드는 것이 어렵다. 첫 번째 단계는 분자들의 고운 혼합물을 알코올 용액으로 생산하기 위해 알콕시드, 물 그리고 용제를 섞는 것이다. 이것은 결국 함께 합쳐져서 개기공 발포제를 만들어낸다. 두 번째 단계는 아주 중요하다. 발포제가 그 가연성 액체의 임계점을 넘어서 가압 멸균 처리기에서 아주 세심한 건조 과정을 거쳐야 한다. 그렇지 않으면 이는 붕괴되거나 균열이 생길지도 모른다. 이 단계는 물질의 부서지기 쉬운 특성으로 인해 시간이 오래 걸린다.

이러한 어려움과 비용에도 불구하고, 이 물질은 태양 에너지 수집 단열재와 적외선 탐사를 위해 스웨덴*에서 상업적으로 생산되고 있었다. 미국의 회사†는 냉장고의 철 캐비닛이 진공 상태를 유지할 수 있었기 때문에 이 물질을 냉장고의 단열재로 제작하기를 바랐다.

비록 에어로겔의 얇은 부분이 대부분 투명하게 보이더라도, 이 물질은 색록을 야기할 만큼 충분한 빛을 굴절시켰다. 이 물질은 또한 뚜렷한 노란빛을 띠고 있다. 이러한 광학적 어려움은 이 물질이 창문으로써 건축적으로 수용 가능해지기 전까지 극복되어야 한다. 그동안 에어로겔은 전망이 그다지 중요하지 않은 유리 블록이나 특정한 유형의 천공광을 받는 공간에서 유용성을 발견했다.

모든 진공유리는 그 유리판의 높은 단열 성능으로 인해 주변 유리 용접을 증강시키는 큰 온도 차이 때문에 손상에 취약하다. 열응력은 일반적인 유리를 파손시키기에 충분히 강해서 높은 강도의 유리가 필수적이게 되었다.

유리구슬 스페이서에 기반한 실험적인 진공유리는 단지 최적의 로이 유리판보다 20% 정도 더 단열 처리가 되었다. 비록 이것이 전도 유망한

* Airglass사, 스타판스롭, 스웨덴
† Thermalux사, 리치몬드, 캘리포니아

대안으로 보일지 몰라도 시각적으로는 실망스러운 부분이 많았다. 누구라도 창문이 유령의 집 거울처럼 반사되고 굴절되는 플로트 유리 이전의 시대로 돌아가고 싶지는 않을 것이다.

전기 변색 유리(Electrochromic Glazings)

많은 사람이 전기 변색 유리창을 사무용 건물의 일광 취득 문제를 확실하게 해결해 줄 최후의 고성능 창문으로 생각한다. 다른 사람들은 이를 값비싼 연구실의 호기심의 산물이라고 생각한다. 이 전기 변색 유리창이 만병통치약이 맞든지 아니든지 간에 이 부문에서는 이러한 접근 방식이 오늘날 최고의 로이유리와 비교했을 때 고온 다습한 기후에서 상당한 양의 에너지를 절약할 수 있다는 것을 보여 준다.

전기 변색 창문은 액정이나 유리 또는 폴리에스테르 필름 기판 위의 유기적 또는 무기적 물질로부터 만들어진다. 로이 층은 코팅을 투명한 상태에서 태양열 차단 상태로 전환시켜 전기 에너지를 운반하는 데 사용된다.

액정은 일반적으로 디스플레이 장치나 디지털 시계에 사용된다. 그들의 반사적 특성은 일반적으로 무작위로 배열된 결정체가 전기장에 의해 가지런히 배열될 때 투명하게 바뀐다. 액정의 분자 구조는 전기장, 자기장, 기계적 응력, 압력 그리고 온도에 의해 쉽게 재배열된다. 마지막 두 개의 개조 방식은 액정이 대형 규모의 창문에 쓰일 때 통제성에 문제가 생긴다. 덧붙여서 대부분의 전기 변색 물질은 전환할 때만 에너지를 필요로 하지만 액정은 반사성 상태를 유지하기 위해 끊임없이 에너지를 필요로 한다. 현재 이 물질은 m²당 75달러를 넘는데 이는 투명 단일 유리의 250배 정도 되는 비용이다. 이 대안을 경제적으로 실현하려면 아주 큰 경제 규모의 실현이 선행되어야 한다.

대표적인 유리의 무기성 전기 변색 금속 스택은 진공 증착된 인듐 주석 산화물, 비정질 텅스텐 산화물(전환이 일어나는 층) 그리고 불화 마그네슘으로 구성되어 있다. 유기성 대안은 투명 염료와 유제의 적층을 사용한다.

소규모 전압의 영향 아래서, 대부분의 무기성 전기 변색 물질은 투명한 상태에서 반사성 상태로의 강력한 색 변화를 겪는다. 유기성 전기 변색은 그들의 색이나 투명도를 크게 바꾸지 않고 근적외선 흡수를 변화시킨다. 이러한 물질들은 창문에 코팅과 합판으로써 실험적으로 적용되어 왔다.

전기 스위치가 깜박이면 전기 변색 창문은 평범한 높은 일광 투과 상태에서 열 차단 유리로 변화되었다. 이 스위치는 보통 일광 취득이 필요 없어지게 되는 이른 아침 이후에 유리를 변화시키도록 설정되었다.

이러한 개념이 다양한 미국 기후에서 다양한 로이와 반사성 유리와 비교했을 때 사무용 건물의 냉방 부하와 조명 에너지를 절약할 수 있는지 알아보기 위하여 매사추세츠 기술 연구소는 컴퓨터로 시뮬레이션을 해보았다. 18.6m² 면적의 사무실의 6.2m²의 창문은 매시간에 따른 다양

표 11-1. 사무실 에너지 사용 연구에서 시뮬레이션한 복층유리 매개변수

유리 종류	가시 투과율	차폐 계수	열관류율 겨울/여름 (Btu/hr sa ft °F)		열관류율 겨울/여름 (W/sa m°K)	
투명	0.81	0.81	0.58	0.61	3.29	3.46
반사	0.18	0.21	0.46	0.52	2.61	2.95
로이	0.51	0.39	0.28	0.32	1.59	1.82
전기-2	0.73/0.43	0.72/0.31	0.33	0.33	1.87	1.87
전기-4	0.70/0.16	0.64/0.16	0.31	0.31	1.76	1.76
전기-5	0.50/0.11	0.41/0.11	0.30	0.30	1.70	1.70

한 노출로 모델링되었다. 표 11-1의 복층유리가 시뮬레이션되었는데 전기적 항목은 유기성과 무기성 전기 변색 창문에 쓰이는 잘 알려진 실험실 특성을 대표하였다. 전자 광학 그룹을 위한 간단한 전환 전략은 외부 기온과 조명 필요량에 기반하고 있었다. 사무실이 너무 더워지기 전까지는 창문은 투명한 상태를 유지하였다. 이 유리는 채광이 필요한 흐린 날

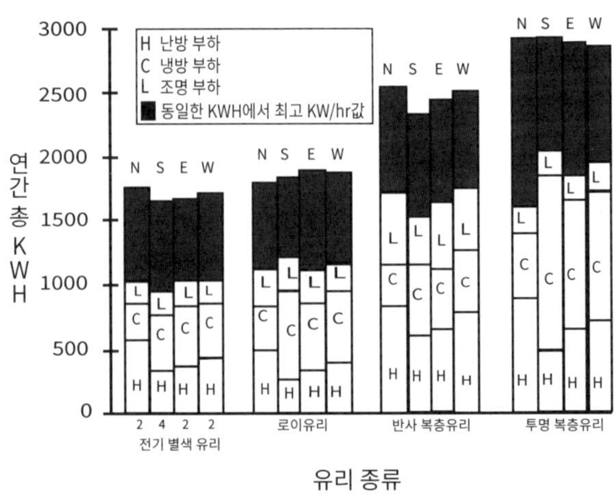

그림 11-2. 보스턴의 난방 기후에서 일반 유리와 전기 도색 유리의 연간 사무실 에너지 부하 비교

이나 늦은 오후에는 전혀 전환되지 않았다. 보조 조명은 세 가지의 독립적으로 조절된 광선에 의하여 제공되었다.

그림 11-2와 11-3의 축적된 열 그래프는 미국의 두 도시에 위치한 사무실의 네 방향(동서남북)의 연간 총에너지 소비량을 보여 준다. 검정 막대는 연간 동일한 킬로와트시를 가정했을 때 가장 높은 킬로와트를 보여 준다. 최적의 전기 변색 유형은 원기둥에 표시된 숫자가 가리키는 것처럼 사용된다.

난방 기후에서는(그림 11-2), 전기 변색 유리가 복층유리와 동일하게 낮은 조명 부하를 생산한다. 전기 변색 냉방 부하는 남향을 제외한 로이유리에서 생산된 부하와 비교할 만하다. 로이유리창과 전기 변색 유리창 둘 다는 모든 방향의 투명 복층유리와 본질적으로 동일한 절약 치를 보여준다. 로이 창문의 연간 에너지 소비량은 거의 방향과는 무관하다. 모든 유리 유형의 부하 감소는 대부분 열관류율에 의해 가장 많이 영향 받는다.

그림 11-3에서 보는 것과 같이, 시원한 기후에서의 전기 변색 창문은 일광 취득 감소 때문에 이론적으로 남쪽, 동쪽 그리고 서쪽을 향하는 로이유리의 총부하보다 20%를 절약할 수 있다. 전기 변색 유리창은 높은 습도에서 평균보다 많은 확산광에 의한 지속적으로 높은 조도 때문에 대부분 시간에는 어두운 상태로 전환된다. 심지어 그 과도한 광량은 창문이 전환되지 않은 상태에서도 사무실에 충분한 채광을 제공한다. 이 연구는 살짝 낮은 차폐계수를 가진 로이 창문이 전기 변색 창문처럼

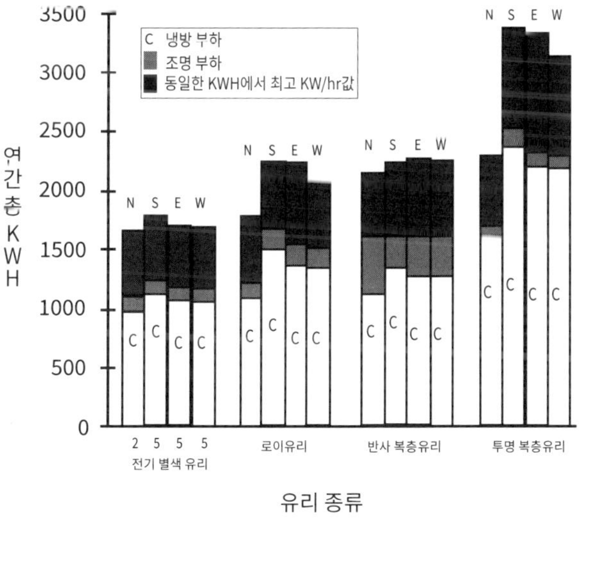

그림 11-3. 마이애미의 냉방 기후에서 일반 유리와 전기 도색 유리의 연간 사무실 에너지 부하 비교

잘 기능할 것이라는 것을 제시한다. 북향 유리창은 두 가지의 창문 유형에 모두 동일하게 적용된다. 여기서는 난방 기후라는 것이 열관류율을 보다 덜 중요하게 작용한다.

대부분 무기성 전기 변색 창문이 가지는 시각적 방해 요소들 중 하나는 태양열을 차단하는 상태로 전환되었을 때 겪는 급격한 색 변화이다. 내부에서 보면, 현재의 실험실 모델들은 코팅이 안 된 상태에서 투명, 짙은 파랑 혹은 청동색으로 변화한다. 무기물 유형은 색을 미세하게 변화시켜서 그렇게 시각적으로 불연속적인 특성을 보여 주지 않는다. 아마도, 이러한 장치에서 기대되는 비용을 생각해 보았을 때는, 전기 변색 창문은 최첨단 창문에 더 잘 적용될 것이다. 전환 가능한 돌출부는 시야를 방해하지 않으면서 전기 변색 물질의 아주 적은 영역만을 사용하면서 전체 창문을 통제할 수 있다.

결론

동화 《벌거벗은 임금님》에 나오는 왕의 옷감처럼, 우리의 현대적인 창문에 입혀지는 초박 로이코팅은 진정으로 거미줄만큼 가볍고 섬세하다. 그러나 이 실체가 없는 옷과는 다르게 로이코팅은 분명히 효과가 있다. 몇 년 전에는 등장하지 않았던 창문에서 나타난 새로운 수준의 단열 성능은 로이코팅과 가스 주입 기술의 발전으로 인해 오늘날 실제로 이용 가능하다.

로이코팅은 여전히 우리의 눈을 속일 수 있다. 유난히 낮은 차폐계수를 가진 로이 창문을 관찰해 봐라: 그들은 옛날의 삼중유리만큼이나 투명하게 보인다. 제4장은 어떻게 이 기술이 작동하는지, 그리고 제5장은 장점과 단점을 비교해서 제시한다. 제6장부터 제8장까지는 이 코팅을 건축적으로 쓸모 있게 사용하는 몇 가지 설계 방식을 소개하고, 제9장의 후반부는 그 코팅이 정말 존재하는지 아닌지의 여부를 판단하는 기준을 제시한다.

Appendix A

로이유리 제조사들

Belgium

Glaverbel SA

Chee De la Hulpe 166

Bruxelles, Brabant 1170

Canada

AFG Glass Inc.

3650 Victoria Park Avenue

Willowdale, On M4V 1M9

France

Saint Gobain Vitrage

Les Miroirs

Courbevoie, Hauts-De S 92400

Germany

Flachglas

Auf der Reihe 2

Postfach 10 08 51

D-4650 Gelsenkirchen

Interpane

Postfach 20

D-3471 Lauenforde

Leybold-Heraeus A.G.

Wilhelm Rohn Str. 25

D-6450 Hanau 1

Vegla AG

Viktoriaallee 3-5

D-5100 Aachen

Holland

Glasfabriek Sas Van Gent

Italy

Societa Vetri Speciali

29 Viale Restell

Milano 20124

Japan

Asahi Glass Co. Ltd.

1-2 Marunouchi 2-Chome

Chiyoda-KU

Tokyo 100

Nippon Sheet Glass Co. Ltd.

8 Doshomachi 4-Chome

Osaka 541

* 역주 : 2017년 현재 본문에 언급된 많은 제조사들의 변동이 있으므로, 업체에 대한 최신 정보는 각 해당 업체로 확인바랍니다.

Mexico

Vidrio Plano De Mexico SA

Ex Hacienda De La Santa
Cruz S N San Juan Ixhuatep
Tiainepantia 54180

Spain

Cristaleria Espanola SA

Paseo De La Castellana 77
Madrid 28046

Switzerland

Geilinger AG

Postfach
CH-8401 Winterthur

United Kingdom

Pilkington Glass LTD

Prescot Road
St Helens WA10 3TT
England

United States

3M

220 8E 3M Center
St. Paul, MN 55144

Alpen Inc.

5400 Spine Road
Boulder, CO 80301

Cardinal IG

1230l Whitewater Drive
Minnetonka, MN 55343

Gila Energy Products

6615 W. Boston St.
Chandler, AZ 85226

Guardian Industries

14600 Romine Rd.
Carleton, Ml 48117

Interpane Coatings, Inc

Deerfield, Ml 49238

LOF Co.

811 Madison Ave.
Toledo, OH 43695

PPG Industries Inc.

One PPG Place
Pittsburgh, PA 15272

Southwall

3961 East Bayshore Rd.
Palo Alto, CA 94303

Viracon, Inc.

Owatonna, MN 55060

Appendix B

WINDOW 3.1

윈도 3.1은 창문을 통한 열류를 분석하는 Laurence Berkeley 연구실의 채광과 창문 부서에 의해 개발된 공식적인 컴퓨터 프로그램이다. 이 프로그램은 새로운 제품의 설계와 개발을 위해, 모든 유형의 창문 제품의 특성을 비교하고 평가하기 위해, 창문을 통한 열류를 가르치는 교육자들에게 도움을 주기 위해, 그리고 건축 에너지 법규를 개발하는 공공기관에 도움을 주기 위해 사용되어 왔다. 윈도 3.1은 또한 ASHRAE의 창문기술위원회에 의해 1989년의 기초 안내서에 쓰일 표준 창문 제품의 데이터를 계산하기 위해 사용되었다. 이 프로그램은 다음과 같은 것들을 계산하기 위해 반복적인 방식을 사용하였다.

- 가장자리 효과를 고려하였을 때의 사용자 정의 창문 시스템에 따른 1차원적 온도 개요
- 유리 중앙의 열관류율
- 단열 유리판의 열관류율
- 창문의 평균 열관류율
- 차폐계수
- 결로 현상이 발생힐 때의 상대적 습도값
- 취득 총열량
- 총 일광 투과율
- 시각적 투과율
- 육안 내부와 일광 반사율
- 육안 외부와 일광 반사율

사용자는 다음의 변수를 변경할 수 있다.

- 환경적 조건
- 창문의 크기
- 창문의 기울기
- 유리창의 개수
- 창의 특성(방사량, 태양, 시각적 특성, 열 전도도)
- 간극의 넓이
- 가스 혼합 간극의 결합
- 스페이서와 틀의 구성

* 역주 : 2017년 현재 LBNL(Lawrence Berkeley National Laboratory)에서는 WINDOW 7.4를 제공하고 있다. 최신 버전에서는 블라인드, 스마트 유리 등의 시뮬레이션이 가능하다.

유리, 가스, 틀, 그리고 스페이서 물질을 위한 300개가 넘는 구성 요소는 직접 사용을 위해 문헌으로 보관되어 있다. 모든 저장된 자료는 실험실에서 측정한 자료이다.

사용자는 가스 주입을 위해 공기, 아르곤, 크립톤 그리고 육불화황이나 이것들의 다른 어떤 결합 중 하나를 선택할 수 있다.

틀과 스페이서에는 알루미늄, 열 차단 기능이 있는 알루미늄, 나무, 피복 나무 그리고 비닐 틀 중에서 하나를 선택할 수 있다.

스페이서는 금속, 유리 엣지, 부틸, 나무 그리고 섬유 유리 중 하나를 선택할 수 있다.

베니션 블라인드(납작한 가로대를 엮어서 만든 빛 가리개)와 같은 유리가 아닌 차양 장치는 모델링하지 않았지만 이러한 능력은 미래 형태를 위해 계획되었다.

이 프로그램은 포괄적인 일련의 설명 화면을 제공한다. 환경적 조건에 관한 수집물도 사용 가능하다. 이는 SI나 미터 단위 둘 다에서 사용 가능하다.

윈도 3.1은 256 Kbytes 이상의 램 용량과 DOS 2.1 이상의 버전의 IBM PC와 호환 가능하다. 수치 연산 보조 프로세서를 사용하는 것을 추천한다.

이 프로그램은 저작 형태로서 5.25인치 IBM 디스켓에서 자유롭게 사용할 수 있다.

Bostik Construction Products
P.O. Box 8
Huntingdon Valley, PA 19006
USA
Telephone (800) 523-6530

	No.	Name	D(in)	Tsoi	1 Rsol 2		Tvis	1 Rvis 2		Tir	1 Emis 2	
Layl	1	CLEAR	0.000	.856	.077	.077	.902	.002	.002	.000	.040	.040
Gapl	1	Air	0.500									
Lay2	1	CLEAR	0.000	.856	.077	.077	.902	.002	.002	.000	.040	.040

환경	열관류율 (Btu/h-ft-F)			Inside	%Rel	SC	Rel Ht	Optical Properites		
	Center	IG	Window	T °F	Humid		Gain		Solar	Visible
겨울	0.49	0.53	0.07	45.3	41			Trans	0.74	0.82
여름	0.55	0.50	0.91	78.3		0.909	109	Rout	0.13	0.15
User								Rin	0.13	0.15

Appendix C

태양 기하학

태양의 위치는 두 가지 측정값인 수평선 위의 태양 위도 α, 남쪽에서 측정되는 태양 방위각 ϕ에 의해 절댓값으로 표시된다(표 6-9 참고). 태양 방위각은 오후 시간과는 양의 상관관계를 가지고 있고 아침 시간과는 반대의 상관관계를 가지고 있다. 이 각도는 번갈아 지역 위도 L과 날짜에 따라 달라지는 태양 적위 ∂ (표 C-1 참고)와 때때로 시간각으로서의 온도로 표현되는 H에 따라 달라진다.

H = 0.25°/min. × (no. of minutes from local solar noon).

날짜	적위
Jan 21	-20.0
Feb 21	-10.8
Mar 21	0
Apr 21	+11.6
May 21	+20.0
June 21	+23.45
July 21	+20.6
Aug 21	+12.3
Sept 21	0
Oct 21	-10.5
Nov 21	-19.8
Dec 21	-23.45

그림 C-1. 물질 특성 명명법에 따른 열관류율

표 C-1. 각 달 21일의 일광 감소량

용어	정의	단위
H	시각	degrees
SM	표준 자오선(경도) (표 6-4)	degrees
LST	지방 표준시	degrees
ET	균시차 (그림 6-10)	minutes
LON	관찰자의 경도	degrees
α	태양 고도	degrees
ϕ	태양 방위각; 남쪽 = 0, 아침 시간대와 반대	degrees
∂	적위 (그림 C-1)	degrees
L	관찰자의 위도	degrees

f	창문에 따른 방위각	degrees
Ω	남향에 대응하는 지방 창문 방위각 (동향과는 반대)	degrees
Σ	표면 기울기각	degrees
Δ	입사각	degrees

삼각법에 의한 태양 위치

다음의 삼각법 방정식은 α, ϕ와 세 가지 각 H, ∂ 그리고 L의 관계에 의해 정의된다.

$$\sin\alpha = \cos L \cos\partial \cos H + \sin L \sin\partial \qquad (a)$$

$$\cos\phi = (\sin\alpha \sin L - \sin\partial) / (\cos\alpha \cos L) \qquad (b)$$

이 각들은 각도 Ω에 의한 창문의 위치, 그 지역의 남쪽에 비례하는 창문 방위각 그리고 표 6-9에 제시된 표면 기울기 각도 Σ에 의해 관계성을 이룬다. 각도 Ω는 동쪽일 때는 반대이다. 태양과 비례하는 방위각, f 는 다음과 같다:

$$f = \text{Absolute Value of } (\phi - \Omega). \qquad (c)$$

창문은 만약 f가 90°보다 크거나 270°보다 작을 때 빛에 의해 가려진다.

입사각 델타 Δ는 어느 표면에서나 표면의 태양광선과 수직인 각도이며 다음의 수식과 같다. (표 6-9)

$$\cos\Delta = \cos\alpha \cos f \sin\Sigma + \sin\alpha \cos\Sigma, \qquad (d)$$

창문이 수평적일 때 Σ=0이다. 그래서 입사각은 오직 태양 위도량만 관계를 이룬다. 방정식(d)는 다음과 같다

$$\cos\Delta = \sin\alpha$$

창문이 수직적일 때 Σ = 90°이다. 그래서 입사각은 태양 위도와 f와 관계를 이룬다. 방정식(d)는 다음과 같다

$$\cos\Delta = \cos\alpha\cos f$$

예시 1

32°N 와 95°W에서 10월 21일 미국 표준시 08시 30분에 태양 방위각과 위도를 구하여라. 또한, 이 위치에서 태양이 만드는 수직 남동향 창의 입사각도 결정하여라.

답:

그림 6-10과 표 6-4로부터의, 태양시 = LST + ET + 4분/°(SM - LON), or 08:30 + 15 + 4(90 – 95) = 08:25, or 3시간 and 35분 (215분) 정오 전까지 시간각 H는 0.25 × 215 = 53.8°.이 된다. 표 C-1에서 제시하는 10월 21일의 태양 적위 ∂는 10.5°이다.

따라서 방정식 (a)는

$$\sin\alpha = \cos 32 \cos(-10.5)\cos(53.8) + \sin 32 \sin(-10.5)$$
$$= 0.396$$
$$\alpha = 23.3°$$

방정식 (b)는

$$\sin\phi = (\sin 23.3 \sin 32 - \sin[-10.5]) / (\cos 23.3 \cos 32)$$
$$= 0.503$$
$$\phi = 59.8°$$

Ω, 지방 창문 방위각, is -45°. Both ϕ and Ω 둘 다는 반대임, 따라서 방정식 (c)는:

$$f = \text{절댓값}(-59.8° - [-45°]) = 14.8°$$

수직 창의 입사각은 다음과 같이 구한다:

$\cos\Delta = \cos\alpha\cos f$, or

$\cos\Delta = \cos 23.3 \cos 14.8 = 0.888$

$\Delta = 27.4°$

창문 윗부분이나 돌출부에 의한 음영은 프로파일각(profile angle)이나 수직 음영 각에 의해 쉽게 결정된다. 이 프로파일각은 창문의 수직 평면에 태양 광선의 투사와 수평 사이의 각이다. (그림 6-13 참고), 또는:

$$\tan(\text{Profile Angle}) = \tan(\alpha) / \cos(f)$$

그림 6-15에서 제시되는 창문 벽부터 바닥의 음영 라인까지의 거리는:

$$\text{음영 투과율} = \frac{\text{바닥으로부터의 창문 헤드 높이}}{\tan(\text{프로파일각})}$$

예시 2

위의 예시 1에서 제시된 창문의 벽과 바닥의 음영 라인 사이의 거리를 구하라. 창문 헤드는 바닥으로부터 2.5m 떨어져 있다고 가정한다.

$$\begin{aligned} \text{Distance} &= 2.5 / (\tan(\alpha) / \cos(f)) \\ &= 2.5 / (\tan 23.3) / \cos(14.8)) \\ &= 2.5 / (0.43 / 0.97) = 5.6 \text{ meters} \end{aligned}$$

Appendix D

단위 변환

길이(LENGTH)

1 m	= 1.09361 yd	(0.9144)
	= 3.28084 ft	(0.3048)
1 cm	= 0.3937 in	(2.54)
1 mile	= 1.6093 km	(0.6214)

면적(AREA)

1 m^2	= 1.19591 yd^2	(0.8362)
	= 10.7636 ft^2	(0.929)
1 cm^2	= 0.155 in^2	(6.4516)
1 hectare	= 2.47 acres	(0.4049)
1 acre	= 43,560 ft^2	(2.2957×10^{-5})

용적 또는 부피(VOLUME)

1 m^3	= 1.30795 yd^3	(0.7646)
	= 35.3147 ft^3	(0.0283)
1 cm^3	= 0.061 in^3	(16.3934)
1 liter	= 0.0354 ft^3	(28.3170)
	= 0.2642 gal	(3.7854)
1 barrel (bbl)	= 42 gal	(0.0238)

무게(MASS)

1 kg	= 2.2046	(0.4536)

온도(TEMPERATURE)

t° C	= 0.556 (t °F -32)
t° F	= 1.8 t°C + 32
T° K	= t° C + 273
T° R	= t°F +460

밀도(DENSITY)

1 kg/m^3	= 0.0624 lb/ft^3	(16.0256)

에너지(ENERGY), 열(HEAT)

1 MJ	= 0.2778 kWh	(3.600)
1 KJ	= 0.9478 Btu	(1.0551)
1 J	= 0.7376 ft-lbf	(1.3557)
1kWh	= 3412.4 Btu	(2.93×10^{-4})

액체(FLOW)

1 liter/s	2.1189 ft^3/min (CFM)	(0.4719)

열 저장소(HEAT STORAGE)

1 KJ/°C	= 0.5269 Btu/°F	(1.8979)
1 Wh/°C	= 1.8969 Btu/°F	(0.5272)
1 kJ/m °C	= 0.04895×10^{-3} Btu/ft^2°F	(20.4290)
1 kJ/kg °C	= 0.2390 Btu/lb°F	(4.1841)

열전달(HEAT TRANSFER)

1 W/m °C	= 0.5782 Btu ft/hr ft^2°F	(1.7295)
	= 6.9380 Btu in/hr ft^2°F	(0.1441)
1 W/m^2 °C	= 0.1762 Btu/hr ft^2°F	(5.6745)
1 W/°C	= 1.8956 Btu/hr °F	(0.5275)
1 W/m^2	= 0.3172 Btu/hr ft^2	(3.1526)

전력(POWER)

1 W	= 3.4144 Btu/hr	(0.2929)

속도(VELOCITY)

1 m/s	= 196.85 ft/min	(0.0051)
	= 2.2369 mph	(0.4470)

열 손실량(BUILDING HEAT LOSS)

1 Wh/DD(°C)	= 3.600 kJ/DD (°C)	(0.2778)
	= 1.896 Btu/DD (°F)	(0.5274)
1 Wh/m^{2}DD (°C)	= 3.600 kJ/m^{2}DD(°C)	(0.2778)
	= 20.4 Btu/hrft^{2}DD(°F)	(0.0490)

조도(ILLUMINANCE)

1 lux	= 0.0929 lm/ft^2 (footcandle)

Appendix E

열관류율값(U-value) 계산

물질적 특성에 따른 창문의 열관류율을 계산하는 다음의 방식은 부록 B에 제시된 컴퓨터 프로그램인 윈도우 3.1의 손쉬운 대안이다. 이 방식은 환경 자문 당국에 의해 준비된 Pilkington사의 7번째 개정판인 《창문의 유리와 투과 특성》을 기반으로 하였다.

$$U = \frac{1}{1/h_e + 1/h_t + 1/h_i}$$

(1) 기본 열관류율 방정식

h_e와 h_i는 외피와 내피의 열전달계수이고 h_t는 다층유리의 열전도도이다.

$$\frac{1}{h_t} = \frac{1}{h_{s1}} + \frac{1}{h_{s2}} \cdots + \frac{1}{h_{sn}} + D_{glass} \times R_{glass} + D_{other} \times R_{other}$$

(2) 유리 전도도

h_{sn}을 통한 h_{s1}은 간극의 가스 공간 전도도이며, D_{glass}는 모든 유리창의 총 두께이며, R_{glass}는 유리의 열 저항성(thermal resistance)이며, D_{other}은 다른 모든 비(非)유리창의 두께이다.

표 E-1. 물질 특성 명명법에 따른 열관류율

Term	Definition	Units (SI)	Units (Imperial)
U	열 전도도	$W/m^2 °K$	$Btu/hr°F\ ft^2$
h_e	외피 전도도	$W/m^2 °K$	$Btu/hr°F\ ft^2$
h_i	내피 전도도	$W/m^2 °K$	$Btu/hr°F\ ft^2$
h_t	다층유리 전도도	$W/m^2 °K$	$Btu/hr°F\ ft^2$
$h_{s1} \ldots h_{sn}$	n간극에 따른 가스 공간의 전도도	$W/m^2 °K$	$Btu/hr°F\ ft^2$
D_{glass}	모든 유리판의 총 두께	meters	feet
R_{glass}	유리의 열 차단성	m °K/W	$hr°F\ ft^2/ Btu$
D_{other}	기타 비유리창의 총 두께	meters	feet
R_{other}	기타 비유리창의 열 차단성	m °K/W	$hr°F\ ft^2/ Btu$
h_g	대류와 전도에 의한 전도도	$W/m^2 °K$	$Btu/hr°F\ ft^2$
h_r	복사에 의한 전도도	$W/m^2 °K$	$Btu/hr°F\ ft^2$
β	방사 복사 상수	$W/m^2 °K$	$Btu/hr°F\ ft^2$
e_1	방출량	none	none
e_2	방출량	none	none
h_{ri}	내피 복사 계수	$W/m^2 °K$	$Btu/hr°F\ ft^2$
h_e	내피 대류 계수	$W/m^2 °K$	$Btu/hr°F\ ft^2$

R_{other}은 다른 비유리성 창문의 열 저항성이며 m °K/W로 표시된다. R_{ohter}은 플라스틱 필름에서는 0으로 수렴한다. 이유는 플라스틱 필름의 두께가 매우 얇기 때문이다.

단일 유리에서는 h_s의 개념이 존재하지 않는다. 따라서 방정식(2)는 다음과 같이 단순화된다:

Distance = 2.5 / (tan(α) / cos(f))

(2a) 단일 유리 전도도

다층유리에서는, h_s는 복사에 의해 일어난 열전도의 총량이며, h_r은 대류순환과 전도에 의해 일어난 전도도이며, h_g는 그 사이의 간격이거나 또는:

$$h_s = h_r + h_g.$$

(3) 간극 전도도

h_g의 표시는 가스 주입 특성뿐만 아니라 간격 사이의 치수 간격과 평균 온도에 따라서도 달라진다. 이러한 복합적인 관계는 이 부록의 마지

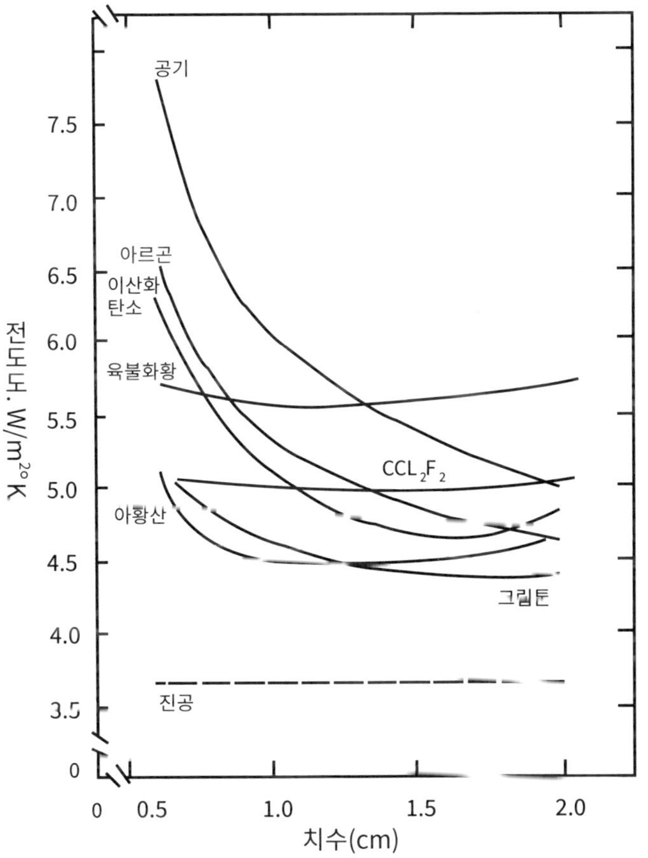

그림 E-1. 수평 열전달과 복층유리 가공에서의 유리 간격에 따른 총 유리 공간 계수 (T=섭씨 10도, 방사율=0.84) (Reprinted by permission from the 1989 ASHRAE Handbook Fundamentals published by the American Society of Heating, Refrigeration and Air-Conditioning Engineers, Inc.)

막에 제시된다. 그래프 E-1은 방사율이 0.84인 일반적인 유리를 사용했을 때 10℃ 이상의 온도 차의 일반 공기나 아르곤 가스가 주입된 간극의 h_s 값을 보여 준다. 진공 상태일 때의 값 3.76 W/m²°K을 기억해 두라 – 이는 일반적인 유리의 h_r값과 동일하다. 따라서 h_g는 $h_s - h_r$과 동일하다.

창문에서 주어진 방사율 ε_1와 ε_2을 가진 표면을 마주 보는 각 가스 공간에서의 복사 전도도, h_r은 다음 방정식에 따라 정의된다.

(4) 복사 전도도

$$h_r = \beta / \left(\frac{1}{\varepsilon_1} + \frac{1}{\varepsilon_2} - 1 \right)$$

항 β는 본질적으로 실내 온도의 상수값이다. 일반적인 겨울과 여름에 나타나는 온도 β는 5.14W/m²°K이다

ε_1과 ε_2는 주변 유리의 방사율이다. 코팅 안 된 유리의 방사율은 0.84이고, 코팅 안 된 폴리에스테르와 비닐 필름의 방사율은 0.72이다.

외부 열전달 계수, h_e는 대부분 풍속에 따라 달라진다. 외부 유리창의 방사율은 언제나 0.84인데, 그 이유는 바람이 야기하는 대류 열전달이 로이코팅에 따른 복사열 감소보다 더 중요하게 작용하기 때문이다.

(5) 외부 차폐계수

h_e는 다음과 같이 표준화된다:

16.7 W/m²°K in the U.K. for vertical glazing,
25.0 W/m²°K in the U.K. for sloped glazing,

and for vertical glazing in the United States as*:
6.0 Btu/hr ft²°F during the winter,
4.0 Btu/hr ft²°F during the summer.

내부의 열전달 계수, h_i는 다음과 같이 정의된다.

(6) 내부 차폐계수

$$h_i = h_{ri} + h_c$$

h_{ri}은 복사 계수이고
h_c는 대류 계수이다

복사 계수는 오직 창문의 내측부의 방사율에 따라서만 달라진다.

* 영국의 값은 CIBSE 가이드 A3, 1980의 표 3.5에서 주어진다. 미국의 값은 ASHRAE 1989 기본서에 주어진다.

h_{ri} = 5.3 W/m^2°K × ε / 0.84, or
h_{ri} = 0.93 Btu/hr ft^2°F × ε / 0.84.

대기 상태에서, h_e는 다음과 같이 표준화*된다.

hc= 8.3 W/m^2°K for 수직 유리, and
hc= 10.0 W/m^2°K for 겨울의 경사 유리, and 미국,
hc= 1.39 Btu/hr ft^2°F for 수직 유리.

방정식 1에서 6까지는 ±39℃의 실내 온도 내에서의 모든 간봉된 창문의 특성을 예측하기에 충분하다.

예

서로 12.5mm만큼의 간격을 둔 세 개의 판으로 제작된 삼중유리의 중앙의 열관류율을 구하여라.

6.0mm glass,
1.5mm glass with an emissivity = 0.02 on each side,
6.0mm glass.

창문은 아르곤 가스가 주입되어 있다.

답:

각각의 12.5mm의 아르곤 가스 충전 공간의 가스 전도도, h_g. 5.1 – 3.76 = 1.34 W/m^2°K는 모형 E-1에 제시된 것과 같이 일반적인 유리의 3/76W/m^2°K h_r의 결과값을 뺌으로서 계산된다.

방사율이 0.02와 0.84인 각각의 간격에 해당하는 복사 전도도, h_r은 방정식 (4)에 따라 정의된다.

h_r = 5.14 / [1/.02 + 1/.84 – 1] = 0.102 W/m^2°K,
h_r = 0.906 / [1/.02 + 1/.84 – 1] = 0.018 Btu/h_r ft^2°F.

* 영국의 값은 CIBSE 가이드 A3, 1980의 표 3.5에서 주어진다. 미국의 값은 ASHRAE 1989 기본서에 주어진다.

방정식(3)에 따르면

$h_s = h_r + h_g$,

$h_s = 0.102 + 1.34 = 1.44$ W/m²°K,

$h_s = 0.018 + 0.24 = 0.26$ Btu/hr ft²°F.

모든 유리창은 총 두께가 0.0135m이다.

방정식(2)에 따르면

$1/h_t = 1/\ 1.44 + 1/\ 1.44 + 0.0135 \times 1.0 = 1.40$ (metric)

$l/h_t = 1/\ 0.26 + 1/\ 0.26 + 5.67 \times 0.0443 = 7.94$ (imperial)

외부 열전달 계수, h_e, $1/\ h_e = 0.599$ m²°K/W는 표준값인 16.7W/m²°K을 따른다.

내부 열전달 계수는 두 가지 구성 요소를 가지고 있다. 복사 요소는

$h_n = 5.3$ W/m²°K $\times\ \varepsilon\ /\ 0.84 = 5.3$ W/m²°K (0.93 Btu/hr ft²°F).

대기 상태에서, h_e, 대류 요소는 h_c= 8.3 W/m²°K으로 표준화된다.

방정식 [6]에 따르면, h_i, 내부 열전달 계수는

$h_i = 5.3 + 8.3 = 13.6$ W/m²°K

$h_i = 0.93 + 1.39 = 2.32$ Btu/hr ft²°F,

so $1/\ hi = 0.074$ m²°K/W(0.43 hr ft²°F/Btu).

방정식(1)에 의해 정의된 열관류율은

U-value = 1 / (0.599 + 1.40 + 0.074) = 0.482 W/m²°C

U-value = 1 / (0.250 + 7.94 + 0.43) = 0.116 Btu/hr ft²°F.

(미터법과 야드법의 U값은 서로 동일하지 않다. 왜냐하면, 내부와 외부 필름 계수에 사용된 기준에 차이가 있기 때문이다.)

가스 전도도는 다음과 같은 방정식으로 구한다:

$h_g = C\,(Gr\,Pr)^n \lambda / s$

where

s 공간의 넓이 (m)

λ 열 전도도 (W/mK)

$Gr = (G s^3 \Delta T\, p^2) / (T_m \mu^2)$

$Pr = (\mu\, Cp) / \lambda$

ΔT = 간극에 따른 온도 차이 (K)

ρ = 가스 농도 (kg/m^3)

μ = 점성계수 (kg/m s)

Cp = 가스비열 (J/kg K)

G = 중력 가속 (9.81 m/s^2)

C와 n은 다음 표에서 주어진다:

열류의 방향	공간	C	n	GrPr은 다음값 이하임
수평	수직	0.035	0.38	6780
상향	45°	0.10	0.31	1680
상향	수평	0.16	0.28	696

Appendix F

태양열 취득 요소

다음의 표는 맑은 날의 데이터를 보여 준다. 태양의 강도와 태양열 취득 요소가 다섯 개의 위도에서 SI 단위와 야드법 단위로 제시되어 있다. 태양열 취득 요소는 (표 참고) 0.20의 지면 반사율에 기반한 3mm 두께의 2배 강도인 투명유리 한 장을 통한 일광 취득량이다. 반나절 동안의 총량은 Simpson의 규칙에 따라 계산된다. 시간 간격 = 10분 (표의 b 참고)

태양의 강도는 직관적인 표준 데이터에 따라 주어진다. 이 데이터는 각각의 위도에서 '맑은 날 평균값'을 기반으로 한다.

국제표준단위 - 북위 24° 태양 강도와 일사 취득률

Date	Solar Time	Direct Solar W/m^2	Solar Heat Gain Factors, W/m^2 Normal																	
			N	NNE	NE	ENE	E	ESE	SE	SSE	S	SSW	SW	WSW	W	WNW	NW	NNW	HOR	Time
Jan 21	7	223	7	8	65	143	194	212	200	154	80	9	7	7	7	7	7	7	15	5
	8	754	37	39	131	404	600	698	689	571	360	89	37	37	37	37	37	37	173	4
	9	908	58	58	72	335	598	757	798	716	522	229	61	58	58	58	58	58	381	3
	10	972	73	73	75	166	454	667	772	759	631	395	119	74	73	73	73	73	543	2
	11	1001	82	82	82	86	229	491	667	737	695	546	299	91	82	82	82	82	642	1
	12	1010	85	85	85	85	90	257	504	662	716	662	504	257	90	85	85	85	676	12
Half Day Totals			301	303	466	1172	2117	2971	3392	3276	2648	1592	759	379	303	301	301	301	2094	
Feb 21	7	482	19	38	212	359	444	458	405	283	105	20	19	19	19	19	19	19	53	5
	8	825	47	51	252	521	694	758	705	541	281	52	47	47	47	47	47	47	263	4
	9	938	68	70	144	434	655	770	767	646	419	132	69	68	68	68	68	68	482	3
	10	989	83	83	87	241	494	659	720	673	521	276	89	83	83	83	83	83	646	2
	11	1012	92	92	92	99	252	465	601	641	583	431	213	97	92	92	92	92	750	1
	12	1019	95	95	95	95	100	221	421	558	604	558	421	221	100	95	95	95	785	12
Half Day Totals			355	375	809	1663	2540	3189	3381	3042	2203	1180	630	401	357	355	355	355	2585	
Mar 21	7	613	33	141	364	517	585	566	457	272	54	31	31	31	31	31	31	31	115	5
	8	842	58	111	390	613	737	748	642	436	152	60	58	58	58	58	58	58	352	4
	9	931	78	84	269	520	678	731	674	513	260	84	78	78	78	78	78	78	567	3
	10	973	94	96	130	325	510	610	616	528	352	148	97	94	94	94	94	94	730	2
	11	993	103	103	106	132	267	407	486	487	411	272	135	106	103	103	103	103	833	1
	12	999	106	106	106	108	112	177	301	397	432	397	301	177	112	108	106	106	868	12
Half Day Totals			420	597	1328	2185	2856	3187	3057	2451	1445	784	534	439	420	418	418	418	3031	
Apr 21	6	126	19	67	104	123	124	105	70	21	7	6	6	6	6	6	6	6	12	6
	7	639	62	278	476	595	621	554	400	172	47	44	44	44	44	44	44	44	183	5
	8	808	76	251	500	639	719	669	519	277	77	70	70	70	70	70	70	70	416	4
	9	882	94	169	397	572	655	641	531	332	122	92	90	90	90	90	90	90	615	3
	10	920	107	116	236	394	496	520	466	338	177	110	104	104	104	104	104	104	769	2
	11	938	113	118	125	185	267	325	336	296	220	143	119	116	113	113	113	113	863	1
	12	944	116	118	119	121	123	143	184	221	235	221	184	143	123	121	119	118	892	12
Half Day Totals			530	1069	1914	2605	2963	2913	2436	1558	770	569	515	495	489	488	487	486	3306	
May 21	6	270	80	181	248	276	264	209	120	25	18	18	18	18	18	18	18	20	40	6
	7	641	136	370	539	626	618	515	332	101	54	54	54	54	54	54	54	56	229	5
	8	781	121	358	561	675	688	598	417	169	82	78	78	78	78	78	78	80	448	4
	9	848	111	277	474	594	625	565	417	208	104	97	97	97	97	97	97	97	634	3
	10	883	119	186	323	431	474	446	349	212	121	114	111	111	111	111	111	114	777	2
	11	901	126	134	175	227	262	265	235	184	139	127	124	120	120	120	120	124	863	1
	12	906	129	129	130	131	132	134	139	144	146	144	139	134	132	131	130	129	889	12
Half Day Totals			749	1551	2359	2865	2970	2648	1934	972	591	556	547	544	542	542	542	551	3433	
Jun 21	6	307	112	222	294	318	298	229	122	26	22	22	22	22	22	22	22	26	54	6
	7	633	175	401	557	628	605	490	297	82	57	57	57	57	57	57	57	62	244	5
	8	764	157	397	580	674	668	563	370	135	85	82	82	82	82	82	82	86	456	4
	9	829	136	322	500	597	607	529	367	168	106	101	101	101	101	101	101	104	635	3
	10	864	129	227	357	442	462	412	301	172	122	114	114	114	114	114	114	118	773	2
	11	881	132	157	204	244	259	242	200	154	132	128	126	122	122	122	126	129	855	1
	12	886	135	135	135	135	135	135	135	135	136	135	135	135	135	135	135	135	880	12
Half Day Totals			897	1771	2530	2941	2938	2512	1717	803	590	572	567	565	565	565	567	589	3455	
Jul 21	6	255	81	176	241	266	253	200	114	25	19	19	19	19	19	19	19	21	42	6
	7	615	142	367	529	610	600	498	319	98	56	56	56	56	56	56	56	59	229	5
	8	755	128	361	556	664	673	583	404	163	85	81	81	81	81	81	81	83	444	4
	9	823	117	284	474	588	615	553	406	202	107	100	100	100	100	100	100	100	626	3
	10	858	123	194	328	431	469	437	340	206	124	117	114	114	114	114	114	117	767	2
	11	876	130	140	182	232	263	262	230	180	139	130	127	122	122	122	122	127	851	1
	12	882	133	133	133	134	135	137	141	145	146	145	141	137	135	134	133	133	876	12
Half Day Totals			779	1572	2352	2830	2916	2585	1877	947	602	570	562	559	557	557	558	570	3394	
Aug 21	6	109	19	62	93	110	110	93	61	19	7	7	7	7	7	7	7	7	13	6
	7	588	69	273	455	564	586	521	374	161	51	47	47	47	47	47	47	47	183	5
	8	759	82	257	491	640	693	642	496	264	82	74	74	74	74	74	74	74	409	4
	9	837	100	181	398	563	638	621	512	319	123	97	95	95	95	95	95	95	603	3
	10	876	113	125	245	394	488	507	451	325	174	116	109	109	109	109	109	109	752	2
	11	896	121	124	134	193	269	320	327	287	214	145	125	121	118	118	118	118	844	1
	12	902	121	124	123	127	130	148	184	216	229	216	184	148	130	127	125	124	872	12
Half Day Totals			565	1094	1896	2543	2869	2803	2335	1493	700	580	539	521	516	514	513	512	3242	
Sep 21	7	544	35	133	333	471	533	516	417	250	55	33	33	33	33	33	33	30	111	5
	8	781	61	112	374	504	701	711	611	418	151	64	61	61	61	61	61	61	340	4
	9	875	82	89	265	504	654	705	650	497	236	88	82	82	82	82	82	82	548	3
	10	920	97	100	134	320	498	593	599	514	346	151	101	97	97	97	97	97	706	2
	11	942	106	106	111	136	265	400	476	477	404	270	139	111	106	106	106	106	806	1
	12	948	110	110	110	112	117	180	298	391	424	391	298	180	117	112	110	110	840	12
Half Day Totals			438	600	1280	2084	2721	3040	2925	2363	1424	793	550	457	438	435	435	435	2921	
Oct 21	7	434	20	39	197	329	406	418	369	258	96	21	20	20	20	20	20	20	53	5
	8	778	49	54	248	502	666	725	674	517	268	54	49	49	49	49	49	49	258	4
	9	896	70	72	148	426	637	746	742	624	403	130	72	70	70	70	70	70	473	3
	10	950	85	85	91	242	484	643	701	654	506	269	92	85	85	85	85	85	634	2
	11	974	95	93	95	103	251	456	586	624	568	420	210	100	95	95	95	95	735	1
	12	982	98	98	98	98	104	220	411	544	509	544	411	220	104	98	98	98	770	12
Half Day Totals			366	388	803	1616	2453	3071	3254	2930	2129	1156	631	412	369	366	366	366	2535	
Nov 21	7	210	7	8	63	137	185	201	190	146	76	9	7	7	7	7	7	7	15	5
	8	732	38	40	131	397	587	682	672	557	331	87	38	38	38	38	38	38	173	4
	9	889	59	59	74	333	590	745	785	703	513	225	62	59	59	59	59	59	378	3
	10	954	59	59	77	167	450	658	761	748	621	389	118	75	59	59	59	59	539	2
	11	984	83	83	83	87	229	486	658	726	685	538	295	92	83	83	83	83	638	1
	12	992	86	86	86	86	91	255	498	653	706	653	498	255	91	86	86	86	671	12
Half Day Totals			305	307	469	1160	2085	2919	3330	3215	2600	1567	753	382	307	305	305	305	2079	
Dec 21	7	93	3	3	22	56	79	89	85	68	38	5	3	3	3	3	3	3	5	5
	8	710	33	33	92	352	548	655	659	561	372	111	34	33	33	33	33	33	139	4
	9	887	54	54	59	293	566	738	794	727	547	266	58	54	54	54	54	54	336	3
	10	959	68	68	70	139	432	659	779	779	659	432	139	70	68	68	68	68	496	2
	11	990	77	77	77	81	217	493	681	761	725	579	328	92	77	77	77	77	594	1
	12	999	80	80	80	80	85	266	526	691	747	691	526	266	85	80	80	80	627	12
Half Day Totals			277	278	371	987	1927	2834	3322	3286	2737	1734	810	369	280	277	277	277	1886	
			N	NNW	NW	WNW	W	WSW	SW	SSW	S	SSE	SE	ESE	E	ENE	NE	NNE	HOR	PM

미국의 열·냉장 냉방 엔지니어 조합에 의한 기본서 '1989 ASHRAE'를 허가받은 후 재판함

국제표준단위 - 북위 32° 태양 강도와 일사 취득률

Date	Solar Time	Direct Solar W/m²	Solar Heat Gain Factors, W/m² Normal N	NNE	NE	ENE	E	ESE	SE	SSE	S	SSW	SW	WSW	W	WNW	NW	NNW	HOR	Time
Jan 21	7	4	0	0	1	3	4	4	4	3	2	0	0	0	0	0	0	0	0	5
	8	640	28	29	93	330	505	597	596	502	326	88	29	28	28	28	28	28	102	4
	9	848	48	48	53	286	553	721	775	710	534	248	52	48	48	48	48	48	278	3
	10	931	63	63	64	129	427	659	784	788	669	444	144	64	63	63	63	63	430	2
	11	966	71	71	71	75	213	502	697	784	750	602	347	90	71	71	71	71	524	1
	12	977	74	74	74	74	79	276	548	718	777	718	548	276	79	74	74	74	556	12
	Half Day Totals		249	250	338	897	1796	2700	3201	3197	2692	1745	831	353	251	249	249	249	1614	
Feb 21	7	352	13	23	148	258	323	335	299	212	83	14	13	13	13	13	13	13	30	5
	8	771	41	43	203	469	646	719	683	537	300	53	41	41	41	41	41	41	200	4
	9	905	60	60	100	386	627	764	782	680	471	174	63	60	60	60	60	60	401	3
	10	963	75	75	78	195	475	670	759	733	595	352	99	75	75	75	75	75	556	2
	11	990	83	83	83	88	240	491	656	717	670	519	275	89	83	83	83	83	651	1
	12	998	86	86	86	86	91	250	489	643	696	643	489	250	91	86	86	86	684	12
	Half Day Totals		314	324	635	1405	2317	3085	3406	3186	2460	1425	718	384	316	314	314	314	2180	
Mar 21	7	582	30	116	331	483	555	544	447	276	63	29	29	29	29	29	29	29	100	5
	8	820	54	77	338	575	716	746	660	472	195	57	54	54	54	54	54	54	314	4
	9	914	74	77	203	475	662	745	716	577	339	95	74	74	74	74	74	74	515	3
	10	958	88	88	96	273	498	637	676	615	455	221	93	88	88	88	88	88	666	2
	11	980	96	96	98	108	258	446	563	591	529	380	185	101	96	96	96	96	762	1
	12	986	99	99	99	99	105	209	385	511	553	511	385	209	105	99	99	99	795	12
	Half Day Totals		392	511	1130	1983	2758	3255	3281	2799	1856	1029	608	429	393	391	391	391	2754	
Apr 21	6	210	29	110	172	205	207	177	119	38	11	11	11	11	11	11	11	11	23	6
	7	648	53	253	462	593	631	574	427	204	49	45	45	45	45	45	45	45	191	5
	8	804	73	192	452	632	715	689	559	337	95	69	69	69	69	69	69	69	408	4
	9	876	89	113	324	531	648	669	590	418	183	92	87	87	87	87	87	87	593	3
	10	913	101	106	165	342	489	558	543	444	275	123	104	101	101	101	101	101	735	2
	11	931	109	109	115	149	262	371	426	415	340	221	126	113	109	109	109	109	824	1
	12	937	112	112	112	116	119	167	259	335	362	335	259	167	119	116	112	112	854	12
	Half Day Totals		507	932	1733	2498	3002	3127	2804	2032	1135	720	559	496	482	479	478	478	3201	
May 21	6	374	103	244	340	381	367	295	175	39	26	26	26	26	26	26	26	26	67	6
	7	665	112	350	535	637	642	550	373	134	59	57	57	57	57	57	57	59	256	5
	8	787	92	295	519	654	693	628	470	229	86	80	80	80	80	80	80	80	460	4
	9	848	103	194	403	557	624	600	487	293	117	99	97	97	97	97	97	97	632	3
	10	881	114	127	240	382	472	490	434	313	170	117	110	110	110	110	110	110	766	2
	11	898	121	124	132	186	260	312	321	285	215	147	125	122	118	118	118	118	846	1
	12	903	121	123	124	127	130	148	186	219	232	219	186	148	130	127	124	123	872	12
	Half Day Totals		699	1380	2212	2837	3103	2940	2353	1407	787	627	576	557	551	549	548	550	3461	
Jun 21	6	412	140	289	388	425	401	314	174	39	32	32	32	32	32	32	32	35	89	6
	7	662	148	384	556	644	634	529	342	109	62	62	62	62	62	62	62	65	279	5
	8	773	115	335	539	656	676	596	427	188	89	84	84	84	84	84	84	84	476	4
	9	831	110	234	431	563	609	567	440	244	111	101	101	101	101	101	101	101	642	3
	10	863	120	150	272	395	461	458	387	261	143	119	114	114	114	114	114	114	770	2
	11	879	126	130	148	202	258	287	279	237	177	135	128	125	122	122	122	122	847	1
	12	884	128	129	130	132	134	144	164	183	191	183	164	144	134	132	130	129	871	12
	Half Day Totals		824	1588	2402	2949	3107	2828	2137	1174	710	621	595	585	581	579	579	586	3537	
Jul 21	6	357	106	240	332	370	355	285	168	39	27	27	27	27	27	27	27	30	70	6
	7	640	118	349	526	623	626	533	361	129	62	59	59	59	59	59	59	61	257	5
	8	761	98	300	515	645	679	613	456	221	89	82	82	82	82	82	82	82	457	4
	9	823	107	202	405	553	615	588	474	284	117	100	100	100	100	100	100	100	626	3
	10	856	118	133	247	383	467	481	424	303	167	120	113	113	113	113	113	113	757	2
	11	873	124	128	137	191	261	308	314	276	210	147	129	125	121	121	121	121	836	1
	12	878	126	126	128	130	133	150	184	214	226	214	184	150	133	130	128	126	861	12
	Half Day Totals		728	1402	2210	2808	3051	2876	2289	1365	783	637	591	574	568	566	565	568	3431	
Aug 21	6	187	30	103	158	188	189	161	108	35	12	12	12	12	12	12	12	12	25	6
	7	599	59	250	444	565	598	542	402	192	53	49	49	49	49	49	49	49	192	5
	8	756	79	200	446	614	690	662	535	321	96	74	74	74	74	74	74	74	403	4
	9	830	95	124	328	523	632	648	570	402	179	98	93	93	93	93	93	93	583	3
	10	869	106	113	175	344	482	544	526	429	266	126	110	106	106	106	106	106	721	2
	11	888	114	117	122	157	264	365	414	401	328	217	131	119	114	114	114	114	808	1
	12	894	117	117	117	122	126	170	255	324	350	324	255	170	126	122	117	117	837	12
	Half Day Totals		539	957	1721	2442	2909	3013	2693	1950	1109	729	581	523	510	507	506	506	3151	
Sep 21	7	514	32	109	301	437	502	492	405	252	62	30	30	30	30	30	30	30	97	5
	8	758	57	81	324	546	678	706	626	449	190	61	57	57	57	57	57	57	303	4
	9	857	77	81	201	459	637	717	688	557	330	99	77	77	77	77	77	77	498	3
	10	905	91	91	101	270	485	617	655	596	444	220	97	91	91	91	91	91	644	2
	11	927	100	100	102	113	257	437	549	575	516	373	187	106	100	100	100	100	737	1
	12	934	103	103	103	103	110	210	379	499	540	499	379	210	110	103	103	103	769	12
	Half Day Totals		409	518	1088	1887	2620	3096	3131	2688	1811	1025	620	446	411	407	407	407	2663	
Oct 21	7	312	13	24	136	233	291	301	268	190	75	14	13	13	13	13	13	13	30	5
	8	723	42	46	200	450	616	684	649	510	285	54	42	42	42	42	42	42	198	4
	9	862	63	63	104	378	608	730	755	655	454	170	65	63	63	63	63	63	394	3
	10	923	77	77	81	197	465	652	737	710	576	342	101	77	77	77	77	77	546	2
	11	951	86	86	86	91	239	480	639	697	651	505	269	93	86	86	86	86	639	1
	12	959	89	89	89	89	95	247	477	626	676	626	477	247	95	89	89	89	671	12
	Half Day Totals		325	335	632	1324	2233	2967	3274	3066	2375	1390	714	393	327	325	325	325	2142	
Nov 21	7	5	0	0	1	3	4	5	4	3	2	0	0	0	0	0	0	0	0	5
	8	619	28	29	93	323	492	580	579	488	316	86	29	28	28	28	28	28	102	4
	9	828	49	49	55	283	544	708	761	696	523	253	53	49	49	49	49	49	277	3
	10	912	64	64	65	130	423	650	772	775	658	436	142	65	64	64	64	64	427	2
	11	948	72	72	72	76	213	496	688	772	739	593	342	91	72	72	72	72	521	1
	12	959	75	75	75	75	80	274	540	707	766	707	540	274	80	75	75	75	552	12
	Half Day Totals		253	254	342	889	1768	2651	3141	3136	2641	1716	823	355	256	253	253	253	1606	
Dec 21	8	556	22	22	59	265	425	515	523	451	305	98	23	22	22	22	22	22	69	4
	9	811	43	43	46	243	512	686	750	701	539	281	48	43	43	43	43	43	228	3
	10	907	57	57	57	106	401	642	777	791	683	466	163	59	57	57	57	57	375	2
	11	948	66	66	66	69	200	496	700	795	766	620	367	92	66	66	66	66	468	1
	12	960	69	69	69	69	73	281	559	733	794	733	559	281	73	69	69	69	499	12
	Half Day Totals		223	233	265	717	1576	2498	3042	3109	2687	1822	868	339	225	233	233	233	1389	
			N	NNW	NW	WNW	W	WSW	SW	SSW	S	SSE	SE	ESE	E	ENE	NE	NNE	HOR	PM

미국의 열·냉장 냉방 엔지니어 조합에 의한 기본서 '1989 ASHRAE'를 허가받은 후 재판함

국제표준단위 - 북위 40° 태양 강도와 일사 취득률

Date	Solar Time	Direct Solar W/m²	Solar Heat Gain Factors, W/m² Normal																	
			N	NNE	NE	ENE	E	ESE	SE	SSE	S	SSW	SW	WSW	W	WNW	NW	NNW	HOR	Time
Jan 21	8	446	17	17	55	223	350	417	420	358	236	68	17	17	17	17	17	17	44	4
	9	753	37	37	41	233	485	648	706	658	504	260	42	37	37	37	37	37	172	3
	10	865	51	51	51	97	390	627	761	776	671	460	161	53	51	51	51	51	303	2
	11	912	59	59	59	62	193	493	699	796	769	623	372	89	59	59	59	59	390	1
	12	926	62	62	62	62	66	283	563	739	802	739	563	283	66	62	62	62	419	12
Half Day Totals			194	194	231	627	1425	2315	2851	2941	2565	1770	860	318	196	194	194	194	1117	
Feb 21	7	175	6	10	71	127	160	167	150	107	43	6	6	6	6	6	6	6	11	5
	8	691	33	35	158	407	576	651	628	504	296	56	33	33	33	33	33	33	136	4
	9	856	52	52	70	337	587	738	773	688	496	209	55	52	52	52	52	52	52	3
	10	926	65	65	67	155	449	666	777	768	640	408	120	66	65	65	65	65	450	2
	11	957	73	73	73	77	224	503	690	768	729	579	325	86	73	73	73	73	538	1
	12	967	76	76	76	76	80	271	536	702	759	702	536	271	80	76	76	76	567	12
Half Day Totals			266	271	478	1139	2042	2887	3307	3201	2590	1601	789	360	269	276	266	266	1729	
Mar 21	7	540	27	92	295	440	514	509	425	271	69	26	26	26	26	26	26	26	83	5
	8	789	50	57	288	533	686	731	664	494	232	54	50	50	50	50	50	50	267	4
	9	888	67	70	147	428	639	749	743	624	404	127	69	67	67	67	67	67	450	3
	10	937	80	80	85	225	482	653	722	682	538	299	91	80	80	80	80	80	587	2
	11	960	88	88	88	94	247	475	623	672	622	473	244	94	88	88	88	88	672	1
	12	967	91	91	91	91	97	238	457	601	650	601	457	238	97	91	91	91	702	12
Half Day Totals			358	439	953	1775	2624	3261	3425	3052	2189	1269	693	416	359	357	357	357	2409	
Apr 21	6	282	36	144	228	275	279	241	164	56	16	15	15	15	15	15	15	15	34	6
	7	651	50	223	442	583	633	588	451	235	51	45	45	45	45	45	45	45	193	5
	8	794	69	140	402	600	705	703	593	391	130	69	67	67	67	67	67	67	389	4
	9	864	84	91	233	488	637	690	640	493	260	91	84	84	84	84	84	84	557	3
	10	901	96	99	117	291	480	589	608	538	380	177	101	96	96	96	96	96	684	2
	11	919	104	104	107	122	255	411	506	522	459	323	163	109	104	104	104	104	766	1
	12	925	106	106	106	109	114	196	341	448	486	448	341	196	114	109	106	106	793	12
Half Day Totals			486	835	1579	2389	3018	3312	3133	2464	1538	935	628	495	467	464	463	463	3018	
May 21	5	3	1	2	3	3	3	2	1	0	0	0	0	0	0	0	0	0	0	7
	6	452	113	284	403	458	445	363	223	56	33	33	33	33	33	33	33	35	96	6
	7	681	89	320	520	638	658	579	412	172	63	59	59	59	59	59	59	59	275	5
	8	787	86	230	470	629	693	654	518	294	92	80	80	80	80	80	80	80	460	4
	9	843	99	131	330	517	620	631	550	382	168	100	96	96	96	96	96	96	616	3
	10	874	107	114	171	332	467	529	512	418	262	127	111	107	107	107	107	107	736	2
	11	890	114	114	121	152	255	357	409	400	330	221	133	120	114	114	114	114	811	1
	12	895	117	117	117	121	126	171	257	329	355	329	257	171	126	121	117	117	835	12
Half Day Totals			679	1274	2100	2816	3228	3229	2775	1895	1128	779	629	568	553	550	549	552	3414	
Jun 21	5	68	32	54	68	70	63	46	20	5	4	4	4	4	4	4	4	7	8	7
	6	488	150	329	450	501	478	380	222	53	39	39	39	39	39	39	39	43	126	6
	7	681	118	355	543	647	654	562	385	145	68	65	65	65	65	65	65	67	306	5
	8	776	94	268	492	632	680	626	480	252	93	85	85	85	85	85	85	85	483	4
	9	829	105	160	358	524	606	601	507	332	142	104	100	100	100	100	100	100	633	3
	10	858	112	121	197	345	457	499	468	366	218	122	115	112	112	112	112	112	749	2
	11	874	119	123	128	166	254	332	367	347	279	188	130	124	119	119	119	119	821	1
	12	879	121	121	121	127	131	163	227	281	301	281	227	163	131	127	121	121	844	12
Half Day Totals			799	1482	2314	2967	3274	3150	2579	1649	995	743	642	602	592	588	587	594	3550	
Jul 21	5	7	3	5	7	7	6	5	2	0	0	0	0	0	0	0	0	1	1	7
	6	434	116	281	395	447	433	352	216	55	34	34	34	34	34	34	34	37	100	6
	7	656	95	321	513	625	643	564	400	166	66	62	62	62	62	62	62	62	278	5
	8	762	90	236	468	620	680	639	505	285	94	83	83	83	83	83	83	83	459	4
	9	818	102	138	333	513	610	618	537	371	165	104	99	99	99	99	99	99	611	3
	10	850	110	118	177	333	462	519	501	407	254	128	114	110	110	110	110	110	729	2
	11	866	117	120	125	157	256	352	400	389	321	217	135	123	117	117	117	117	802	1
	12	871	120	120	120	125	130	172	253	320	344	320	253	172	130	125	120	120	826	12
Half Day Totals			705	1296	2102	2791	3180	3164	2706	1842	1110	783	643	586	572	568	567	570	3395	
Aug 21	6	255	38	137	214	256	259	223	151	52	18	17	17	17	17	17	17	17	38	6
	7	603	55	223	426	557	602	557	426	222	55	49	49	49	49	49	49	49	196	5
	8	747	75	149	397	584	681	675	569	373	128	74	72	72	72	72	72	72	386	4
	9	819	89	97	259	481	621	669	618	475	251	97	89	89	89	89	89	89	549	3
	10	857	102	103	126	794	472	573	589	519	367	175	107	102	102	102	102	102	674	2
	11	876	109	109	113	130	257	403	492	303	112	313	165	116	109	109	109	109	753	1
	12	882	112	112	112	115	120	197	333	434	469	434	333	197	120	113	112	113	779	12
Half Day Totals			518	860	1571	2338	2928	2195	3014	2370	1495	932	647	523	496	492	492	492	2982	
Sep 21	7	471	28	87	265	395	460	456	381	244	66	77	27	27	27	27	27	27	80	5
	8	725	52	61	273	504	646	689	626	467	224	57	52	52	52	52	52	52	258	4
	9	830	71	73	148	413	613	717	712	599	340	129	72	71	71	71	71	71	434	3
	10	881	84	84	89	224	468	630	696	658	521	293	95	84	84	84	84	84	567	2
	11	906	92	92	92	99	245	463	604	652	603	461	242	99	92	92	92	92	650	1
	12	914	95	95	95	95	101	237	446	584	631	584	446	237	101	95	95	95	679	12
Half Day Totals			374	447	917	1683	2483	3091	3256	2917	2119	1250	699	432	376	373	373	373	2329	
Oct 21	7	152	6	10	64	113	142	148	132	94	30	7	6	6	6	6	6	6	12	5
	8	643	35	37	155	387	545	615	592	475	279	56	35	35	35	35	35	35	136	4
	9	811	54	54	73	329	567	710	742	661	476	202	57	54	54	54	54	54	305	3
	10	884	67	67	70	157	439	646	732	712	619	395	119	69	67	67	67	67	443	2
	11	917	76	76	76	80	223	491	670	745	707	562	317	89	76	76	76	76	529	1
	12	927	78	78	78	78	84	267	521	681	737	681	521	267	84	78	78	78	557	12
Half Day Totals			277	282	479	1105	1964	2770	3172	3073	2493	1555	780	369	279	277	277	277	1704	
Nov 21	8	429	17	17	55	217	339	404	406	346	228	66	18	17	17	17	17	17	44	4
	9	732	38	38	42	230	476	634	690	643	492	254	42	38	38	38	38	38	173	3
	10	846	52	52	52	99	385	616	748	762	658	451	159	54	52	52	52	52	303	2
	11	894	60	60	60	63	192	486	688	783	756	613	367	89	60	60	60	60	388	1
	12	907	63	63	63	63	67	280	555	728	789	728	555	280	67	63	63	63	417	12
Half Day Totals			197	197	235	623	1402	2271	2795	2882	2515	1737	849	319	199	197	197	197	1115	
Dec 21	8	279	9	9	25	129	212	259	264	230	157	52	10	9	9	9	9	9	20	4
	9	684	31	31	33	188	427	584	645	611	477	260	40	31	31	31	31	31	124	3
	10	824	45	45	45	78	357	594	732	755	661	462	173	47	45	45	45	45	243	2
	11	881	53	53	53	55	177	477	685	786	764	623	379	90	53	53	53	53	327	1
	12	897	56	56	56	56	60	281	560	736	798	736	560	281	60	56	56	56	356	12
Half Day Totals			165	165	178	461	1180	2045	2593	2735	2445	1757	869	298	167	165	165	165	891	
			N	NNW	NW	WNW	W	WSW	SW	SSW	S	SSE	SE	ESE	E	ENE	NE	NNE	HOR	PM

미국의 열·냉장 냉방 엔지니어 조합에 의한 기본서 '1989 ASHRAE'를 허가받은 후 재판함

국제표준단위 - 북위 48° 태양 강도와 일사 취득률

Date	Solar Time	Direct Solar W/m²	Solar Heat Gain Factors, W/m² Normal																	
			N	NNE	NE	ENE	E	ESE	SE	SSE	S	SSW	SW	WSW	W	WNW	NW	NNW	HOR	Time
Jan 21	8	116	4	4	13	57	90	109	110	94	63	18	4	4	4	4	4	4	7	4
	9	584	24	24	26	168	371	505	554	523	405	217	30	24	24	24	24	24	79	3
	10	754	37	37	37	69	333	553	682	702	615	429	159	39	37	37	37	37	174	2
	11	823	45	45	45	47	166	455	656	753	733	598	365	83	45	45	45	45	244	1
	12	842	48	48	48	48	51	271	541	712	772	712	541	271	51	48	48	48	269	12
	Half Day Totals		134	134	144	368	995	1787	2298	2447	2212	1616	817	267	136	134	134	134	639	
Feb 21	7	11	0	1	5	8	10	11	10	7	3	0	0	0	0	0	0	0	1	5
	8	568	24	25	114	324	469	537	524	428	259	52	24	24	24	24	24	24	78	4
	9	780	42	42	49	284	530	683	726	660	488	225	45	42	42	42	42	42	210	3
	10	869	54	54	55	120	414	640	764	768	653	434	137	55	54	54	54	54	330	2
	11	908	61	61	61	64	205	497	696	786	755	607	355	84	61	61	61	61	408	1
	12	919	63	63	63	63	68	280	555	728	789	728	555	280	68	63	63	63	435	12
	Half Day Totals		214	215	336	864	1707	2574	3053	3050	2564	1676	824	328	216	214	214	214	1246	
Mar 21	7	481	23	71	253	387	457	457	387	253	71	23	22	22	22	22	22	22	64	5
	8	743	44	48	239	485	644	700	651	498	257	49	44	44	44	44	44	44	214	4
	9	852	60	60	104	381	608	737	752	651	448	164	62	60	60	60	60	60	371	3
	10	905	71	71	75	182	459	655	748	727	596	363	104	71	71	71	71	71	493	2
	11	931	79	79	79	83	232	491	662	730	688	541	297	88	79	79	79	79	568	1
	12	939	81	81	81	81	86	261	509	665	720	665	509	261	86	81	81	81	593	12
	Half Day Totals		317	372	789	1556	2444	3190	3467	3196	2418	1464	768	398	318	316	316	316	2004	
Apr 21	6	340	39	167	271	330	337	294	203	74	20	19	19	19	19	19	19	19	46	6
	7	646	49	191	417	567	628	595	468	263	56	45	45	45	45	45	45	45	189	5
	8	778	64	99	350	565	689	708	619	435	173	67	64	64	64	64	64	64	359	4
	9	846	79	83	191	443	621	703	679	554	335	105	79	79	79	79	79	79	506	3
	10	883	90	90	97	243	466	609	659	612	472	251	97	90	90	90	90	90	618	2
	11	902	97	97	97	105	245	442	569	608	557	419	217	103	97	97	97	97	688	1
	12	908	97	97	97	97	106	224	414	543	586	543	414	113	106	97	97	97	712	12
	Half Day Totals		463	764	1453	2284	3018	3463	3409	2823	1907	1168	713	492	445	441	441	441	2760	
May 21	5	129	52	97	125	133	122	91	44	9	8	8	8	8	8	8	8	10	16	7
	6	510	112	305	443	511	503	410	266	75	38	38	38	38	38	38	38	40	125	6
	7	689	73	283	498	630	667	603	448	214	66	61	61	61	61	61	61	61	287	5
	8	781	82	170	417	598	688	675	561	358	120	78	78	78	78	78	78	78	448	4
	9	833	92	101	259	474	611	655	604	462	243	100	92	92	92	92	92	92	584	3
	10	863	103	106	124	282	457	560	579	512	365	179	109	103	103	103	103	103	689	2
	11	879	109	109	113	127	248	396	487	504	446	319	170	116	109	109	109	109	755	1
	12	883	111	111	111	114	120	198	336	438	474	438	336	198	120	111	111	778	12	
	Half Day Totals		678	1223	2033	2814	3356	3511	3173	2361	1523	996	708	578	549	545	545	549	3294	
Jun 21	5	243	111	192	241	252	228	166	75	19	17	17	17	17	17	17	17	24	38	7
	6	544	146	348	487	552	534	434	266	70	46	46	46	46	46	46	46	49	162	6
	7	693	93	317	521	642	667	591	427	188	72	67	67	67	67	67	67	67	324	5
	8	774	90	202	440	604	678	651	529	320	107	84	84	84	84	84	84	84	479	4
	9	822	98	114	285	482	600	629	567	418	208	105	98	98	98	98	98	98	610	3
	10	849	108	113	142	296	450	534	540	465	319	157	114	108	108	108	108	108	711	2
	11	864	114	114	120	138	248	373	448	456	396	279	156	121	114	114	114	114	774	1
	12	868	116	116	116	120	126	189	303	391	423	391	303	189	126	120	116	116	796	12
	Half Day Totals		811	1446	2278	3012	3453	3476	3012	2139	1376	941	718	620	597	593	592	602	3494	
Jul 21	5	135	57	104	133	141	129	96	46	11	9	9	9	9	9	9	9	12	18	7
	6	492	116	302	436	501	492	407	259	74	40	40	40	40	40	40	40	43	130	6
	7	666	78	285	491	619	653	588	436	207	69	63	63	63	63	63	63	63	290	5
	8	757	86	176	416	590	675	660	547	348	119	81	81	81	81	81	81	81	448	4
	9	809	96	106	263	471	601	642	591	450	237	104	96	96	96	96	96	96	581	3
	10	839	106	109	130	284	453	550	566	500	355	177	112	106	106	106	106	106	684	2
	11	854	112	112	117	132	249	390	477	492	435	312	169	119	112	112	112	112	749	1
	12	859	114	114	114	117	124	198	329	428	462	428	329	198	124	117	114	114	771	12
	Half Day Totals		705	1246	2038	2794	3311	3445	3101	2303	1496	993	721	598	570	565	565	569	3287	
Aug 21	6	311	42	161	256	310	316	275	190	70	22	21	21	21	21	21	21	21	51	6
	7	599	53	193	403	543	598	565	444	250	59	49	49	49	49	49	49	49	193	5
	8	732	69	108	347	549	665	681	593	417	168	73	69	69	69	69	69	69	358	4
	9	801	84	90	198	437	605	680	655	534	323	108	84	84	84	84	84	84	501	3
	10	839	95	95	104	247	458	593	639	592	456	245	103	95	95	95	95	95	610	2
	11	858	102	102	102	112	247	433	553	589	539	406	215	110	102	102	102	102	678	1
	12	864	104	104	104	104	113	224	404	526	568	526	404	224	113	104	104	104	702	12
	Half Day Totals		495	790	1449	2237	2928	3342	3282	2719	1851	1156	728	521	475	471	471	471	2740	
Sep 21	7	414	24	66	224	342	403	403	342	224	66	24	23	23	23	23	23	23	62	5
	8	678	46	51	228	455	602	654	608	467	244	52	46	46	46	46	46	46	206	4
	9	792	63	63	107	366	580	702	716	621	430	162	66	63	63	63	63	63	358	3
	10	848	75	75	79	182	444	630	718	698	573	353	107	75	75	75	75	75	476	2
	11	875	82	82	82	88	230	476	639	704	664	524	292	93	82	82	82	82	549	1
	12	883	84	84	84	84	91	257	493	643	695	643	493	257	91	84	84	84	573	12
	Half Day Totals		332	380	757	1467	2299	3006	3278	3038	2323	1428	766	412	334	331	331	331	1937	
Oct 21	7	12	0	1	5	9	11	12	11	8	3	0	0	0	0	0	0	0	1	5
	8	521	25	27	111	304	439	501	488	398	242	51	25	25	25	25	25	25	79	4
	9	734	44	44	52	276	508	652	693	629	465	216	47	44	44	44	44	44	208	3
	10	825	56	56	58	122	402	618	735	739	628	418	136	58	56	56	56	56	326	2
	11	866	63	63	63	67	203	483	673	759	729	586	345	86	63	63	63	63	403	1
	12	878	66	66	66	66	71	274	538	704	763	704	538	274	71	66	66	66	428	12
	Half Day Totals		223	225	340	838	1636	2460	2917	2917	2458	1618	808	334	226	223	223	223	1233	
Nov 21	8	115	4	4	13	57	90	108	109	93	62	18	4	4	4	4	4	4	7	4
	9	565	25	25	27	165	362	492	540	509	394	211	31	25	25	25	25	25	80	3
	10	734	38	38	38	70	327	542	668	687	602	420	156	40	38	38	38	38	175	2
	11	803	46	46	46	48	165	448	644	739	719	587	358	83	46	46	46	46	244	1
	12	822	48	48	48	48	53	267	531	699	757	699	531	267	53	48	48	48	269	12
	Half Day Totals		138	138	147	367	979	1751	2249	2394	2164	1582	804	268	139	138	138	138	642	
Dec 21	9	442	16	16	18	113	272	378	420	401	316	176	25	16	16	16	16	16	42	3
	10	675	30	30	30	51	286	491	612	635	563	398	155	32	30	30	30	30	119	2
	11	765	38	38	38	40	146	421	614	708	693	569	351	80	38	38	38	38	181	1
	12	789	41	41	41	41	44	256	514	679	734	679	514	256	44	41	41	41	204	12
	Half Day Totals		105	105	107	231	735	1444	1924	2097	1943	1476	778	239	107	185	105	105	444	
			N	NNW	NW	WNW	W	WSW	SW	SSW	S	SSE	SE	ESE	E	ENE	NE	NNE	HOR	PM

미국의 열·냉장 냉방 엔지니어 조합에 의한 기본서 '1989 ASHRAE'를 허가받은 후 재판함

국제표준단위 - 북위 56° 태양 강도와 일사 취득률

Date	Solar Time	Direct Solar W/m²	Solar Heat Gain Factors, W/m²																	
			N	NNE	NE	ENE	E	ESE	SE	SSE	S	SSW	SW	WSW	W	WNW	NW	NNW	HOR	Time
Jan 21	9	245	8	8	9	66	154	212	234	222	173	94	12	8	8	8	8	8	17	3
	10	537	21	21	21	40	232	396	492	509	451	317	121	23	21	21	21	21	65	2
	11	653	29	29	29	30	125	365	533	613	600	492	302	65	29	29	29	29	108	1
	12	684	31	31	31	31	34	225	453	599	646	599	453	225	34	31	31	31	125	12
	Half Day Totals		73	73	74	145	514	1081	1476	1632	1535	1192	651	193	75	73	73	73	251	
Feb 21	8	363	13	14	65	202	298	344	338	279	172	36	13	13	13	13	13	13	31	4
	9	654	30	30	33	223	440	578	621	573	430	210	33	30	30	30	30	30	115	3
	10	774	41	41	41	88	363	580	703	715	617	420	142	43	41	41	41	41	204	2
	11	827	47	47	47	50	178	465	662	755	731	592	354	78	47	47	47	47	266	1
	12	842	50	50	50	50	54	270	539	709	768	709	539	270	54	50	50	50	288	12
	Half Day Totals		156	156	209	574	1289	2102	2588	2668	2325	1604	797	281	158	156	156	156	759	
Mar 21	7	403	18	51	204	320	382	385	330	219	67	18	18	18	18	18	18	18	45	5
	8	678	37	40	192	428	584	646	611	479	264	47	37	37	37	37	37	37	156	4
	9	799	51	51	73	331	565	705	735	651	466	193	54	51	51	51	51	51	281	3
	10	859	61	61	63	144	429	640	750	744	623	403	122	63	61	61	61	61	384	2
	11	888	67	67	67	71	214	491	677	759	724	579	333	85	67	67	67	67	448	1
	12	897	69	69	69	69	74	273	535	700	758	700	535	273	74	69	69	69	470	12
	Half Day Totals		268	304	632	1320	2204	3014	3376	3204	2521	1583	814	371	270	268	268	268	1548	
Apr 21	5	1	0	1	1	1	1	1	0	0	0	0	0	0	0	0	0	0	0	7
	6	386	39	181	301	371	382	337	237	92	24	22	22	22	22	22	22	22	57	6
	7	633	46	160	388	544	615	594	479	287	67	43	43	43	43	43	43	43	178	5
	8	754	60	73	299	526	666	703	633	467	216	64	60	60	60	60	60	60	318	4
	9	820	73	75	139	398	598	704	704	597	396	138	75	73	73	73	73	73	443	3
	10	857	82	82	87	200	447	619	695	667	540	321	103	82	82	82	82	82	536	2
	11	876	88	88	88	94	232	462	614	672	630	493	271	96	88	88	88	88	595	1
	12	882	90	90	90	90	97	248	470	612	661	612	470	248	97	90	90	90	615	12
	Half Day Totals		437	714	1355	2188	2999	3569	3615	3095	2204	1379	796	485	416	412	412	413	2436	
May 21	5	292	114	215	280	299	276	208	104	22	19	19	19	19	19	19	19	23	45	7
	6	553	103	310	465	548	547	463	306	99	44	43	43	43	43	43	43	44	152	6
	7	691	68	241	469	616	669	622	480	256	68	61	61	61	61	61	61	61	290	5
	8	770	78	121	362	564	677	688	597	414	164	80	76	76	76	76	76	76	425	4
	9	818	88	93	195	430	596	671	648	529	321	112	88	88	88	88	88	88	539	3
	10	846	97	97	105	236	444	582	631	589	457	251	105	97	97	97	97	97	626	2
	11	861	102	102	102	111	238	426	550	589	543	412	223	110	102	102	102	102	681	1
	12	866	104	104	104	104	112	225	406	530	572	530	406	225	112	104	104	104	700	12
	Half Day Totals		700	1231	2030	2856	3503	3787	3531	2768	1903	1237	806	589	541	537	537	544	3107	
Jun 21	4	67	42	60	69	67	55	35	9	4	4	4	4	4	4	4	5	16	8	8
	5	385	167	296	377	398	362	268	127	33	29	29	29	29	29	29	29	37	78	7
	6	584	133	350	506	585	575	478	307	93	51	51	51	51	51	51	51	53	195	6
	7	699	78	272	492	629	672	614	465	235	75	68	68	68	68	68	68	68	332	5
	8	767	86	146	384	571	670	670	571	383	146	86	83	83	83	83	83	83	462	4
	9	809	94	101	218	438	588	650	617	493	287	109	94	94	94	94	94	94	571	3
	10	835	103	103	113	249	438	560	598	549	417	224	111	103	103	103	103	103	655	2
	11	849	108	108	110	119	239	407	517	549	500	375	204	116	108	108	108	108	709	1
	12	853	110	110	110	110	119	216	376	490	529	490	376	216	119	110	110	110	727	12
	Half Day Totals		866	1493	2327	3118	3665	3808	3414	2591	1773	1184	819	640	600	595	595	617	3375	
Jul 21	4	1	1	1	1	1	1	1	0	0	0	0	0	0	0	0	0	0	0	8
	5	288	117	217	281	300	276	208	104	24	21	21	21	21	21	21	21	25	50	7
	6	534	107	309	458	537	535	452	299	97	47	45	45	45	45	45	45	47	158	6
	7	668	71	244	464	605	655	607	468	250	71	64	64	64	64	64	64	64	294	5
	8	746	81	127	362	557	665	674	583	404	162	83	79	79	79	79	79	79	426	4
	9	794	91	97	200	427	587	659	634	516	314	114	91	91	91	91	91	91	538	3
	10	822	100	100	109	238	440	572	618	575	446	247	109	100	100	100	100	100	623	2
	11	837	105	105	105	115	239	420	539	576	530	403	220	114	105	105	105	105	677	1
	12	842	107	107	107	107	116	224	399	518	559	518	399	224	116	107	107	107	696	12
	Half Day Totals		729	1257	2039	2841	3461	3722	3457	2709	1871	1229	817	610	563	559	559	567	3113	
Aug 21	5	4	1	2	3	4	4	3	2	0	0	0	0	0	0	0	0	0	0	7
	6	355	43	176	287	351	361	318	223	88	26	24	24	24	24	24	24	24	63	6
	7	588	51	162	375	521	587	565	455	273	69	47	47	47	47	47	47	47	183	5
	8	708	65	80	296	511	642	676	607	448	209	70	65	65	65	65	65	65	320	4
	9	775	78	81	146	392	581	681	679	575	382	138	80	78	78	78	78	78	441	3
	10	817	87	87	93	204	438	601	672	645	522	312	107	87	87	87	87	87	532	2
	11	832	93	93	93	101	233	452	596	650	610	478	266	103	93	93	93	93	589	1
	12	838	95	95	95	95	103	246	457	593	640	593	457	246	103	95	95	95	608	12
	Half Day Totals		470	740	1352	2144	2911	3444	3482	2983	2139	1358	807	514	447	443	443	443	2433	
Sep 21	7	339	18	47	177	276	329	332	284	190	60	19	18	18	18	18	18	18	44	5
	8	611	39	43	182	397	540	596	564	443	247	49	39	39	39	39	39	39	151	4
	9	736	54	54	76	316	535	665	693	615	442	188	58	54	54	54	54	54	272	3
	10	799	64	64	67	145	412	611	714	709	595	387	123	66	64	64	64	64	371	2
	11	829	71	71	71	75	211	472	649	726	693	556	324	89	71	71	71	71	433	1
	12	839	73	73	73	73	79	267	515	672	727	672	515	267	79	73	73	73	454	12
	Half Day Totals		282	313	604	1233	2055	2817	3166	3020	2400	1528	803	382	284	282	282	282	1495	
Oct 21	8	327	14	15	63	186	274	315	310	255	158	35	14	14	14	14	14	14	33	4
	9	608	32	32	36	214	416	545	585	539	406	199	33	32	32	32	32	32	116	3
	10	779	43	43	43	90	349	555	671	682	588	401	138	45	43	43	43	43	203	2
	11	782	50	50	50	32	176	448	636	724	700	568	342	80	50	50	50	50	264	1
	12	798	52	52	52	52	57	263	519	681	738	681	519	263	57	52	52	52	285	12
	Half Day Totals		164	164	215	557	1229	1996	2457	2535	2214	1536	774	284	166	164	164	164	757	
Nov 21	9	238	8	8	9	6	151	207	228	217	169	92	12	8	8	8	8	8	17	3
	10	520	22	22	22	41	227	386	480	496	439	308	118	24	22	22	22	22	66	2
	11	634	30	30	30	31	123	357	520	598	586	481	296	65	30	30	30	30	109	1
	12	665	32	32	32	32	35	221	443	585	632	585	443	221	35	32	32	32	126	12
	Half Day Totals		76	76	76	147	506	1058	1442	1593	1498	1163	637	192	77	76	76	76	255	
Dec 21	9	16	0	0	1	4	10	14	15	15	12	7	1	0	0	0	0	0	1	3
	10	356	12	12	12	22	148	259	325	338	302	215	85	13	12	12	12	12	29	2
	11	523	20	20	20	21	94	289	427	493	485	399	247	53	20	20	20	20	60	1
	12	568	23	23	23	23	26	187	378	500	539	500	378	187	26	23	23	23	73	12
	Half Day Totals		45	45	45	64	276	683	982	1117	1081	874	514	149	47	45	45	45	127	
			N	NNW	NW	WNW	W	WSW	SW	SSW	S	SSE	SE	ESE	E	ENE	NE	NNE	HOR	PM

미국의 열·냉장 냉방 엔지니어 조합에 의한 기본서 '1989 ASHRAE'를 허가받은 후 재판함

북위 24° 태양 강도와 일사 취득률

Date	Solar Time	Direct Normal Btu/h•ft²	N	NNE	NE	ENE	E	ESE	SE	SSE	S	SSW	SW	WSW	W	WNW	NW	NNW	HOR	Solar Time
			Solar Heat Gain Factors, Btu/h•ft²																	
Jan 21	0700	71	2	3	21	45	62	67	63	49	25	3	2	2	2	2	2	2	5	1700
	0800	239	12	12	41	128	190	221	218	181	114	28	12	12	12	12	12	12	55	1600
	0900	288	18	18	23	106	190	240	253	227	166	73	19	18	18	18	18	18	121	1500
	1000	308	23	23	24	53	144	211	245	241	200	125	38	24	23	23	23	23	172	1400
	1100	317	26	26	26	27	73	156	211	234	220	173	95	29	26	26	26	26	204	1300
	1200	320	27	27	27	27	29	82	160	210	227	210	160	81	29	27	27	27	214	1200
HALF DAY TOTALS			95	96	148	372	671	942	1076	1039	840	505	241	120	96	95	95	95	664	
Feb 21	0700	153	6	12	67	114	141	145	128	90	33	6	6	6	6	6	6	6	17	1700
	0800	262	15	16	80	165	220	240	224	172	89	17	15	15	15	15	15	15	83	1600
	0900	297	21	22	46	138	208	244	243	205	133	42	22	21	21	21	21	21	153	1500
	1000	314	26	26	28	76	157	209	228	213	165	87	28	26	26	26	26	26	205	1400
	1100	321	29	29	29	31	80	148	191	203	185	137	68	31	29	29	29	29	238	1300
	1200	323	30	30	30	30	32	70	134	177	192	177	133	70	32	30	30	30	249	1200
HALF DAY TOTALS			113	119	257	527	806	1011	1072	965	699	374	200	127	113	113	113	113	820	
Mar 21	0700	194	11	45	115	164	186	180	145	86	17	10	10	10	10	10	10	10	36	1700
	0800	267	18	35	124	195	234	237	204	138	48	19	18	18	18	18	18	18	112	1600
	0900	295	25	27	85	165	215	232	214	163	82	27	25	25	25	25	25	25	180	1500
	1000	309	30	31	41	103	162	194	195	168	112	47	31	30	30	30	30	30	232	1400
	1100	315	33	33	34	42	85	129	154	155	139	86	43	34	33	33	33	33	264	1300
	1200	317	34	34	34	34	35	56	96	126	137	126	95	56	35	34	34	34	275	1200
HALF DAY TOTALS			133	189	422	693	906	1011	970	778	458	249	169	139	133	133	133	133	962	
Apr 21	0600	40	6	21	33	39	39	33	22	7	2	2	2	2	2	2	2	2	4	1800
	0700	203	20	88	151	189	197	176	127	55	15	14	14	14	14	14	14	14	58	1700
	0800	256	24	80	159	209	228	212	164	88	24	22	22	22	22	22	22	22	132	1600
	0900	280	30	54	126	181	208	203	169	105	39	29	28	28	28	28	28	28	195	1500
	1000	292	34	37	75	125	157	165	148	107	56	35	33	33	33	33	33	33	244	1400
	1100	298	36	37	40	59	85	103	106	94	70	45	38	37	36	36	36	36	274	1300
	1200	299	37	37	38	38	39	46	59	70	75	70	58	45	39	38	38	37	283	1200
HALF DAY TOTALS			168	339	607	826	940	924	773	494	244	180	163	157	155	155	154	154	1048	
May 21	0600	86	25	57	79	87	84	66	38	8	6	6	6	6	6	6	6	6	13	1800
	0700	203	43	117	171	199	196	163	105	32	17	17	17	17	17	17	17	18	73	1700
	0800	248	38	114	178	214	218	190	132	54	26	25	25	25	25	25	25	26	142	1600
	0900	269	35	88	150	188	198	179	132	66	33	31	31	31	31	31	31	31	201	1500
	1000	280	38	59	103	137	150	141	111	67	39	36	35	35	35	35	35	36	247	1400
	1100	286	40	43	55	72	83	84	75	58	44	40	39	38	38	38	38	39	274	1300
	1200	288	41	41	41	41	42	43	44	46	46	46	44	43	42	41	41	41	282	1200
HALF DAY TOTALS			238	492	749	909	943	840	614	308	187	176	174	173	172	172	172	175	1089	
Jun 21	0600	97	36	70	93	101	94	73	39	8	7	7	7	7	7	7	7	8	17	1800
	0700	201	55	127	177	199	192	155	94	26	18	18	18	18	18	18	18	20	77	1700
	0800	242	50	126	184	214	212	179	117	43	27	26	26	26	26	26	26	27	145	1600
	0900	263	43	102	158	189	192	168	116	53	34	32	32	32	32	32	32	33	201	1500
	1000	274	41	72	113	140	146	131	96	55	39	36	36	36	36	36	36	38	245	1400
	1100	279	42	50	65	77	82	77	64	49	42	41	40	39	39	39	40	41	271	1300
	1200	281	43	43	43	43	43	43	43	43	43	43	43	43	43	43	43	43	279	1200
HALF DAY TOTALS			284	562	802	933	932	797	544	255	187	181	180	179	179	179	180	187	1096	
Jul 21	0600	81	26	56	76	84	80	63	36	8	6	6	6	6	6	6	6	7	13	1800
	0700	195	45	116	168	194	190	158	101	31	18	18	18	18	18	18	18	19	73	1700
	0800	239	41	115	176	210	213	185	128	52	27	26	26	26	26	26	26	26	141	1600
	0900	261	37	90	150	186	195	175	129	64	34	32	32	32	32	32	32	32	198	1500
	1000	272	39	62	104	137	149	139	108	65	39	37	36	36	36	36	36	37	243	1400
	1100	278	41	44	58	73	83	83	73	57	44	41	40	39	39	39	39	40	270	1300
	1200	280	42	42	42	43	43	44	45	46	46	46	45	43	43	42	42	42	278	1200
HALF DAY TOTALS			247	498	746	897	925	820	595	300	191	181	178	177	177	177	177	181	1076	
Aug 21	0600	35	6	20	30	35	35	30	19	6	2	2	2	2	2	2	2	2	4	1800
	0700	186	22	87	144	179	186	165	119	51	16	15	15	15	15	15	15	15	58	1700
	0800	241	26	82	156	203	220	204	157	84	26	24	24	24	24	24	24	24	130	1600
	0900	265	32	57	126	178	202	197	162	101	39	31	30	30	30	30	30	30	191	1500
	1000	278	36	40	78	125	155	161	143	103	55	37	35	35	35	35	35	35	239	1400
	1100	284	38	39	42	61	85	101	104	91	68	46	40	38	37	37	37	37	268	1300
	1200	286	38	39	40	40	41	47	58	69	72	68	58	47	41	40	40	39	277	1200
HALF DAY TOTALS			179	347	601	806	910	889	740	473	243	186	171	165	164	163	163	162	1028	
Sep 21	0800	248	19	36	119	185	222	225	194	132	48	20	19	19	19	19	19	19	108	1600
	0900	278	26	28	84	160	207	223	206	158	81	28	26	26	26	26	26	26	174	1500
	1000	292	31	32	42	101	158	188	190	163	110	48	32	31	31	31	31	31	224	1400
	1100	299	34	34	35	43	84	127	151	151	128	86	44	35	34	34	34	34	256	1300
	1200	301	35	35	35	36	37	57	95	124	134	124	94	57	37	36	35	35	266	1200
HALF DAY TOTALS			139	190	406	661	863	964	927	749	451	251	174	145	139	138	138	138	930	
Oct 21	0700	138	6	12	62	104	129	133	117	82	31	7	6	6	6	6	6	6	17	1700
	0800	247	16	17	79	159	211	230	214	164	85	17	16	16	16	16	16	16	82	1600
	0900	284	22	23	47	135	202	237	235	198	128	41	23	22	22	22	22	22	150	1500
	1000	301	27	27	29	77	154	204	222	207	160	85	29	27	27	27	27	27	201	1400
	1100	309	30	30	30	33	80	145	186	198	180	133	67	32	30	30	30	30	233	1300
	1200	311	31	31	31	31	33	70	131	173	187	172	130	69	33	31	31	31	244	1200
HALF DAY TOTALS			116	123	255	512	778	974	1032	929	675	367	200	131	117	116	116	116	804	
Nov 21	0700	67	2	3	20	43	59	64	60	46	24	3	2	2	2	2	2	2	5	1700
	0800	232	12	13	42	126	186	216	213	177	111	28	12	12	12	12	12	12	55	1600
	0900	282	19	19	23	106	187	236	249	223	163	71	20	19	19	19	19	19	120	1500
	1000	303	23	23	24	53	143	209	241	237	197	123	37	24	23	23	23	23	171	1400
	1100	312	26	26	26	28	73	154	209	230	217	171	93	29	26	26	26	26	202	1300
	1200	315	27	27	27	27	29	81	158	207	224	207	158	80	29	27	27	27	213	1200
HALF DAY TOTALS			97	97	149	368	661	926	1056	1020	825	497	239	121	98	97	97	97	659	
Dec 21	0700	30	1	1	7	18	25	28	27	21	12	2	1	1	1	1	1	1	2	1700
	0800	225	10	10	29	112	174	208	209	178	118	35	11	10	10	10	10	10	44	1600
	0900	281	17	17	19	93	180	234	252	231	174	84	18	17	17	17	17	17	107	1500
	1000	304	22	22	22	44	137	209	247	247	209	137	44	22	22	22	22	22	157	1400
	1100	314	25	25	25	26	69	156	216	241	230	183	104	29	25	25	25	25	188	1300
	1200	317	26	26	26	26	27	85	167	219	237	219	167	84	27	26	26	26	199	1200
HALF DAY TOTALS			88	88	118	313	611	899	1054	1042	868	550	257	117	89	88	88	88	598	

미국의 열·냉장 냉방 엔지니어 조합에 의한 기본서 '1989 ASHRAE'를 허가받은 후 재판함

북위 32° 태양 강도와 일사 취득률

Date	Solar Time	Direct Normal Btu/h•ft²	N	NNE	NE	ENE	E	ESE	SE	SSE	S	SSW	SW	WSW	W	WNW	NW	NNW	HOR	Solar Time
			Solar Heat Gain Factors, Btu/h•ft²																	
Jan 21	0700	1	0	0	0	1	1	1	1	1	0	0	0	0	0	0	0	0	0	1700
	0800	203	9	9	29	105	160	189	189	159	103	28	9	9	9	9	9	9	32	1600
	0900	269	15	15	17	91	175	229	246	225	169	82	17	15	15	15	15	15	88	1500
	1000	295	20	20	20	41	135	209	249	250	212	141	46	20	20	20	20	20	136	1400
	1100	306	23	23	23	24	68	159	221	249	238	191	110	29	23	23	23	23	166	1300
	1200	310	24	24	24	24	25	88	174	228	246	228	174	88	25	24	24	24	176	1200
HALF DAY TOTALS			79	79	107	284	570	856	1015	1014	853	553	264	112	80	79	79	79	512	
Feb 21	0700	112	4	7	47	82	102	106	95	67	26	4	4	4	4	4	4	4	9	1700
	0800	245	13	14	65	149	205	228	216	170	95	17	13	13	13	13	13	13	64	1600
	0900	287	19	19	32	122	199	242	248	216	149	55	20	19	19	19	19	19	127	1500
	1000	305	24	24	25	62	151	213	241	232	189	112	31	24	24	24	24	24	176	1400
	1100	314	26	26	26	28	76	156	208	227	212	165	87	28	26	26	26	26	207	1300
	1200	316	27	27	27	27	29	79	155	204	221	204	155	79	29	27	27	27	217	1200
HALF DAY TOTALS			100	103	201	445	735	978	1080	1010	780	452	228	122	100	100	100	100	691	
Mar 21	0700	185	10	37	105	153	176	173	142	88	20	9	9	9	9	9	9	9	32	1700
	0800	260	17	25	107	183	227	237	209	150	62	18	17	17	17	17	17	17	100	1600
	0900	290	23	25	64	151	210	237	227	183	107	30	23	23	23	23	23	23	164	1500
	1000	304	28	28	30	87	158	202	215	195	144	70	29	28	28	28	28	28	211	1400
	1100	311	31	31	31	34	82	142	179	188	168	120	59	32	31	31	31	31	242	1300
	1200	313	32	32	32	32	33	66	122	162	176	162	122	66	33	32	32	32	252	1200
HALF DAY TOTALS			124	162	359	629	875	1033	1041	888	589	326	193	136	125	124	124	124	874	
Apr 21	0600	66	9	35	54	65	66	56	38	12	4	3	3	3	3	3	3	3	7	1800
	0700	206	17	80	146	188	200	182	136	65	16	14	14	14	14	14	14	14	61	1700
	0800	255	23	61	144	200	227	219	177	107	30	22	22	22	22	22	22	22	129	1600
	0900	278	28	36	103	168	206	212	187	133	38	29	28	28	28	28	28	28	188	1500
	1000	290	32	34	52	108	155	177	172	141	87	39	33	32	32	32	32	32	233	1400
	1100	295	35	35	36	47	83	118	135	132	108	70	40	36	35	35	35	35	262	1300
	1200	297	36	36	36	37	38	53	82	106	115	106	82	53	38	37	36	36	271	1200
HALF DAY TOTALS			161	296	550	792	952	992	889	645	360	228	177	157	153	152	152	152	1015	
May 21	0600	119	33	77	108	121	116	94	56	13	8	8	8	8	8	8	8	9	21	1800
	0700	211	36	111	170	202	204	174	118	42	19	18	18	18	18	18	18	19	81	1700
	0800	250	29	94	165	208	220	199	149	73	27	25	25	25	25	25	25	25	146	1600
	0900	269	33	61	128	177	198	190	155	93	37	32	31	31	31	31	31	31	201	1500
	1000	280	36	40	76	121	150	156	138	99	54	37	35	35	35	35	35	35	243	1400
	1100	285	38	39	42	59	83	99	102	90	68	47	40	39	37	37	37	37	269	1300
	1200	286	38	39	40	40	41	47	59	70	74	70	59	47	41	40	40	39	277	1200
HALF DAY TOTALS			222	438	702	900	985	933	747	447	250	199	183	177	175	174	174	175	1098	
Jun 21	0600	131	44	92	123	135	127	99	55	12	10	10	10	10	10	10	10	11	28	1800
	0700	210	47	122	176	204	201	168	108	35	20	20	20	20	20	20	20	21	88	1700
	0800	245	36	106	171	208	214	189	135	60	28	27	27	27	27	27	27	27	151	1600
	0900	264	35	74	137	178	193	180	139	77	35	32	32	32	32	32	32	32	204	1500
	1000	274	38	47	86	125	146	145	123	83	45	38	36	36	36	36	36	36	244	1400
	1100	279	40	41	47	64	82	91	89	75	56	43	41	40	39	39	39	39	269	1300
	1200	280	41	41	41	42	42	46	52	58	60	58	52	46	42	42	41	41	276	1200
HALF DAY TOTALS			261	504	762	935	985	897	678	372	225	197	189	185	184	184	183	186	1122	
Jul 21	0600	113	34	76	105	117	113	90	53	12	9	9	9	9	9	9	9	9	22	1800
	0700	203	38	111	167	198	198	169	114	41	20	19	19	19	19	19	19	19	81	1700
	0800	241	31	95	163	204	215	194	145	70	28	26	26	26	26	26	26	26	145	1600
	0900	261	34	64	129	175	195	186	150	90	37	32	32	32	32	32	32	32	198	1500
	1000	271	37	42	78	121	148	153	134	96	53	38	36	36	36	36	36	36	240	1400
	1100	277	39	40	43	60	83	98	99	88	66	47	41	40	38	38	38	38	265	1300
	1200	279	40	40	41	41	42	48	58	68	72	68	58	48	42	41	41	40	273	1200
HALF DAY TOTALS			231	444	701	890	967	912	726	433	248	202	187	182	180	179	179	180	1088	
Aug 21	0600	59	10	33	50	60	60	51	34	11	4	4	4	4	4	4	4	4	8	1800
	0700	190	19	79	141	179	190	172	128	61	17	15	15	15	15	15	15	15	61	1700
	0800	240	25	63	141	195	219	210	170	102	31	23	23	23	23	23	23	23	128	1600
	0900	263	30	39	104	166	200	206	181	127	57	31	29	29	29	29	29	29	185	1500
	1000	276	34	36	55	109	153	173	167	136	84	40	35	34	34	34	34	34	229	1400
	1100	282	36	37	39	50	84	116	131	127	104	69	41	38	36	36	36	36	256	1300
	1200	284	37	37	37	39	40	54	81	103	111	103	81	54	40	39	37	37	265	1200
HALF DAY TOTALS			171	303	546	774	922	333	864	618	352	231	184	166	162	161	160	160	999	
Sep 21	0700	163	10	35	96	139	159	156	128	80	20	10	10	10	10	10	10	10	31	1700
	0800	240	18	26	103	173	215	224	198	143	60	19	18	18	18	18	18	18	96	1600
	0900	272	24	26	64	146	202	227	219	177	105	31	24	24	24	24	24	24	158	1500
	1000	287	29	27	77	86	154	196	208	189	141	70	31	29	29	29	29	29	204	1400
	1100	294	32	32	32	36	81	139	174	102	163	118	59	34	32	32	32	32	234	1300
	1200	296	33	33	33	33	35	66	120	158	171	158	120	66	33	33	33	33	244	1200
HALF DAY TOTALS			130	164	345	598	831	982	993	852	574	325	197	142	130	129	129	129	845	
Oct 21	0700	99	4	7	43	74	92	96	85	60	24	5	4	4	4	4	4	4	10	1700
	0800	229	13	15	63	143	195	217	206	162	90	17	13	13	13	13	13	13	63	1600
	0900	273	20	20	33	120	193	234	239	208	144	54	21	20	20	20	20	20	125	1500
	1000	293	24	24	26	62	147	207	234	225	183	109	32	24	24	24	24	24	173	1400
	1100	302	27	27	27	29	76	152	203	221	207	160	85	29	27	27	27	27	203	1300
	1200	304	28	28	28	28	30	78	151	199	215	199	151	78	30	28	28	28	213	1200
HALF DAY TOTALS			103	106	200	433	708	941	1038	972	753	441	226	125	104	103	103	103	679	
Nov 21	0700	2	0	0	0	1	1	1	1	1	1	0	0	0	0	0	0	0	0	1700
	0800	196	9	9	29	103	136	181	184	155	100	27	9	9	9	9	9	9	32	1600
	0900	263	16	16	17	90	173	225	241	221	166	80	17	16	16	16	16	16	88	1500
	1000	289	20	20	21	41	134	206	245	246	209	138	45	21	20	20	20	20	136	1400
	1100	301	23	23	23	24	67	157	218	245	234	188	109	29	23	23	23	23	165	1300
	1200	304	24	24	24	24	25	87	171	224	243	224	171	87	25	24	24	24	175	1200
HALF DAY TOTALS			80	81	108	282	561	841	996	995	838	544	261	113	81	80	80	80	509	
Dec 21	0800	176	7	7	19	84	135	163	166	143	97	31	7	7	7	7	7	7	22	1600
	0900	257	14	14	15	77	162	218	238	222	171	89	15	14	14	14	14	14	72	1500
	1000	288	18	18	18	34	127	204	246	251	216	148	52	19	18	18	18	18	119	1400
	1100	301	21	21	21	22	63	157	222	252	243	197	116	29	21	21	21	21	148	1300
	1200	304	22	22	22	22	23	89	177	232	252	232	177	89	23	22	22	22	158	1200
HALF DAY TOTALS			71	71	84	227	500	792	965	986	852	578	275	107	71	71	71	71	440	

미국의 열·냉장 냉방 엔지니어 조합에 의한 기본서 '1989 ASHRAE'를 허가받은 후 재판함

북위 40° 태양 강도와 일사 취득률

Date	Solar Time	Direct Normal Btu/h•ft^2	Solar Heat Gain Factors, Btu/h•ft^2																	Solar Time
			N	NNE	NE	ENE	E	ESE	SE	SSE	S	SSW	SW	WSW	W	WNW	NW	NNW	HOR	
Jan 21	0800	142	5	5	17	71	111	132	133	114	75	22	6	5	5	5	5	5	14	1600
	0900	239	12	12	13	74	154	205	224	209	160	82	13	12	12	12	12	12	55	1500
	1000	274	16	16	16	31	124	199	241	246	213	146	51	17	16	16	16	16	96	1400
	1100	289	19	19	19	20	61	156	222	252	244	198	118	28	19	19	19	19	124	1300
	1200	294	20	20	20	20	21	90	179	234	254	234	179	90	21	20	20	20	133	1200
HALF DAY TOTALS			61	61	73	199	452	734	904	932	813	561	273	101	62	61	61	61	354	
Feb 21	0700	55	2	3	23	40	51	53	47	34	14	2	2	2	2	2	2	2	4	1700
	0800	219	10	11	50	129	183	206	199	160	94	18	10	10	10	10	10	10	43	1600
	0900	271	16	16	22	107	186	234	245	218	157	66	17	16	16	16	16	16	98	1500
	1000	294	21	21	21	49	143	211	246	243	203	129	38	21	21	21	21	21	143	1400
	1100	304	23	23	23	24	71	160	219	244	231	184	103	27	23	23	23	23	171	1300
	1200	307	24	24	24	24	25	86	170	222	241	222	170	86	25	24	24	24	180	1200
HALF DAY TOTALS			84	86	152	361	648	916	1049	1015	821	508	250	114	85	84	84	84	548	
Mar 21	0700	171	9	29	93	140	163	161	135	86	22	8	8	8	8	8	8	8	26	1700
	0800	250	16	18	91	169	218	232	211	157	74	17	16	16	16	16	16	16	85	1600
	0900	282	21	22	47	136	203	238	236	198	128	40	22	21	21	21	21	21	143	1500
	1000	297	25	25	27	72	153	207	229	216	171	95	29	25	25	25	25	25	186	1400
	1100	305	28	28	28	30	78	151	198	213	197	150	77	30	28	28	28	28	213	1300
	1200	307	29	29	29	29	31	75	145	191	206	191	145	75	31	29	29	29	223	1200
HALF DAY TOTALS			114	139	302	563	832	1035	1087	968	694	403	220	132	114	113	113	113	764	
Apr 21	0600	89	11	46	72	87	88	76	52	18	5	5	5	5	5	5	5	5	11	1800
	0700	206	16	71	140	185	201	186	143	75	16	14	14	14	14	14	14	14	61	1700
	0800	252	22	44	128	190	224	223	188	124	41	22	21	21	21	21	21	21	123	1600
	0900	274	27	29	80	155	202	219	203	156	83	29	27	27	27	27	27	27	177	1500
	1000	286	31	31	37	92	152	187	193	170	121	56	32	31	31	31	31	41	217	1400
	1100	292	33	33	34	39	81	130	160	166	146	102	52	35	33	33	33	33	243	1300
	1200	293	34	34	34	34	36	62	108	142	154	142	108	62	36	34	34	34	252	1200
HALF DAY TOTALS			154	265	501	758	957	1051	994	782	488	296	199	157	148	147	147	147	957	
May 21	0500	1	0	1	1	1	1	1	0	0	0	0	0	0	0	0	0	0	0	1900
	0600	144	36	90	128	145	141	115	71	18	10	10	10	10	10	10	10	11	31	1800
	0700	216	28	102	165	202	209	184	131	54	20	19	19	19	19	19	19	19	87	1700
	0800	250	27	73	149	199	220	208	164	93	29	25	25	25	25	25	25	25	146	1600
	0900	267	31	42	105	164	197	200	175	121	53	32	30	30	30	30	30	30	195	1500
	1000	277	34	36	54	105	148	168	163	133	83	40	35	34	34	34	34	34	234	1400
	1100	283	36	36	38	48	81	113	130	127	105	70	42	38	36	36	36	36	257	1300
	1200	284	37	37	37	38	40	54	82	104	113	104	82	54	40	38	37	37	265	1200
HALF DAY TOTALS			215	404	666	893	1024	1025	881	601	358	247	200	180	176	175	174	175	1083	
Jun 21	0500	22	10	17	21	22	20	14	6	2	1	1	1	1	1	1	1	2	3	1900
	0600	155	48	104	143	159	151	121	70	17	13	13	13	13	13	13	13	14	40	1800
	0700	216	37	113	172	205	207	178	122	46	22	21	21	21	21	21	21	21	97	1700
	0800	246	30	85	156	201	216	199	152	80	29	27	27	27	27	27	27	27	153	1600
	0900	263	33	51	114	166	192	190	161	105	45	33	32	32	32	32	32	32	201	1500
	1000	272	35	38	63	109	145	158	148	116	69	39	36	35	35	35	35	35	238	1400
	1100	277	38	39	40	52	81	105	116	110	88	60	41	39	38	38	38	38	260	1300
	1200	279	38	38	38	40	41	52	72	89	95	89	72	52	41	40	38	38	267	1200
HALF DAY TOTALS			253	470	734	941	1038	999	818	523	315	236	204	191	188	187	186	188	1126	
Jul 21	0500	2	1	2	2	2	2	1	1	0	0	0	0	0	0	0	0	0	0	1900
	0600	138	37	89	125	142	137	112	68	18	11	11	11	11	11	11	11	12	32	1800
	0700	208	30	102	163	198	204	179	127	53	21	20	20	20	20	20	20	20	88	1700
	0800	241	28	75	148	196	216	203	160	90	30	26	26	26	26	26	26	26	145	1600
	0900	259	32	44	106	163	193	196	170	118	52	33	31	31	31	31	31	31	194	1500
	1000	269	35	37	56	106	146	165	159	129	81	41	36	35	35	35	35	35	231	1400
	1100	275	37	38	40	50	81	111	127	123	102	69	43	39	37	37	37	37	254	1300
	1200	276	38	38	38	40	41	55	80	101	109	101	80	55	41	40	38	38	262	1200
HALF DAY TOTALS			223	411	666	885	1008	1003	858	584	352	248	204	186	181	180	180	181	1076	
Aug 21	0600	81	12	44	68	81	82	71	48	17	6	5	5	5	5	5	5	5	12	1800
	0700	191	17	71	135	177	191	177	135	70	17	16	16	16	16	16	16	16	62	1700
	0800	237	24	47	126	185	216	214	180	118	41	23	23	23	23	23	23	23	122	1600
	0900	260	28	31	82	153	197	212	196	151	80	31	28	28	28	28	28	28	174	1500
	1000	272	32	33	40	93	150	182	187	165	116	56	34	32	32	32	32	32	214	1400
	1100	278	35	35	36	41	81	128	156	160	141	99	52	37	35	35	35	35	239	1300
	1200	280	35	35	35	36	38	63	106	138	149	138	106	63	38	36	35	35	247	1200
HALF DAY TOTALS			164	273	498	741	928	1013	956	751	474	296	205	166	157	156	156	156	946	
Sep 21	0700	149	9	27	84	125	146	144	121	77	21	9	9	9	9	9	9	9	25	1700
	0800	230	17	19	87	160	205	218	199	148	71	18	17	17	17	17	17	17	82	1600
	0900	263	22	23	47	131	194	227	226	190	124	41	23	22	22	22	22	22	138	1500
	1000	280	27	27	28	71	148	200	221	209	165	93	30	27	27	27	27	27	180	1400
	1100	287	29	29	29	31	78	147	192	207	191	146	77	31	29	29	29	29	206	1300
	1200	290	30	30	30	30	32	75	142	185	200	185	142	75	32	30	30	30	215	1200
HALF DAY TOTALS			119	142	291	534	787	980	1033	925	672	396	222	137	119	118	118	118	738	
Oct 21	0700	48	2	3	20	36	45	47	42	30	12	2	2	2	2	2	2	2	4	1700
	0800	204	11	12	49	123	173	195	188	151	89	18	11	11	11	11	11	11	43	1600
	0900	257	17	17	23	104	180	225	235	209	151	64	18	17	17	17	17	17	97	1500
	1000	280	21	21	22	50	139	205	238	235	196	125	38	22	21	21	21	21	140	1400
	1100	291	24	24	24	25	71	156	212	236	224	178	101	28	24	24	24	24	168	1300
	1200	294	25	25	25	25	27	85	165	216	234	216	165	85	27	25	25	25	177	1200
HALF DAY TOTALS			88	89	152	351	623	878	1006	974	791	493	247	117	89	88	88	88	540	
Nov 21	0800	136	5	5	18	69	108	128	129	110	72	21	6	5	5	5	5	5	14	1600
	0900	232	12	12	13	73	151	201	219	204	156	80	13	12	12	12	12	12	55	1500
	1000	268	16	16	16	31	122	196	237	242	209	143	50	17	16	16	16	16	96	1400
	1100	283	19	19	19	20	61	154	218	248	240	194	116	28	19	19	19	19	123	1300
	1200	288	20	20	20	20	21	89	176	231	250	231	176	89	21	20	20	20	132	1200
HALF DAY TOTALS			63	63	75	198	445	721	887	914	798	551	269	101	63	63	63	63	354	
Dec 21	0800	89	3	3	8	41	67	82	84	73	50	17	3	3	3	3	3	3	6	1600
	0900	217	10	10	11	60	135	185	205	194	151	83	13	10	10	10	10	10	39	1500
	1000	261	14	14	14	25	113	188	232	239	210	146	55	15	14	14	14	14	77	1400
	1100	280	17	17	17	17	56	151	217	249	242	198	120	28	17	17	17	17	104	1300
	1200	285	18	18	18	18	19	89	178	233	253	233	178	89	19	18	18	18	113	1200
HALF DAY TOTALS			52	52	56	146	374	649	822	867	775	557	276	94	53	52	52	52	282	

미국의 열·냉장 냉방 엔지니어 조합에 의한 기본서 '1989 ASHRAE'를 허가받은 후 재판함

북위 48° 태양 강도와 일사 취득률

Date	Solar Time	Direct Normal Btu/h•ft²	Solar Heat Gain Factors, Btu/h•ft² N	NNE	NE	ENE	E	ESE	SE	SSE	S	SSW	SW	WSW	W	WNW	NW	NNW	HOR	Solar Time
Jan 21	0800	37	1	1	4	18	29	34	35	30	20	6	1	1	1	1	1	1	2	1600
	0900	185	8	8	8	53	118	160	176	166	129	69	10	8	8	8	8	8	25	1500
	1000	239	12	12	12	22	106	175	216	223	195	136	50	12	12	12	12	12	55	1400
	1100	261	14	14	14	15	53	144	208	239	233	190	116	26	14	14	14	14	77	1300
	1200	267	15	15	15	15	16	86	171	226	245	226	171	86	16	15	15	15	85	1200
HALF DAY TOTALS			43	43	46	117	316	567	729	776	701	512	259	85	43	43	43	43	203	
Feb 21	0700	4	0	0	1	3	3	3	3	2	1	0	0	0	0	0	0	0	0	1700
	0800	180	8	8	36	103	149	170	166	136	82	17	8	8	8	8	8	8	25	1600
	0900	247	13	13	16	90	168	216	230	209	155	71	14	13	13	13	13	13	66	1500
	1000	275	17	17	17	38	131	203	242	244	207	138	44	18	17	17	17	17	105	1400
	1100	288	19	19	19	20	65	158	221	249	239	192	113	27	19	19	19	19	130	1300
	1200	292	20	20	20	20	22	89	176	231	250	231	176	89	22	20	20	20	138	1200
HALF DAY TOTALS			68	68	107	274	541	816	968	967	813	531	261	104	68	68	68	68	395	
Mar 21	0700	153	7	22	80	123	145	145	123	80	23	7	7	7	7	7	7	7	20	1700
	0800	236	14	15	76	154	204	222	206	158	82	15	14	14	14	14	14	14	68	1600
	0900	270	19	19	3	121	193	234	239	207	142	52	20	19	19	19	19	19	118	1500
	1000	287	23	23	24	58	146	208	237	231	189	115	33	23	23	23	23	23	156	1400
	1100	295	25	25	25	26	74	156	210	232	218	172	94	28	25	25	25	25	180	1300
	1200	298	26	26	26	26	27	83	161	211	228	211	161	83	27	26	26	26	188	1200
HALF DAY TOTALS			100	118	250	494	775	1012	1100	1014	767	465	244	126	101	100	100	100	636	
Apr 21	0600	108	12	53	86	105	107	93	64	23	6	6	6	6	6	6	6	6	15	1800
	0700	205	15	61	132	180	199	189	148	84	18	14	14	14	14	14	14	14	60	1700
	0800	247	20	32	111	179	219	225	196	138	55	21	20	20	20	20	20	20	114	1600
	0900	268	25	26	60	141	197	223	215	176	106	33	25	25	25	25	25	25	161	1500
	1000	280	28	28	31	77	148	193	209	194	150	80	31	28	28	28	28	28	196	1400
	1100	286	31	31	31	33	78	140	181	193	177	133	69	33	31	31	31	31	218	1300
	1200	288	31	31	31	31	34	71	131	172	186	172	131	71	34	31	31	31	226	1200
HALF DAY TOTALS			147	242	461	724	957	1098	1081	895	605	370	226	156	141	140	140	140	875	
May 21	0500	41	17	31	40	42	39	29	14	3	3	3	3	3	3	3	3	3	5	1900
	0600	162	35	97	141	162	160	133	85	24	12	12	12	12	12	12	12	13	40	1800
	0700	219	23	90	158	200	212	191	142	68	21	19	19	19	19	19	19	19	91	1700
	0800	248	26	54	132	190	218	214	178	113	38	25	25	25	25	25	25	25	142	1600
	0900	264	29	32	82	151	194	208	192	147	77	32	29	29	29	29	29	29	185	1500
	1000	274	33	34	39	90	145	178	184	163	116	57	35	33	33	33	33	33	219	1400
	1100	279	35	35	36	40	79	126	155	160	142	101	54	37	35	35	35	35	240	1300
	1200	280	35	35	35	36	38	63	107	139	150	139	107	63	38	36	35	35	247	1200
HALF DAY TOTALS			215	388	645	893	1065	1114	1007	749	483	316	225	184	174	173	173	174	1045	
Jun 21	0500	77	35	61	76	80	72	53	24	6	5	5	5	5	5	5	5	8	12	1900
	0600	172	46	110	155	175	169	138	84	22	14	14	14	14	14	14	14	16	51	1800
	0700	220	29	101	165	204	211	187	135	60	23	21	21	21	21	21	21	21	103	1700
	0800	246	29	64	139	191	215	206	168	101	34	27	27	27	27	27	27	27	152	1600
	0900	261	31	36	91	153	190	199	180	133	66	33	31	31	31	31	31	31	193	1500
	1000	269	34	36	45	94	143	169	171	148	101	50	36	34	34	34	34	34	225	1400
	1100	274	36	36	38	44	79	118	142	145	126	88	49	38	36	36	36	36	246	1300
	1200	275	37	37	37	38	40	60	96	124	134	124	96	60	40	38	37	37	252	1200
HALF DAY TOTALS			257	459	722	955	1095	1102	955	678	436	299	228	197	189	188	188	191	1108	
Jul 21	0500	43	18	33	42	45	41	30	15	3	3	3	3	3	3	3	3	4	6	1900
	0600	156	37	96	138	159	156	129	82	24	13	13	13	13	13	13	13	14	41	1800
	0700	211	25	90	156	196	207	186	138	66	22	20	20	20	20	20	20	20	92	1700
	0800	240	27	56	132	187	214	209	174	110	38	26	26	26	26	26	26	26	142	1600
	0900	256	30	34	83	149	191	204	187	143	75	33	30	30	30	30	30	30	184	1500
	1000	266	34	35	41	90	143	174	180	158	113	56	36	34	34	34	34	34	217	1400
	1100	271	36	36	37	42	79	124	151	156	138	99	54	38	36	36	36	36	237	1300
	1200	272	36	36	36	37	39	63	104	136	146	136	104	63	39	37	36	36	244	1200
HALF DAY TOTALS			223	395	646	886	1050	1092	983	730	474	315	229	190	181	179	179	180	1042	
Aug 21	0600	99	13	51	81	98	100	87	60	22	7	7	7	7	7	7	7	7	16	1800
	0700	190	17	61	128	172	190	179	141	79	19	15	15	15	15	15	15	15	61	1700
	0800	232	22	34	110	174	211	216	188	132	53	23	22	22	22	22	22	22	114	1600
	0900	154	27	28	63	139	192	216	108	169	102	34	27	27	27	27	27	27	159	1500
	1000	266	30	30	33	78	145	188	203	188	144	78	33	30	30	30	30	30	193	1400
	1100	272	32	32	32	36	78	137	175	187	171	179	68	35	32	32	32	32	215	1300
	1200	274	33	33	33	33	36	71	128	167	189	167	128	71	36	33	33	33	223	1200
HALF DAY TOTALS			157	251	459	709	929	1060	1040	862	587	366	231	165	151	149	149	149	869	
Sep 21	0700	131	8	21	71	108	128	128	108	71	21	8	7	7	7	7	7	7	20	1700
	0800	215	15	16	72	144	191	207	193	148	77	16	15	15	15	15	15	15	65	1600
	0900	251	20	20	34	116	184	223	227	197	136	52	21	20	20	20	20	20	114	1500
	1000	269	24	24	25	58	141	200	228	221	182	112	34	24	24	24	24	24	151	1400
	1100	278	26	26	26	28	73	151	203	223	210	166	92	29	26	26	26	26	174	1300
	1200	280	27	27	27	27	29	82	156	204	220	204	156	82	29	27	27	27	182	1200
HALF DAY TOTALS			105	121	240	465	729	953	1040	963	737	453	243	131	106	105	105	105	614	
Oct 21	0700	4	0	0	2	3	4	4	3	2	1	0	0	0	0	0	0	0	0	1700
	0800	165	8	9	35	96	139	159	155	126	77	16	8	8	8	8	0	8	25	1600
	0900	233	14	14	16	88	161	207	220	199	148	68	15	14	14	14	14	14	66	1500
	1000	262	18	18	18	39	128	196	233	224	199	133	43	18	18	18	18	18	104	1400
	1100	274	20	20	20	21	64	153	213	241	231	186	109	27	20	20	20	20	128	1300
	1200	278	21	21	21	21	23	87	171	223	242	223	171	87	23	21	21	21	136	1200
HALF DAY TOTALS			71	71	108	266	519	780	923	926	779	513	256	106	72	71	71	71	391	
Nov 21	0800	36	1	1	4	18	29	34	35	30	20	6	1	1	1	1	1	1	2	1600
	0900	179	8	8	9	52	115	156	171	161	125	67	10	8	8	8	8	8	26	1500
	1000	233	12	12	12	22	104	172	212	218	191	133	49	13	12	12	12	12	55	1400
	1100	255	15	15	15	15	52	142	204	234	228	186	114	26	15	15	15	15	77	1300
	1200	261	15	15	15	15	17	85	168	222	240	222	168	85	17	15	15	15	85	1200
HALF DAY TOTALS			44	44	47	117	310	555	713	760	686	502	255	85	44	44	44	44	204	
Dec 21	0900	140	5	5	6	36	86	120	133	127	100	56	8	5	5	5	5	5	13	1500
	1000	214	10	10	10	16	91	156	194	201	179	126	49	10	10	10	10	10	38	1400
	1100	242	12	12	12	13	46	134	195	225	220	180	111	25	12	12	12	12	57	1300
	1200	250	13	13	13	13	14	81	163	215	233	215	168	81	14	13	13	13	65	1200
HALF DAY TOTALS			33	33	34	73	233	458	610	665	616	468	247	76	34	33	33	33	141	
			N	NNW	NW	WNW	W	WSW	SW	SSW	S	SSE	SE	ESE	E	ENE	NE	NNE	HOR	PM

미국의 열·냉장 냉방 엔지니어 조합에 의한 기본서 '1989 ASHRAE'를 허가받은 후 재판함

북위 56° 태양 강도와 일사 취득률

Date	Solar Time	Direct Normal Btu/h•ft²	Solar Heat Gain Factors, Btu/h•ft² N	NNE	NE	ENE	E	ESE	SE	SSE	S	SSW	SW	WSW	W	WNW	NW	NNW	HOR	Solar Time
Jan 21	0900	78	3	3	3	21	49	67	74	70	55	30	4	3	3	3	3	3	5	1500
	1000	170	7	7	7	13	74	126	156	162	143	100	38	7	7	7	7	7	21	1400
	1100	207	9	9	9	10	40	116	169	194	190	156	96	21	9	9	9	9	34	1300
	1200	217	10	10	10	10	11	71	144	190	205	190	144	71	11	10	10	10	40	1200
HALF DAY TOTALS			23	23	24	46	163	343	468	517	487	378	206	61	24	23	23	23	80	
Feb 21	0800	115	4	4	21	64	95	109	107	88	55	12	4	4	4	4	4	4	10	1600
	0900	203	10	10	11	71	139	183	197	182	136	66	10	10	10	10	10	10	36	1500
	1000	246	13	13	13	28	115	184	223	227	196	133	45	14	13	13	13	13	65	1400
	1100	262	15	15	15	16	57	148	210	239	232	188	112	25	15	15	15	15	84	1300
	1200	267	16	16	16	16	17	86	171	225	244	225	171	86	17	16	16	16	91	1200
HALF DAY TOTALS			49	50	66	182	409	666	821	846	737	509	253	89	50	49	49	49	241	
Mar 21	0700	128	6	16	65	101	121	122	105	70	21	6	6	6	6	6	6	6	14	1700
	0800	215	12	13	61	136	185	205	194	152	84	15	12	12	12	12	12	12	49	1600
	0900	253	16	16	23	105	179	224	233	207	148	61	17	16	16	16	16	16	89	1500
	1000	272	19	19	20	46	136	203	238	236	198	128	39	20	19	19	19	19	122	1400
	1100	282	21	21	21	22	68	156	215	241	230	184	106	27	21	21	21	21	142	1300
	1200	284	22	22	22	22	24	86	170	222	241	222	170	86	24	22	22	22	149	1200
HALF DAY TOTALS			85	97	200	419	699	956	1071	1016	800	502	258	118	86	85	85	85	491	
Apr 21	0600	122	13	58	95	118	121	107	75	29	7	7	7	7	7	7	7	7	18	1800
	0700	201	15	51	123	173	195	188	152	91	21	14	14	14	14	14	14	14	56	1700
	0800	239	19	23	95	167	211	223	201	148	68	20	19	19	19	19	19	19	101	1600
	0900	260	23	24	44	126	190	223	223	189	126	44	24	23	23	23	23	23	140	1500
	1000	272	26	26	27	63	142	196	220	212	171	102	33	26	26	26	26	26	170	1400
	1100	278	28	28	28	30	74	147	195	213	200	156	86	31	28	28	28	28	189	1300
	1200	280	28	28	28	28	31	79	149	194	210	194	149	79	31	28	28	28	195	1200
HALF DAY TOTALS			139	226	430	694	951	1132	1147	982	699	437	252	154	132	131	131	131	772	
May 21	0500	93	36	68	89	95	88	66	33	7	6	6	6	6	6	6	6	7	14	1900
	0600	175	33	99	148	174	173	147	97	31	14	14	14	14	14	14	14	14	48	1800
	0700	219	21	77	149	195	212	197	152	81	22	19	19	19	19	19	19	19	92	1700
	0800	244	25	38	115	179	215	218	189	131	52	25	24	24	24	24	24	24	135	1600
	0900	259	28	30	62	136	189	213	206	168	102	36	28	28	28	28	28	28	171	1500
	1000	268	31	31	33	75	141	185	200	187	145	80	33	31	31	31	31	31	199	1400
	1100	273	32	32	32	35	76	135	174	187	172	131	71	35	32	32	32	32	216	1300
	1200	275	33	33	33	33	36	71	129	168	181	168	129	71	36	33	33	33	222	1200
HALF DAY TOTALS			222	391	644	906	1112	1202	1120	878	604	392	256	187	172	170	170	173	986	
Jun 21	0400	21	13	19	22	21	18	11	3	1	1	1	1	1	1	1	2	5	3	2000
	0500	122	53	94	119	126	115	85	40	10	9	9	9	9	9	9	9	12	25	1900
	0600	185	42	111	160	185	182	152	97	30	16	16	16	16	16	16	16	17	62	1800
	0700	222	25	86	156	199	213	195	147	74	24	22	22	22	22	22	22	22	105	1700
	0800	243	27	46	122	181	213	213	181	122	46	27	26	26	26	26	26	26	146	1600
	0900	257	30	32	69	139	187	206	196	156	91	34	30	30	30	30	30	30	181	1500
	1000	265	33	33	36	79	139	178	190	174	132	71	35	33	33	33	33	33	208	1400
	1100	269	34	34	35	38	76	129	164	174	159	119	65	37	34	34	34	34	225	1300
	1200	271	35	35	35	35	38	68	119	155	168	155	119	68	38	35	35	35	231	1200
HALF DAY TOTALS			275	473	738	989	1162	1207	1082	822	562	376	260	203	190	189	189	196	1070	
Jul 21	0500	91	37	69	89	95	88	66	33	8	7	7	7	7	7	7	7	8	16	1900
	0600	169	34	98	145	170	170	143	95	31	15	14	14	14	14	14	14	15	50	1800
	0700	212	23	77	147	192	208	193	148	79	23	20	20	20	20	20	20	20	93	1700
	0800	237	26	40	115	177	211	214	185	128	51	26	25	25	25	25	25	25	135	1600
	0900	252	29	31	63	135	186	209	201	164	99	36	29	29	29	29	29	29	171	1500
	1000	261	32	32	34	76	139	181	196	182	142	78	35	32	32	32	32	32	198	1400
	1100	265	33	33	33	37	76	133	171	183	168	128	70	36	33	33	33	33	215	1300
	1200	267	34	34	34	34	37	71	126	164	177	164	126	71	37	34	34	34	221	1200
HALF DAY TOTALS			231	398	646	901	1097	1180	1096	859	593	390	259	193	179	177	177	180	987	
Aug 21	0500	1	0	1	1	1	1	1	0	0	0	0	0	0	0	0	0	0	0	1900
	0600	112	14	56	91	111	114	101	71	28	8	8	8	8	8	8	8	8	20	1800
	0700	187	16	51	119	165	186	179	144	86	22	15	15	15	15	15	15	15	58	1700
	0800	225	20	25	94	162	203	214	192	142	66	22	20	20	20	20	20	20	101	1600
	0900	246	25	26	46	124	184	216	215	182	121	44	26	25	25	25	25	25	140	1500
	1000	258	28	28	30	65	139	191	213	204	165	99	34	28	28	28	28	28	169	1400
	1100	264	30	30	30	32	74	143	189	206	193	152	84	33	30	30	30	30	187	1300
	1200	266	30	30	30	30	30	78	145	188	203	188	145	78	33	30	30	30	198	1200
HALF DAY TOTALS			149	235	429	680	923	1092	1104	946	678	431	256	163	142	140	140	141	771	
Sep 21	0700	107	6	15	56	87	104	105	90	60	19	6	6	6	6	6	6	6	14	1700
	0800	194	12	14	58	126	171	189	179	140	78	16	12	12	12	12	12	12	48	1600
	0900	233	17	17	24	100	170	211	220	195	140	59	18	17	17	17	17	17	86	1500
	1000	253	20	20	21	46	131	194	227	225	189	123	39	21	20	20	20	20	118	1400
	1100	263	22	22	22	24	67	150	206	230	220	176	103	28	22	22	22	22	137	1300
	1200	266	23	23	23	23	25	85	163	213	231	213	163	85	25	23	23	23	144	1200
HALF DAY TOTALS			89	99	191	391	652	893	1004	958	761	484	255	121	90	89	89	89	474	
Oct 21	0800	104	4	5	20	59	87	100	98	81	50	11	4	4	4	4	4	4	10	1600
	0900	193	10	10	11	68	132	173	186	171	129	63	11	10	10	10	10	10	37	1500
	1000	231	14	14	14	28	111	176	213	216	186	127	44	14	14	14	14	14	64	1400
	1100	248	16	16	16	17	56	142	202	229	222	180	108	25	16	16	16	16	84	1300
	1200	253	16	16	16	16	18	83	164	216	234	216	164	83	18	16	16	16	91	1200
HALF DAY TOTALS			52	52	68	177	390	633	779	804	702	487	246	90	53	52	52	52	240	
Nov 21	0900	76	3	3	3	21	48	66	72	69	54	29	4	3	3	3	3	3	6	1500
	1000	165	7	7	7	13	72	122	152	157	139	98	37	7	7	7	7	7	21	1400
	1100	201	9	9	9	10	39	113	165	190	186	152	94	21	9	9	9	9	35	1300
	1200	211	10	10	10	10	11	70	140	186	200	186	140	70	11	10	10	10	40	1200
HALF DAY TOTALS			24	24	24	47	161	336	457	505	475	369	202	61	24	24	24	24	81	
Dec 21	0900	5	0	0	0	1	3	4	5	5	4	2	0	0	0	0	0	0	0	1500
	1000	113	4	4	4	7	47	82	103	107	96	68	27	4	4	4	4	4	9	1400
	1100	166	6	6	6	7	30	92	135	156	154	127	78	17	6	6	6	6	19	1300
	1200	180	7	7	7	7	8	59	120	159	171	159	120	59	8	7	7	7	23	1200
HALF DAY TOTALS			14	14	14	20	88	217	311	354	343	277	163	47	15	14	14	14	40	
			N	NNW	NW	WNW	W	WSW	SW	SSW	S	SSE	SE	ESE	E	ENE	NE	NNE	HOR	PM

미국의 열·냉장 냉방 엔지니어 조합에 의한 기본서 '1989 ASHRAE'를 허가받은 후 재판함

참고 문헌

1. ____, *Glass Industry*, May 1988.
2. Glaser, H.J., "Coated Heat-Insulating Glasses," *International Journal of Glass Technology*, 1989, vol. 62, p. 93-99.
3. Amstock, J., "New Technology and Testing to Improve Performance in Heat and Sound Insulation", *Glass Magazine*, April 1986.
4. Owens, R., Adhesives Applications, Bostik Construction Products, September 1987.
5. Sorrenson, C.B., "Gas – How to Retain It – Gas filling for Insulating Glassed Units", PRC Corporation, Glendale, California.
6. Johnson, T.E., *Solar Architecture: The Direct Gain Approach*, McGraw Hill, New York, 1981.
7. Fan, C.C., Reed, T.B., Goodenough, J.B., "Heat Mirrors for Solar-Energy Collection and Radiation Insulation," Proceedings of the 9th Intersociety Energy Conversion Engineering Conference, San Francisco, California, August 26-30, 1974.
8. Gillery, F.H., "The Significant Advantage of Using Zinc-Tin Oxide to Anti-Reflect Silver in Low Emissivity Coatings," PPG Industries Glass Research & Development Center, Pittsburgh, Pennsylvania, 1989.
9. Arasteh, D., Selkowitz, S., Wolfe, J R., "The Design and Testing of a Highly Insulating Glazing System for Use With Conventional Window Systems," *Journal of Solar Engineering*, Transactions of the ASME, 1989, vol. 111.
10. Gardestad, K., "The Living Atrium: Design Guidelines for Quality Atriums, M.S.Arch. Thesis, MIT School of Architecture, Cambridge, Massachusetts, June 1986.
11. Sweitzer, G., Arateh, D., Selkowitz, S., "Effects of Low-Emissivity Glazings on Energy Use Patterns in Nonresidential Daylighted Buildings," Lawrence Berkeley Laboratory Report, Berkeley, California, LBL-21577, December 1986.

12. Elmahdy, A.H., "Joint Canadian/U.S. Research Project on Window Performance: Project Outlines and Preliminary Results," *ASHRAE Transactions*, 1990, vol. 96, Pt 1.
13. Harrison, S.J., Barakat, S.A., "A method for Comparing the Thermal Performance of Windows" *ASHRAE Transactions*, 1983, vol. 89 Part 1A.
14. Burkhart, J., Jones, R., "The Effective Absorptance of Direct Gain Rooms," Proceedings 4th National Passive Solar Conference, Kansas City, Missouri, International Solar Energy Society, October 1979.
15. Holzberlein, T., "Don't Let the Trees Make a Monkey of You," Proceedings 4th National Passive Solar Conference, Kansas City, Missouri, International Solar Energy Society, October 1979.
16. Niles, P.W., "A simple Direct Gain Passive House Performance Prediction Model, Proceedings Second National Passive Solar Conference, International Solar Energy Society, 1978.
17. Millet, M., Bedrick, J., "Manual Graphic Daylight Design Method," Department of Architecture, University of Washington, Seattle, 1980.
18. Lam, W.M.C., *Sunlighting as Formgiver for Architecture*, Van Nostrand Reinhold Company, New York, 1986.
19. Krockman, J. "Uber die horizontal Beleuchtungsstarke der Tagesbeleuchtung" *Lichtechnik*, 1963, vol. 15.
20. Benson, D.K., Tracey, C.E., "Evacuated Window Glazings for Energy Efficient Buildings", SERI/C-255-0122, Solar Energy Research Institute, Golden, Colorado.
21. Rubin, M., Lampert, C., "Transparent Silica Aerogels for Window Insulation," *Solar Energy Materials*, 1983, vol. 7, p. 393.
22. Benson, D.K., Tracey, C.E., "Solid-State Electrochromic Switchable Window Glazings", Proceedings of SPIE 502, 1984, p. 46.
23. Bartovicks, W.A., "The Thermal Performance of Fixed and Variable Selective Transmitters in Commercial Architecture," S.M. Arch Thesis, Department of Architecture, M.I.T. Cambridge, Massachusetts, February 1984.
24. Kreith, F., *Principles of Heat Transfer*, International Textbook Co., Scranton, Pennsylvania, 1958.
25. Button, D. A., Dunning, R., Fenestration 2000, Pilkington Glass Ltd., July 1989.
26. _____________, Thikol Gesellschaft mbH, "Gas Permeability of IG-Sealants," Morton Thikol, Woodstock, Illinois, 1988.

용어 설명

전도. 전도현상은 열이 이웃 분자 간의 충돌로 인해 고체 혹은 대기 (혹은 유체)를 통해 열이 전달될 때 일어난다.

대류. 대류현상은 부력에 의한 공기 분자의 운동이 표면 내부 혹은 외부로 열을 전달할 때 일어난다.

방사율. 표면에서 방출되는 장파장 적외선 방사 에너지 혹은 실내 온도의 복사 열 에너지를 측정한 값으로 0(적외선 방사 없음)에서 1(100% 적외선 방사)까지의 값으로 표현된다.

광 반사율. 유리에 의해 반사된 수직 입사 가시광의 비율

광 투과율. 유리를 통해 투과되는 수직 입사 가시광의 비율

차폐 계수. 동일한 조건에서 창문을 통한 일사 취득량 대 3mm의 투명 유리에 단일광을 통한 일사 취득량의 비율

일사 흡수율. 유리 전 표면에 의해 흡수되는 수직 입사 태양 복사열의 비율

일사 직접 투과율. 유리를 통해 직접 투과되는 수직 입사 태양 복사열의 비율

태양 복사열. 해발 고도 30도에서 태양으로부터 직접 취득된 총 복사량(자외선, 가시광선 그리고 적외선)과 동일한 분광 분포를 가지는 복사열

태양 반사율. 유리의 전 표면으로부터 반사되는 수직 입사 태양 복사열의 비율

총 태양 투과율. 외부 풍속이 2m/s 라 가정했을 때, 투과에 의해 직접적으로 그리고 재방사와 대류로 인해 내부로 흐르는 흡수 에너지에 의해 간접적으로 유리를 통해 전달되는 수직 입사 태양 복사열의 비율

열관류율. 주어진 유리를 통한 열류비: 열 저항률 R의 역수 (U = 1 / R). U값은 기준 환경을 정하여 계산한다. 영국에서는 평균 기온 섭씨 10도에서 유

리 내부와 외부의 온도 차가 섭씨 15도라고 가정한다. 미국에서는 기준 환경이 여름 일 때 외부 기온 화씨 89도, 실내 온도 화씨 75도, 외부 대기 속도 7.5mph 그리고 일사 강도를 248 Btu/hr ft^2 로 가정하여 계산한다. 겨울에는 외부 야간 기온 화씨 0도, 실내 온도 화씨 70도 그리고 외부 대기 속도를 15mph로 가정하여 계산한다.

고성능 유리에 대한 통합 품질보증 설계론

2017년 8월 31일 1판 1쇄 인 쇄
2017년 9월 6일 1판 1쇄 발 행

지 은 이 : Timothy E. Johnson
역 자 : 이 경 수
펴 낸 이 : 박 정 태

펴 낸 곳 : **광 문 각**

10881
파주시 파주출판문화도시 광인사길 161
광문각 B/D 4층
등 록 : 1991. 5. 31 제12-484호
전 화(代) : 031-955-8787
팩 스 : 031-955-3730
E-mail : kwangmk7@hanmail.net
홈페이지 : www.kwangmoonkag.co.kr

ISBN : 978-89-7093-858-5 93540

값 : 30,000원